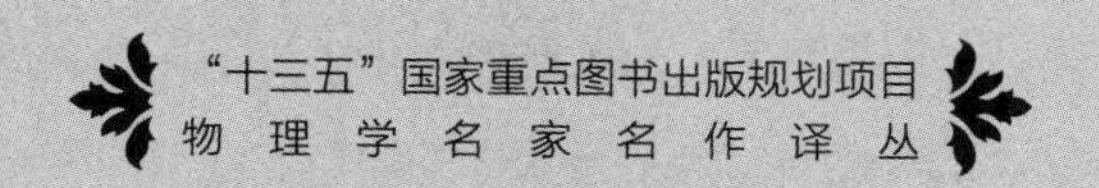

［美］安尼士·马诺哈尔　［美］马克·怀斯　著
丁亦兵　乔从丰　李学潜　沈彭年　译

重夸克物理

Heavy Quark Physics

中国科学技术大学出版社

安徽省版权局著作权合同登记号:第 12181806 号

图书在版编目(CIP)数据

重夸克物理/(美)安尼士·马诺哈尔(Aneesh Manohar),(美)马克·怀斯(Mark Wise)著;丁亦兵等译. —合肥:中国科学技术大学出版社,2018.4
(物理学名家名作译丛)
"十三五"国家重点图书出版规划项目
书名原文:Heavy Quark Physics
ISBN 978-7-312-04322-2

Ⅰ.重…　Ⅱ.① 安… ② 马… ③ 丁…　Ⅲ.高能物理学—研究　Ⅳ.O572

中国版本图书馆 CIP 数据核字(2017)第 300735 号

出版　中国科学技术大学出版社
安徽省合肥市金寨路 96 号,230026
http://press.ustc.edu.cn
https://zgkxjsdxcbs.tmall.com
印刷　合肥市宏基印刷有限公司
发行　中国科学技术大学出版社
经销　全国新华书店
开本　710 mm×1000 mm　1/16
印张　12.25
字数　240 千
版次　2018 年 4 月第 1 版
印次　2018 年 4 月第 1 次印刷
定价　39.00 元

内容简介

对于重夸克物理的理解给物理学家提供了检验量子色动力学和标准模型预言的相当好的机会。作为高能物理热点领域的导论性教科书之一，本书首先评述了标准模型，接着详细介绍了重夸克的自旋-味对称性基础和它在对态的分类、衰变和碎裂方面的应用；发展了重夸克等效理论，并将其用于研究强子质量、形状因子及遍举衰变速率；讨论了手征微扰论对重强子的应用。本书由两位世界领军级专家撰写，叙述清晰、原始、简明易懂，详细地给出了关键的计算步骤, 每一章末尾都提供了一些习题和参考文献。

本书为粒子物理专业的研究生提供了重夸克物理的理想的介绍。对于从事高能物理教学和实验研究的人员也是一本很好的参考书。

序

随着若干新的高亮度实验装置开始取数，我们正在进入一个令人振奋的 B 介子物理时代。新的测量会提供有关夸克耦合和 CP 破坏的信息。若要充分使用这些实验数据，那么给出基于标准模型拉格朗日量中基本参数的有关强子衰变振幅可靠的理论计算非常重要。最近几年，人们利用重夸克有效理论（HQET）做了若干这类理论计算，重夸克有效理论现已成为处理重强子相互作用一种不可或缺的理论工具。这种理论形式显含重味夸克的自旋-味对称性，而该对称性在无穷大夸克质量极限下是严格成立的，它允许人们系统地计算对于有限夸克质量情形的修正项。

这本教材旨在向读者介绍重夸克有效理论的基本概念和方法，并逐步扩展到做具体计算的水平。它并不打算成为一本对重夸克物理研究的综述，而是想作为理论和实验物理学家都可以理解的一本介绍性读物。我们希望这本书不仅对做重夸克物理研究的人有用，而且对那些虽从事高能物理其他方面研究，但有意深入了解重夸克有效理论方法的人有益。我们相信，如果要想让这本书起到这种作用，重要的一点就是不能太长。曾经努力要把书控制在 200 页左右，但这就需要对哪部分内容保留做出困难的抉择。

书中的内容难易不一。1.8 节关于算符乘积展开、4.6 节关于重整化子（renormalon）、第 6 章关于 B 介子的单举衰变，较书中的其他部分要难得多。尽管这些内容非常重要，但读者可以根据自身背景情况在读第一遍的时候跳过去，这会是有益的。第 3 章涉及场论中所熟识的辐射修正，例如在研究生量子电动力学课程中关于重整化的讨论。对圈图修正感到有困难的读者，可以承认那些一圈图的结果，而不必追究计算的细节。每章后面有一节习题，是为了使读者对该章所介绍的概念有更多的体验。这些习题难易不一，大多数可以在很短的时间内完成。有 3 个例外，它们是第 3 章的问题 2 以及第 6 章的问题 3 和 7，做这几道题相当费时。

这本书可以作为研究生一个学期重味物理课程的教材。事先对量子场论以及对标准模型的适度了解，可以为这本书准备必需的背景基础知识。但对后者的要求并不高，因为第 1 章就是用来回顾标准模型的。

本书只对那些不能容易地从粒子数据表（PDG: http://pdg.lbl.gov）找到的实验数据和格点量子色动力学的计算结果给出参考文献。然而，在每章的结尾处都给出了一些文献的阅读指南。在那里强调的是关于早期的一些文章，即便如此，给出的清单也远不是完全的。

我们从众多读过此书不同版本初稿的同事的评论中受益良多。他们中特别值得一提的有：Martin Gremm，Elizabeth Jenkins，Adam Leibovich 和 ZoltanLigeti。他们对本书给出了很多非常有价值的建议。

有关本书内容的更新可以通过网址 http://einstein.ucsd.edu/hqbook 找到。

目　次

序 i

第 1 章　回顾 1

1.1　标准模型 1

1.2　圈 8

1.3　复合算符 15

1.4　量子色动力学和手征对称性 17

1.5　将重夸克积分掉 23

1.6　弱衰变的有效哈密顿量 24

1.7　π 介子的衰变常数 29

1.8　算符乘积展开 31

1.9　习题 40

1.10　参考文献 41

第 2 章　重夸克 43

2.1　引言 43

2.2　量子数 44

2.3　重强子激发态的强衰变 49

2.4　碎裂到重强子 51

2.5　场的协变表示 53

2.6　有效拉氏量 57

2.7　态的归一化 59

2.8　重介子衰变常数 60

2.9　$\bar{\mathrm{B}} \to \mathrm{D}^{(*)}$ 的形状因子 62

2.10　$\Lambda_{\mathrm{c}} \to \Lambda$ 的形状因子 69

2.11　$\Lambda_{\mathrm{b}} \to \Lambda_{\mathrm{c}}$ 的形状因子 70

2.12 习题 71
2.13 参考文献 74

第 3 章 辐射修正 76
3.1 HQET 中的重整化 76
3.2 QCD 和 HQET 的匹配 83
3.3 重-轻流 85
3.3.1 QCD 计算 87
3.3.2 HQET 计算 89
3.4 重-重流 93
3.5 习题 97
3.6 参考文献 98

第 4 章 非微扰修正 100
4.1 $1/m_{\mathrm{Q}}$ 展开 100
4.2 重参数化不变性 102
4.3 质量 103
4.4 $\Lambda_{\mathrm{b}} \to \Lambda_{\mathrm{c}}\mathrm{e}\bar{\nu}_{\mathrm{e}}$ 衰变 105
4.5 $\bar{\mathrm{B}} \to \mathrm{D}^{(*)}\mathrm{e}\bar{\nu}_{\mathrm{e}}$ 衰变和 Luke 定理 110
4.6 重整子 (renormalons) 113
4.7 $v \cdot A = 0$ 规范 120
4.8 NRQCD （非相对论量子色动力学） 121
4.9 习题 124
4.10 参考文献 126

第 5 章 手征微扰论 129
5.1 重味介子 129
5.2 非相对论组分夸克模型中的 g_π 134
5.3 $\bar{\mathrm{B}} \to \pi\mathrm{e}\bar{\nu}_{\mathrm{e}}$ 和 $\mathrm{D} \to \pi\bar{\mathrm{e}}\nu_{\mathrm{e}}$ 衰变 136
5.4 D^* 的辐射衰变 139
5.5 对 $\bar{\mathrm{B}} \to \mathrm{D}^{(*)}e\bar{\nu}_{\mathrm{e}}$ 形状因子的手征修正 144
5.6 习题 146
5.7 参考文献 147

第 6 章 单举弱衰变 149
6.1 单举半轻子衰变的运动学 149

6.2 算符乘积展开 154
6.2.1 最低阶 155
6.2.2 维度 5 算符 157
6.2.3 第二阶 159
6.3 微分衰变率 162
6.4 $1/m_{\mathrm{b}}^2$ 修正的物理解释 164
6.5 电子的端点区域 166
6.6 来自单举衰变的 $|V_{\mathrm{cb}}|$ 171
6.7 求和规则 172
6.8 单举非轻子衰变 175
6.9 $\mathrm{B_s}-\bar{\mathrm{B}}_\mathrm{s}$ 混合 179
6.10 习题 183
6.11 参考文献 185

第 1 章　回　顾

强、弱和电磁相互作用的标准模型是描述夸克和轻子所有已知相互作用的相对论量子场论。本章对标准模型的特性进行了快速回顾，涉及重夸克系统以及诸如算符乘积展开等基本的场论技术。本章也介绍了一些归一化约定的定义和在本书其他部分要用的符号。

1.1　标准模型

标准模型是基于规范群 $SU(3)\times SU(2)\times U(1)$ 的一种规范理论。$SU(3)$ 规范群描述夸克间的色强相互作用，$SU(2)\times U(1)$ 规范群描述电弱相互作用。现在三代夸克和轻子已被观测到。测量到的 Z 玻色子的宽度不允许具有无质量（或小质量）的第四代中微子存在。许多最小标准模型的扩展被提出来，而且现在的数据中有中微子质量不为零的迹象，它要求存在超越最小标准模型的新物理。低能超对称、弱对称性的动力学破缺，还有一些完全预想不到的东西可能会被下一代高能粒子加速器发现。

本书的重点在于理解包括底（bottom）或粲（charm）夸克的强子相关的物理。技术上的困难在于理解强相互作用对这些强子性质所起的作用。例如，弱衰变可以用低能、有效的弱哈密顿量来计算。任何超越标准模型的新物理都能用局域低能、有效相互作用来处理，估算这个相互作用的强子矩阵元相关的理论困难实质上和弱相互作用的是一样的。因此，本书绝大部分的讨论将集中在在标准模型中计算重夸克强子的性质。

最小标准模型中的物质场是表 1.1 中所示的三代自旋为 1/2 的夸克和轻子，以及自旋为 0 的 Higgs 玻色子。费米子场的标号 $i(i=1,2,3)$ 是家族或代的标号，下角标 L 和 R 分别表示左手场和右手场:

$$\psi_{\rm L}=P_{\rm L}\psi,\quad \psi_{\rm R}=P_{\rm R}\psi \tag{1.1}$$

其中，$P_{\rm L}$ 和 $P_{\rm R}$ 是投影算符:

$$P_{\rm L}=\frac{1}{2}(1-\gamma_5),\quad P_{\rm R}=\frac{1}{2}(1+\gamma_5) \tag{1.2}$$

表 1.1 标准模型中的物质场 ①

场	$SU(3)$	$SU(2)$	$U(1)$	洛伦兹
$Q_{\rm L}^i=\begin{pmatrix} u_{\rm L}^i \\ d_{\rm L}^i \end{pmatrix}$	**3**	**2**	1/6	(1/2,0)
$u_{\rm R}^i$	**3**	**1**	2/3	(0,1/2)
$d_{\rm R}^i$	**3**	**1**	−1/3	(0,1/2)
$L_{\rm L}^i=\begin{pmatrix} \nu_{\rm L}^i \\ e_{\rm L}^i \end{pmatrix}$	**1**	**2**	−1/2	(1/2,0)
$e_{\rm R}^i$	**1**	**1**	−1	(0,1/2)
$H=\begin{pmatrix} H^+ \\ H^0 \end{pmatrix}$	**1**	**2**	1/2	(0,0)

① 标号 i 标记夸克和轻子的家族。$SU(3)$ 和 $SU(2)$ 群表示对应的维数以及 $U(1)$ 群的电荷分别列于第 2，3 和 4 列。费米子场在洛伦兹群 $SO(3,1)$ 下的变换性质列于表中最后一列。

$Q_{\rm L}^i,u_{\rm R}^i,d_{\rm R}^i$ 是夸克场，$L_{\rm L}^i,e_{\rm R}^i$ 是轻子场。除了 Higgs 玻色子，所有与表 1.1 列出的场相关联的粒子都已被实验观测到了。(译者注: 在作者完成此书时，Higgs 玻色子还未被实验观测到，但 2012 年，这个上帝粒子终于在 CERN 的 LHC 上被找到了，CMS 和 ATLAS 合作组同时宣布观测到质量在 125—126 GeV 的 Higgs 粒子，从而表 1.1 中列出的全部物质场粒子都已被实验确认，标准模型的完全成功是一个新时代的开始。) 电弱部分的 $SU(2)\times U(1)$ 对称性在低能时并不显示。在标准模型中，$SU(2)\times U(1)$ 对称性被 Higgs 二重态 H 的真空期望值自发破缺。$SU(2)\times U(1)$ 的自发破缺给了 $\rm W^\pm$ 和 $\rm Z^0$ 规范玻色子的质量。存在单个 Higgs 二重态是取得观测到的自发破缺模式的最简单的方式，但是比较复杂的诸如有两个二重态的标量部分也是可能存在的。

在标准模型的拉氏密度中只包含 Higgs 二重态

$$H=\begin{pmatrix} H^+ \\ H^0 \end{pmatrix} \tag{1.3}$$

的项是

$$\mathcal{L}_{\text{Higgs}} = (D_\mu H)^\dagger (D^\mu H) - V(H) \tag{1.4}$$

其中，D_μ 是协变微商，$V(H)$ 是 Higgs 势:

$$V(H) = \frac{\lambda}{4}(H^\dagger H - v^2/2)^2 \tag{1.5}$$

当 $H^\dagger H = v^2/2$ 时，Higgs 势取最小值。$SU(2)\times U(1)$ 对称性可以用来将一般的真空期待值旋转到标准形式

$$\langle H \rangle = \begin{pmatrix} 0 \\ v/\sqrt{2} \end{pmatrix} \tag{1.6}$$

其中，v 是实的和正的。

作用在 Higgs 的表示（也就是基本表示）上的 $SU(2)$ 规范对称性的生成元是

$$T^a = \sigma^a/2 \quad (a = 1,2,3) \tag{1.7}$$

其中泡利自旋矩阵为

$$\sigma^1 = \begin{pmatrix} 0 & 1 \\ 1 & 0 \end{pmatrix}, \quad \sigma^2 = \begin{pmatrix} 0 & -\mathrm{i} \\ \mathrm{i} & 0 \end{pmatrix}, \quad \sigma^3 = \begin{pmatrix} 1 & 0 \\ 0 & -1 \end{pmatrix} \tag{1.8}$$

并且这些生成元归一化到 $\mathrm{Tr}T^aT^b = \delta^{ab}/2$。$U(1)$ 的生成元 Y 被称为超核（hypercharge），作用在 Higgs 二重态上时，它等于 1/2（见表 1.1）。存在一个 $SU(2)\times U(1)$ 生成元的线性组合没有被式（1.6）给出的 Higgs 场 H 的真空期待值破缺。这个线性组合是电荷生成元 $Q = T^3 + Y$，当作用在 Higgs 的表示上时，它是

$$Q = T^3 + Y = \begin{pmatrix} 1 & 0 \\ 0 & 0 \end{pmatrix} \tag{1.9}$$

由式 (1.6) 和式 (1.9)，很明显可以看出

$$Q\langle H \rangle = 0 \tag{1.10}$$

这样电荷就没有被破缺地保留下来了。标准模型的 $SU(3)\times SU(2)\times U(1)$ 对称性通过 H 的真空期待值破缺到 $SU(3)\times U(1)_Q$，其中未破缺的电磁 $U(1)_Q$ 是原来的 $U(1)$ 超核生成元 Y 和 $SU(2)$ 生成元的线性组合，相应的关系在式（1.9）中已给出。

将 H 对它的期望值展开，得到

$$H(x)=\begin{pmatrix} h^+(x) \\ v/\sqrt{2}+h^0(x) \end{pmatrix} \tag{1.11}$$

再代入式（1.5），得到 Higgs 的势为

$$V(H)=\frac{\lambda}{4}(|h^+|^2+|h^0|^2+\sqrt{2}v\mathrm{Re}\,h^0)^2 \tag{1.12}$$

这里，场 h^+ 和 $\mathrm{Im}\,h^0$ 是无质量的。这是 Goldstone 定理的一个例子。这个势具有连续的三参数简并真空家族，它是通过整体的 $SU(2)\times U(1)$ 变换从式（1.6）的参考真空得到的。($SU(2)\times U(1)$ 的 4 个生成元中，一个线性组合 Q 保持真空期待值不变，于是不产生一个无质量的模式。）沿着这些简并方向的场激发不消耗势能，所以 h^+ 和 $\mathrm{Im}\,h^0$ 都是无质量的。存在一个有质量的标量，它由（归一化的）实标量场 $\sqrt{2}\mathrm{Re}\,h^0$ 来湮灭。在树图阶，它的质量为

$$m_{\mathrm{Re}\,h^0}=\sqrt{\frac{\lambda}{2}}v \tag{1.13}$$

整体（global）$SU(2)\times U(1)$ 变换允许将 H 的时空无关的真空期待值写成式（1.6）的形式。局域（local）$SU(2)\times U(1)$ 变换能用来完全将 $h^+(x)$ 和 $\mathrm{Im}\,h^0(x)$ 从理论中消除，并且写为

$$H(x)=\begin{pmatrix} 0 \\ v/\sqrt{2}+\mathrm{Re}\ h^0(x) \end{pmatrix} \tag{1.14}$$

这是在幺正规范下的标准模型，这时 $W^\pm$ 和 Z 波色子在拉氏量中有明确的质量项（我们会在以后的内容中进行介绍）。在此规范中，无质量的场 h^+ 和 $\mathrm{Im}\,h^0$ 被消除，所以不能与理论谱中的态相对应。

作用在任意场 ψ 上的规范协变微商是

$$D_\mu=\partial_\mu+\mathrm{i}gA_\mu^AT^A+\mathrm{i}g_2W_\mu^aT^a+\mathrm{i}g_1B_\mu Y \tag{1.15}$$

其中，$T^A(A=1,\cdots,8)$ 是 8 个色 $SU(3)$ 生成元；$T^a(a=1,2,3)$ 是弱 $SU(2)$ 生成元；Y 是 $U(1)$ 超核生成元。这些生成元的表示是根据协变微商所作用的场 ψ 来选取的。与这些规范群相关的规范玻色子以及耦合常数分别用 A_μ^A,W_μ^a 和 B_μ 以及 g,g_2 和 g_1 表示。当在 Higgs 真空期待值附近用式（1.1）展开时，Higgs 场的动能项包含一个规范场的二次部分。产生规范玻色子质量的二次项是

$$\mathcal{L}_{\text{规范玻色子质量}}=\frac{g_2^2v^2}{8}(W^1W^1+W^2W^2)+\frac{v^2}{8}(g_2W^3-g_1B)^2 \tag{1.16}$$

其中，为了使标记简单化，洛伦兹指标没有显示。带电的 W 玻色子场为

$$W^{\pm}=\frac{W^1\mp\mathrm{i}W^2}{\sqrt{2}} \tag{1.17}$$

具有质量

$$M_{\mathrm{W}}=\frac{g_2v}{2} \tag{1.18}$$

由定义

$$\sin\theta_{\mathrm{W}}=\frac{g_1}{\sqrt{g_1^2+g_2^2}},\quad \cos\theta_{\mathrm{W}}=\frac{g_2}{\sqrt{g_1^2+g_2^2}} \tag{1.19}$$

引入弱混合角 θ_{W} 是很方便的。Z 玻色子场和光子场 $\mathcal{A}$ 被定义为中性玻色子场 W^3 和 B 的线性组合，

$$\begin{aligned}Z&=\cos\theta_{\mathrm{W}}W^3-\sin\theta_{\mathrm{W}}B\\ \mathcal{A}&=\sin\theta_{\mathrm{W}}W^3+\cos\theta_{\mathrm{W}}B\end{aligned} \tag{1.20}$$

Z 玻色子在树图阶有质量

$$M_{\mathrm{Z}}=\frac{\sqrt{g_1^2+g_2^2}}{2}v=\frac{M_{\mathrm{W}}}{\cos\theta_{\mathrm{W}}} \tag{1.21}$$

而光子是无质量的。

式（1.15）中的协变微商可以用这些质量本征态的场来重新展开，写成

$$\begin{aligned}D_\mu=&\partial_\mu+\mathrm{i}gA_\mu^AT^A+\mathrm{i}\frac{g_2}{\sqrt{2}}(W_\mu^+T^++W_\mu^-T^-)\\ &+\mathrm{i}\sqrt{g_1^2+g_2^2}(T_3-\sin^2\theta_{\mathrm{W}}Q)Z_\mu+\mathrm{i}g_2\sin\theta_{\mathrm{W}}Q\mathcal{A}_\mu\end{aligned} \tag{1.22}$$

其中，$T^{\pm}=T^1\pm\mathrm{i}T^2$。在式（1.22）中的光子耦合常数导致电荷 e 与耦合常数 $g_{1,2}$ 的关系为

$$e=g_2\sin\theta_{\mathrm{W}}=\frac{g_2g_1}{\sqrt{g_1^2+g_2^2}} \tag{1.23}$$

这样，式 (1.22) 中的 Z 耦合常数 $\sqrt{g_1^2+g_2^2}$ 可以很方便地写成 $e/(\sin\theta_{\mathrm{W}}\cos\theta_{\mathrm{W}})$。

如果不用幺正规范，H 动能项还具有场的二次部分，在那里 Goldstone 玻色子 h^+,Im h^0 与有质量的规范玻色子的纵向分量混和。这个混合部分可以通过将 t'Hooft 规范固定项加入到拉氏密度中去掉:

$$\mathcal{L}_{\text{规范固定}}=-\frac{1}{2\xi}\sum_a[\partial^\mu W_\mu^a+\mathrm{i}g_2\xi(\langle H\rangle^\dagger T^aH-H^\dagger T^a\langle H\rangle)]^2$$

$$-\frac{1}{2\xi}[\partial^\mu B_\mu + \mathrm{i}g_1\xi(\langle H\rangle^\dagger YH - H^\dagger Y\langle H\rangle)]^2 \tag{1.24}$$

它给出在 R_ξ 规范下的拉氏量，其中，ξ 是一个任意参数。场 $h^\pm$ 和 $\mathrm{Im}\ h^0$ 具有正比于规范固定常数 ξ 的质量项。在费曼规范下 $\xi=1$（最容易做计算），它们的质量和 $\mathrm{W}^\pm$ 及 Z 的质量一样。$\mathrm{Im}\ h^0$ 和 $h^\pm$ 都不是物理的自由度，这是因为在幺正规范 $\xi\to\infty$ 时，它们的质量趋于无穷，从理论中退耦。

$SU(3)\times SU(2)\times U(1)$ 规范不变性阻止轻子和夸克的裸质量项出现在拉氏密度中。夸克和轻子由于它们与 Higgs 二重态的耦合而获得质量，

$$\mathcal{L}_{\text{Yukawa}} = g_\mu^{ij}\bar{u}_\mathrm{R}^i H^T \epsilon Q_\mathrm{L}^j - g_\mathrm{d}^{ij}\bar{d}_\mathrm{R}^i H^\dagger Q_\mathrm{L}^j - g_\mathrm{e}^{ij}\bar{e}_\mathrm{R}^i H^\dagger L_\mathrm{L}^j + \mathrm{h.c.} \tag{1.25}$$

其中，h.c. 表示厄米共轭（Hermitian conjugate）项。在这里，凡是重复的 i,j 都表示求和，反对称矩阵 ϵ 是

$$\epsilon = \begin{pmatrix} 0 & 1 \\ -1 & 0 \end{pmatrix} \tag{1.26}$$

在式（1.25）中色指标和自旋指标都省略了。由于具有真空期待值，式（1.25）给出 3×3 的夸克和轻子的质量矩阵

$$\mathcal{M}_\mathrm{u} = vg_\mathrm{u}/\sqrt{2},\quad \mathcal{M}_\mathrm{d} = vg_\mathrm{d}/\sqrt{2},\quad \mathcal{M}_\mathrm{e} = vg_\mathrm{e}/\sqrt{2} \tag{1.27}$$

中微子没有从式（1.25）的 Yukawa 相互作用中获得质量，这是由于不存在右手中微子场①。

任何一个矩阵都能用两个幺正变换从左和右分开作用在它上面而变成对角形式 $M\to LDR^\dagger$，其中，L 和 R 是幺正的，D 是实的、对角的并且是非负的。我们可以对左手的和右手的夸克和轻子分别做幺正变换，同时保证夸克的动能项 $\bar{Q}_\mathrm{L}^i i\partial\!\!\!/ Q_\mathrm{L}^i, \bar{u}_\mathrm{R}^i i\partial\!\!\!/ u_\mathrm{R}^i$ 和 $\bar{d}_\mathrm{R}^i i\partial\!\!\!/ d_\mathrm{R}^i$ 以及对轻子的那些动能项保持不变。这些幺正变换是

$$\begin{aligned} u_\mathrm{L} &= \mathcal{U}(u,L)u'_\mathrm{L}, \quad u_\mathrm{R} = \mathcal{U}(u,R)u'_\mathrm{R} \\ d_\mathrm{L} &= \mathcal{U}(d,L)d'_\mathrm{L}, \quad d_\mathrm{R} = \mathcal{U}(d,R)d'_\mathrm{R} \\ e_\mathrm{L} &= \mathcal{U}(e,L)e'_\mathrm{L}, \quad e_\mathrm{R} = \mathcal{U}(e,R)e'_\mathrm{R} \end{aligned} \tag{1.28}$$

这里，u,d 和 e 是对夸克和轻子的三分量的列矢量（在味空间），带撇的场表示相应的质量本征态。变换矩阵 $\mathcal{U}$ 是 3×3 幺正矩阵，它们被选择使那些质量矩阵

① 译者注：现在的中微子振荡实验指出中微子有质量，也存在右手中微子，但它的质量起源很可能与夸克和带电轻子不同。

对角化

$$\mathcal{U}(u,R)^\dagger\mathcal{M}_u\mathcal{U}(u,L)=\begin{pmatrix} m_\mathrm{u} & 0 & 0\\ 0 & m_\mathrm{c} & 0\\ 0 & 0 & m_\mathrm{t}\end{pmatrix} \tag{1.29}$$

$$\mathcal{U}(d,R)^\dagger\mathcal{M}_d\mathcal{U}(d,L)=\begin{pmatrix} m_\mathrm{d} & 0 & 0\\ 0 & m_\mathrm{s} & 0\\ 0 & 0 & m_\mathrm{b}\end{pmatrix} \tag{1.30}$$

$$\mathcal{U}(e,R)^\dagger\mathcal{M}_e\mathcal{U}(e,L)=\begin{pmatrix} m_\mathrm{e} & 0 & 0\\ 0 & m_\mathrm{\mu} & 0\\ 0 & 0 & m_\mathrm{\tau}\end{pmatrix} \tag{1.31}$$

在式（1.29）和式（1.30）中对角化夸克质量矩阵时对 $SU(2)$ 的同一个二重态的 u_L 和 d_L 要用不同的变换。原始的夸克二重态可以重写为

$$\begin{pmatrix} u_\mathrm{L}\\ d_\mathrm{L}\end{pmatrix}=\begin{pmatrix} \mathcal{U}(u,L)u'_\mathrm{L}\\ \mathcal{U}(d,L)d'_\mathrm{L}\end{pmatrix}=\mathcal{U}(u,L)\begin{pmatrix} u'_\mathrm{L}\\ Vd'_\mathrm{L}\end{pmatrix} \tag{1.32}$$

其中，Cabibbo-Kobayashi-Maskawa（CKM）混合矩阵 V 是由

$$V=\mathcal{U}(u,L)^\dagger\mathcal{U}(d,L) \tag{1.33}$$

来定义的。将标准模型的拉氏量用带撇的质量本征态场来重新表述是很方便的。式（1.32）中的幺正矩阵使夸克的动能项保持不变。Z 和 A 的耦合也不受影响，因而在树图阶拉氏量中不存在味道改变的中性流。W 的耦合不被 $\mathcal{U}(u,L)$ 改变，但会被 V 改变:

$$\frac{g_2}{\sqrt{2}}W^+\bar{u}_\mathrm{L}\gamma^\mu d_\mathrm{L}=\frac{g_2}{\sqrt{2}}W^+\bar{u}'_\mathrm{L}\gamma^\mu Vd'_\mathrm{L} \tag{1.34}$$

作为一个重要结果，在树图阶存在味道改变的带电流。

CKM 矩阵的 V 是个 3×3 的幺正矩阵，由 9 个实参数完全确定。它们中的一些可以通过重新定义夸克场的相因子而消掉。如果我们对 6 个夸克做独立的相位旋转，对一个给定的味道的左手和右手夸克用同一个相位，则 u 和 d 质量矩阵保持不变。当对所有夸克都进行一个相等的整体相位旋转时，CKM 矩阵不变，这样 V 可以用 4 个参数写出来。 V 的原始 Kobayashi-Maskawa 参数化是

$$V=\begin{pmatrix} c_1 & s_1c_3 & s_1s_3\\ -s_1c_2 & c_1c_2c_3-s_2s_3\mathrm{e}^{\mathrm{i}\delta} & c_1c_2s_3+s_2c_3\mathrm{e}^{\mathrm{i}\delta}\\ -s_1s_2 & c_1s_2c_3+c_2s_3\mathrm{e}^{\mathrm{i}\delta} & c_1s_2s_3-c_2c_3\mathrm{e}^{\mathrm{i}\delta}\end{pmatrix} \tag{1.35}$$

其中，$c_i \equiv \cos\theta_i, s_i \equiv \sin\theta_i$，$i=1,2,3$。可以将角 θ_1,θ_2 和 θ_3 选在第一象限，这样的话它们的正弦和余弦都是正的。通过实验知道，那些角都很小。如果 $\delta=0$，则 CKM 矩阵是实的，这样 $\delta\neq 0$ 就是弱相互作用中 CP 破坏的信号。CKM 矩阵描述了质量本征基 $d^{i\prime}$ 和弱相互作用本征基 d^i 之间的幺正变换。我们对质量本征态场的标准写法是 $u'^1=u, u'^2=c, u'^3=t$，以及 $d'^1=d, d'^2=s, d'^3=b$。

迄今为止，我们只考虑了左手夸克与规范玻色子的耦合。对于右手夸克，在标准模型中不存在与 W 玻色子的相互作用，在带撇的质量本征态的基中，Z 、光子和色规范玻色子的耦合都是味对角的。对轻子的分析和对夸克的分析相似，只有一个明显的区别——由于中微子没有质量，我们可以选择采用同样的幺正变换作用在左手带电的轻子和中微子上①。在轻子部分，CKM 矩阵的类比可以选成一个单位矩阵，这样轻子可以同时既是质量又是弱本征态②。我们采用记号 $\nu'^1=\nu_{\mathrm{e}}, \nu'^2=\nu_{\mu}, \nu'^3=\nu_{\tau}$ 和 $e'^1=e, e'^2=\mu, e'^3=\tau$。从此往后，我们将用质量本征基去标记夸克和轻子场。

1.2 圈

在标准模型中，圈图在高动量（紫外）区的动量积分会发散。这些发散可以用重整化过程来处理: 该理论以某种方式被正规化，那些发散的项当作正规子被拿掉时就会被吸收到耦合与质量的定义中。所有物理量（如 S 矩阵元）中的发散都可以用有限个抵消项移掉的理论称为可重整化的。在幺正规范中 $\xi\to\infty$，标准模型显然是幺正的（也就是，只有物理自由度可以传播，这是因为与 $h^{\pm}$ 和 $\mathrm{Im}\, h^0$ 相关的 “鬼”Higgs 具有无穷大质量）。矢量玻色子的传播子为

$$-\mathrm{i}\frac{g_{\mu\nu}-k_{\mu}k_{\nu}/M_{\mathrm{W,Z}}^2}{k^2-M_{\mathrm{W,Z}}^2} \tag{1.36}$$

当 $k\to\infty$ 时它是有限的，并且简单的幂次计数显示标准模型不是可重整的。在费曼规范中 $\xi\to 1$，矢量玻色子的传播子为

$$-\mathrm{i}\frac{g_{\mu\nu}}{k^2-M_{\mathrm{W,Z}}^2} \tag{1.37}$$

① 译者注：同样，现在实验指出中微子是有质量的，因而上面的提法只是一个近似。

② 译者注：由于中微子质量不是零，对应 CKM 的轻子混合矩阵就不能是单位矩阵。事实上，实验已确定这个轻子部分的混合矩阵为 PMNS 矩阵。

它在大动量区会以 $1/k^2$ 方式衰减，这时简单的幂次计数显示标准模型是可重整的。那么在幺正规范中的潜在的灾难性的发散必须被抵消。但是在费曼规范中幺正性不是明显的，这是因为费曼图的中间态包含了与 $h^\pm$ 和 $\mathrm{Im}\,h^0$ 相关的非物理自由度。标准模型在一个规范中明显是幺正的，在另一个规范中明显是可重整的。规范不变性让我们确信这个理论应该既是幺正的又是可重整的。

在本书中，我们通过用维数正规化来使费曼图正规化。图都是在 $n=4-\epsilon$ 维中计算的，于是当 $\epsilon\to 0$ 时在 4 维中的紫外发散表现为 $1/\epsilon$ 的因子。

要回顾维数正规化如何起作用，让我们先考虑量子电动力学（QED）的拉氏量

$$\mathcal{L}_{\mathrm{QED}}=-\frac{1}{4}F_{\mu\nu}^{(0)}F^{(0)\mu\nu}+\mathrm{i}\bar{\psi}^{(0)}\gamma^\mu(\partial_\mu-\mathrm{i}e^{(0)}\mathcal{A}_\mu^{(0)})\psi^{(0)}-m_{\mathrm{e}}^{(0)}\bar{\psi}^{(0)}\psi^{(0)} \tag{1.38}$$

它是标准模型拉氏量的一部分。上角标 “(0)” 用来表示裸量。这里

$$F_{\mu\nu}^{(0)}=\partial_\mu\mathcal{A}_\nu^{(0)}-\partial_\nu\mathcal{A}_\mu^{(0)} \tag{1.39}$$

是裸的电磁场强度张量。在 n 维中，由于 $\mathrm{e}^{\mathrm{i}S_{\mathrm{QED}}}$ 在费曼路径积分中是测度，作用量

$$S_{\mathrm{QED}}=\int\mathrm{d}^n x\mathcal{L}_{\mathrm{QED}} \tag{1.40}$$

是无量纲的（我们采用自然单位制，$\hbar=c=1$）。随之，场、耦合常数 $e^{(0)}$ 和电子质量 $m_{\mathrm{e}}^{(0)}$ 的量纲是

$$\begin{aligned}
&[\mathcal{A}^{(0)}]=(n-2)/2=1-\epsilon/2\\
&[\psi^{(0)}]=(n-1)/2=3/2-\epsilon/2\\
&[e^{(0)}]=(4-n)/2=\epsilon/2\\
&[m_{\mathrm{e}}^{(0)}]=1
\end{aligned} \tag{1.41}$$

裸场和重整化场之间的关系为

$$\begin{aligned}
&\mathcal{A}_\mu=\frac{1}{\sqrt{Z_A}}\mathcal{A}_\mu^{(0)}\\
&\psi=\frac{1}{\sqrt{Z_\psi}}\psi^{(0)}\\
&e=\frac{1}{Z_{\mathrm{e}}}\mu^{-\epsilon/2}e^{(0)}\\
&m_{\mathrm{e}}=\frac{1}{Z_m}m_{\mathrm{e}}^{(0)}
\end{aligned} \tag{1.42}$$

因子 $\mu^{-\epsilon/2}$ 包含在裸的和重整的电磁耦合间的关系中，这样重整化的耦合是无量纲的。这里，μ 是具有质量量纲的参数，它被称为减除点或维数正规化的重整化标度。利用这些重整化后的量，拉氏密度是

$$\begin{aligned}\mathcal{L}_{\mathrm{QED}} &= -\frac{1}{4}Z_A F_{\mu\nu}F^{\mu\nu} + \mathrm{i}Z_\psi\bar{\psi}\gamma^\mu(\partial_\mu - \mathrm{i}\mu^{\epsilon/2}Z_{\mathrm{e}}\sqrt{Z_A}e\mathcal{A}_\mu)\psi \\ &\quad - Z_m Z_\psi m_{\mathrm{e}}\bar{\psi}\psi \\ &= -\frac{1}{4}F_{\mu\nu}F^{\mu\nu} + \mathrm{i}\bar{\psi}\gamma^\mu(\partial_\mu - \mathrm{i}\mu^{\epsilon/2}e\mathcal{A}_\mu)\psi - m_{\mathrm{e}}\bar{\psi}\psi + \text{抵消项}\end{aligned} \tag{1.43}$$

利用在维数正规化的单圈积分中的那些公式，则有

$$\begin{aligned}&\int\frac{\mathrm{d}^n q}{(2\pi)^n}\frac{(q^2)^\alpha}{(q^2-M^2)^\beta} \\ &\quad = \frac{\mathrm{i}}{2^n\pi^{n/2}}(-1)^{\alpha+\beta}(M^2)^{\alpha-\beta+n/2}\frac{\Gamma(\alpha+n/2)\Gamma(\beta-\alpha-n/2)}{\Gamma(n/2)\Gamma(\beta)}\end{aligned} \tag{1.44}$$

以及组合分母的费曼技巧

$$\begin{aligned}\frac{1}{a_1^{m_1}\cdots a_n^{m_n}} &= \frac{\Gamma(M)}{\Gamma(m_1)\cdots\Gamma(m_n)} \\ &\quad \times\int_0^1\mathrm{d}x_1 x_1^{m_1-1}\cdots\int_0^1\mathrm{d}x_n x_n^{m_n-1}\frac{\delta(1-\sum\limits_{i=1}^n x_i)}{(x_1a_1+\cdots+x_na_n)^M}\end{aligned} \tag{1.45}$$

其中

$$M = \sum_{i=1}^n m_i$$

计算重整化常数 $Z_{A,\psi,e,m}$ 就很直接了。这些 Z 是由这样的条件所决定的：用重整化的耦合和质量来表示时，重整化场（也就是格林函数）的编时乘积是有限的。这个条件对如何选择仍然留下可观的自由度。选择 Z 的精确方式称为减除方案。可以将其选成如下的形式:

$$Z = 1 + \sum_{p=1}^{\infty}\frac{Z_p(e)}{\epsilon^p} \tag{1.46}$$

其中，$Z_p(e)$ 是与 ϵ 无关的。这个选择被称为最小减除（MS），因为仅仅 ϵ 的极点被减除掉，没有附加的有限部分放到那些 Z 里面去。我们将用 $\overline{\mathrm{MS}}$ 方案，它是最小减除，伴随重标度 $\mu^2\to\mu^2e^\gamma/(4\pi)$，其中 $\gamma=0.577\cdots$ 是 Euler 常数。

到 e^2 阶光子波函数重整化 Z_A 可以通过计算光子-光子关联函数来确定。在这一阶，存在两部分: 第一部分是来自抵消项的树图贡献

$$-\frac{1}{4}(Z_A-1)F_{\mu\nu}F^{\mu\nu} \tag{1.47}$$

在把外光子的传播子截断之后，它给出

$$\mathrm{i}(Z_A-1)(p_\mu p_\nu-p^2g_{\mu\nu}) \tag{1.48}$$

其中，p 是光子的四动量。第二部分来源于图 1.1 所示的单圈图贡献，

$$(-1)(\mathrm{ie})^2\mu^\epsilon\int\frac{\mathrm{d}^nq}{(2\pi)^n}\frac{\mathrm{Tr}[\gamma_\mu\mathrm{i}(\not{q}+\not{p}+m_\mathrm{e})\gamma_\nu\mathrm{i}(\not{q}+m_\mathrm{e})]}{[(q+p)^2-m_\mathrm{e}^2](q^2-m_\mathrm{e}^2)} \tag{1.49}$$

因子 -1 产生于闭合费米子圈。重整化常数仅仅依赖于 $1/\epsilon$ 极点，这样 γ 矩阵相关的代数可以在四维进行。展开

$$\mu^\epsilon=1+\epsilon\ln\mu+\cdots \tag{1.50}$$

我们看到图的无限部分 μ^ϵ 可以设为 1，有限部分只依赖于 μ 的对数。利用式（1.45），将分母整合:

$$\frac{1}{[(q+p)^2-m_\mathrm{e}^2](q^2-m_\mathrm{e}^2)}=\int_0^1\mathrm{d}x\frac{1}{(q^2+2xq\cdot p+p^2x-m_\mathrm{e}^2)^2} \tag{1.51}$$

改变积分变量 $k=q+px$，得到

$$\begin{aligned}&-4e^2\int_0^1\mathrm{d}x\int\frac{\mathrm{d}^nk}{(2\pi)^n}\frac{1}{[k^2+p^2x(1-x)-m_\mathrm{e}^2]^2}\\&\quad\times[2k_\mu k_\nu-(k^2-m_\mathrm{e}^2)g_{\mu\nu}-2x(1-x)p_\mu p_\nu+p^2x(1-x)g_{\mu\nu}]\end{aligned} \tag{1.52}$$

k 的奇次项积分后消失，因而可以丢掉。用式（1.44）来计算 k 的积分，只保持与 $1/\epsilon$ 成正比的部分（用 $\Gamma(\epsilon/2)=2/\epsilon+\cdots$），并且对 x 积分，得到单圈贡献的发散部分:

$$\frac{\mathrm{i}}{16\pi^2\epsilon}\left(\frac{8e^2}{3}\right)(p_\mu p_\nu-p^2g_{\mu\nu}) \tag{1.53}$$

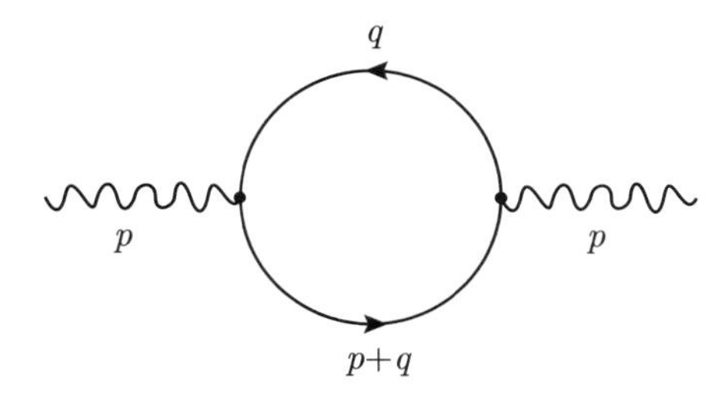

图 1.1　单圈真空极化对光子传播子的贡献

由于在 $\epsilon \to 0$ 时光子的两点关联函数为有限的，故式（1.53）和式（1.48）之和必须是有限的。因此，我们选择

$$Z_A = 1 - \frac{8}{3}\left(\frac{e^2}{16\pi^2\epsilon}\right) \tag{1.54}$$

电子场 ψ 的波函数重整化常数 Z_ψ 是由电子传播子得到的。抵消项

$$(Z_\psi - 1)\bar{\psi}\mathrm{i}\partial\!\!\!/\psi - (Z_m Z_\psi - 1)m_\mathrm{e}\bar{\psi}\psi \tag{1.55}$$

对传播子的贡献为

$$\mathrm{i}(Z_\psi - 1)p\!\!\!/ - \mathrm{i}(Z_m Z_\psi - 1)m_\mathrm{e} \tag{1.56}$$

在费曼规范中，图 1.2 所示的单圈图是

$$\mu^\epsilon(\mathrm{ie})^2\int\frac{\mathrm{d}^n q}{(2\pi)^n}\gamma_\nu \mathrm{i}\frac{p\!\!\!/ + q\!\!\!/ + m_\mathrm{e}}{(p+q)^2 - m_\mathrm{e}^2}\gamma_\mu\frac{(-\mathrm{i})g^{\mu\nu}}{q^2} \tag{1.57}$$

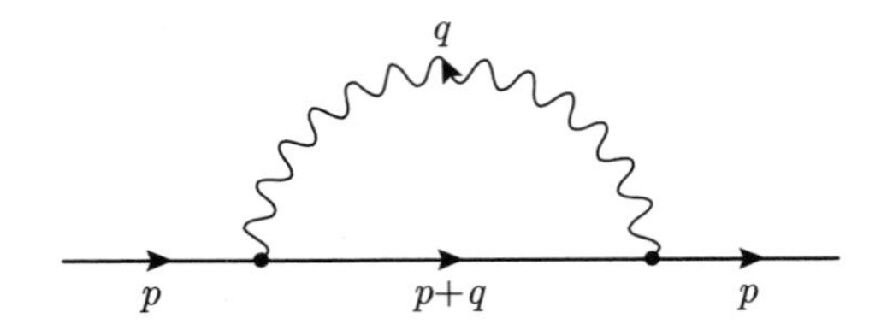

图 1.2 对电子传播子的单圈修正

如前面所做的，整合分母并移动动量积分就得到

$$2e^2\int\frac{\mathrm{d}^n k}{(2\pi)^n}\int_0^1 \mathrm{d}x\frac{-2m_\mathrm{e} + p\!\!\!/(1-x)}{[k^2 - m_\mathrm{e}^2 x + p^2 x(1-x)]^2} \tag{1.58}$$

用式（1.44）对 k 积分，然后对 x 积分，得到发散的贡献

$$\frac{\mathrm{i}}{16\pi^2\epsilon}(4e^2)\left(-2m_\mathrm{e} + \frac{1}{2}p\!\!\!/\right) \tag{1.59}$$

在费曼规范中，如果

$$Z_\psi = 1 - 2\left(\frac{e^2}{16\pi^2\epsilon}\right) \tag{1.60}$$

和

$$Z_m = 1 - 6\left(\frac{e^2}{16\pi^2\epsilon}\right) \tag{1.61}$$

则电子传播子就是有限的。

剩下的重整化因子 Z_e 可以通过将 $\psi\bar{\psi}A$ 三点函数计算到 e^2 阶得到。要算的费曼图是如图 1.3 所示的顶点重整化。抵消项是

$$Z_e = 1 + \frac{4}{3}\left(\frac{e^2}{16\pi^2\epsilon}\right) \tag{1.62}$$

注意到 e^2 阶，$Z_e = 1/\sqrt{Z_A}$ 的关系成立。

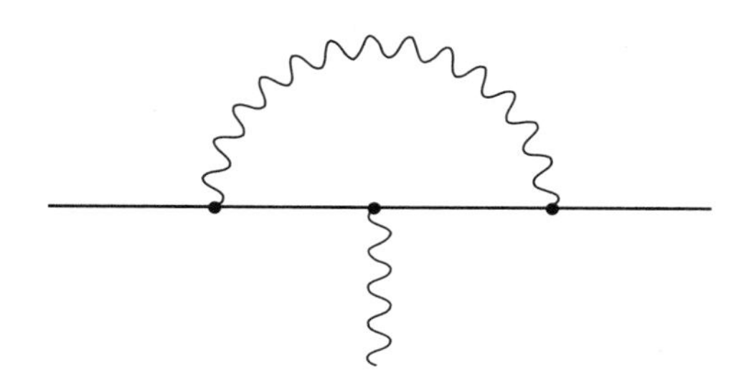

图 1.3　单圈顶点修正

在 e^2 阶，利用式（1.62）和式（1.42），裸的和重整化的耦合常数间的关系是

$$e^{(0)} = \mu^{\epsilon/2} e Z_e = \mu^{\epsilon/2} e\left[1 + \frac{4}{3}\left(\frac{e^2}{16\pi^2\epsilon}\right)\right] \tag{1.63}$$

裸的场、耦合和质量是与减除点 μ 无关的，μ 是引入的并具有质量量纲的任意的一个量，它使得重整化的耦合是无量纲的。由于裸耦合常数与 μ 无关，有

$$0 = \mu\frac{\mathrm{d}}{\mathrm{d}\mu}e^{(0)} = \mu\frac{\mathrm{d}}{\mathrm{d}\mu}\mu^{\epsilon/2} e Z_e = \mu^{\epsilon/2} e Z_e\left[\frac{\epsilon}{2} + \frac{1}{e}\beta(e) + \frac{\mu}{Z_e}\frac{\mathrm{d}Z_e}{\mathrm{d}\mu}\right] \tag{1.64}$$

其中，β 函数的定义为

$$\beta(e) = \mu\frac{\mathrm{d}e}{\mathrm{d}\mu} \tag{1.65}$$

这给出了

$$\beta(e) = -\frac{\epsilon}{2}e - e\frac{\mathrm{d}\ln Z_e}{\mathrm{d}\ln\mu} \tag{1.66}$$

利用式（1.62），得到

$$\begin{aligned}\frac{\mathrm{d}\ln Z_e}{\mathrm{d}\ln\mu} &= \frac{4}{3}\frac{1}{16\pi^2\epsilon}\mu\frac{\mathrm{d}}{\mathrm{d}\mu}e^2 + \cdots \\ &= -\frac{e^2}{12\pi^2} + \cdots\end{aligned} \tag{1.67}$$

其中，“$\cdots$” 表示 e^2 的高阶项。单圈的 β 函数是

$$\beta(e) = -\frac{\epsilon}{2}e + \frac{e^3}{12\pi^2} + \cdots \tag{1.68}$$

当 $\epsilon \to 0$ 时，它是有限的，

$$\beta(e) = \frac{e^3}{12\pi^2} + \cdots \tag{1.69}$$

β 函数给出了重整化的耦合 e 对 μ 的依赖性。这里，μ 是一个任意的标度参数，因而物理量不能依赖于 μ。然而，μ 的某些选择对计算来说比其他选择要方便得多。考虑在质心系能量平方 $s = (p_{e^+} + p_{e^-})^2 \gg m_e^2$ 时的截面 $\sigma(e^+e^- \to$ 任何产物$)$①。在 QED 中，当 $m_e \to 0$ 时这个截面是有限的，因而，对比较大的 s，我们忽略 m_e。这个截面可以做耦合 $e(\mu)$ 的幂级数展开。它是与减除点 μ 无关的。在耦合中隐含的 μ 依赖性被费曼图中明显的 μ 依赖性抵消。（例如，通过计算图 1.1 到图 1.3 的有限部分，我们可以看到这一点。）典型地，我们发现在微扰展开级数中的那些项具有 $[\alpha(\mu)/(4\pi)]^n \ln^m(s/\mu^2)$ 的形式，且 $m \leqslant n$，其中

$$\alpha(\mu) = \frac{e^2(\mu)}{4\pi} \tag{1.70}$$

是（标度相关的）精细结构常数。如果 s/μ^2 不是 1 的量级，对数贡献就变得很大，会破坏微扰理论。我们常常选取 $\mu^2 \sim s$，它会将微扰展开中的高阶项“最小化”，这个展开还没有被计算过。有了对 μ 的这个选择，我们预期微扰论是一个对 $\alpha(\sqrt{s})/(4\pi)$ 的展开。

只要微扰论是正确的，我们就能用式（1.65）和式（1.69）在单圈水平明确地解出耦合常数对 μ 的依赖关系：

$$\frac{1}{e^2(\mu_2)} = \frac{1}{e^2(\mu_1)} - \frac{1}{12\pi^2}\ln\left(\frac{\mu_2^2}{\mu_1^2}\right) \tag{1.71}$$

在式（1.69）中的 β 函数是正的，因而当 μ 增加时，e 也增加，这可以明确地从式（1.71）给出的解中看出来。

① 译者注：e^+e^- 湮灭到所有可能末态的截面。

1.3 复合算符

复合算符包含了在同一个时空点的场的乘积。例如，我们考虑裸质量算符

$$S^{(0)}=\bar{\psi}^{(0)}\psi^{(0)}(x) \tag{1.72}$$

嵌入 $S^{(0)}$ 的格林函数通常是发散的。需要一个附加的算符重整化（超出波函数重整化）使得格林函数有限。重整化后的算符 S 是

$$S=\frac{1}{Z_S}S^{(0)}=\frac{1}{Z_S}\bar{\psi}^{(0)}\psi^{(0)}=\frac{Z_\psi}{Z_S}\bar{\psi}\psi \tag{1.73}$$

其中，Z_S 是附加的算符重整化。算符 $S=\bar{\psi}\psi+$ 抵消项可以很方便地就用 $\bar{\psi}\psi$ 表示，把那个抵消项隐含其中了。在微扰论中嵌入 S 的格林函数是有限的。

重整化因子 Z_S 可以由 $\psi,\bar{\psi}$ 和 S 编时乘积的三点函数计算出来。当然，用单粒子不可约格林函数 Γ 而不是全格林函数 G 来算 Z_S 要简单得多。抵消项对单粒子不可约格林函数的贡献是

$$\frac{Z_\psi}{Z_S}-1 \tag{1.74}$$

对 Γ 的单圈贡献显示在图 1.4 中。算符 S 不包含微商（并且在 $\overline{\text{MS}}$ 方案中 Z_S 是与质量无关的），这样 Z_S 就可以在外动量为零的情况下（并忽略电子质量）通过计算图 1.4 来确定，得到

$$\mu^\epsilon(\mathrm{i}e)^2\int\frac{\mathrm{d}^n q}{(2\pi)^n}\gamma^\alpha\frac{\mathrm{i}\not{q}}{q^2}\frac{\mathrm{i}\not{q}}{q^2}\gamma^\beta\frac{(-\mathrm{i})g_{\alpha\beta}}{q^2}=-4\mathrm{i}e^2\int\frac{\mathrm{d}^n q}{(2\pi)^n}\frac{1}{(q^2)^2}+\cdots \tag{1.75}$$

其中，“$\cdots$”表示当 $\epsilon\to 0$ 时有限的那些项。注意到，忽略外动量和电子质量会产生红外（也就是低动量）发散。通过在分母中用 q^2-m^2 来代换 q^2，就能用质量 m 正规化，计算给出

$$\frac{8e^2}{16\pi^2\epsilon} \tag{1.76}$$

作为式（1.75）的紫外发散部分。将式（1.74）和式（1.76）加起来并用式（1.60），我们发现只要

$$Z_S=1+6\left(\frac{e^2}{16\pi^2\epsilon}\right) \tag{1.77}$$

$1/\epsilon$ 将发散消除。组合算符 S 的反常量纲定义为

$$\gamma_S = \mu \frac{\mathrm{d} \ln Z_S}{\mathrm{d}\mu} \tag{1.78}$$

其结果为

$$\gamma_S = -\frac{6e^2}{16\pi^2} \tag{1.79}$$

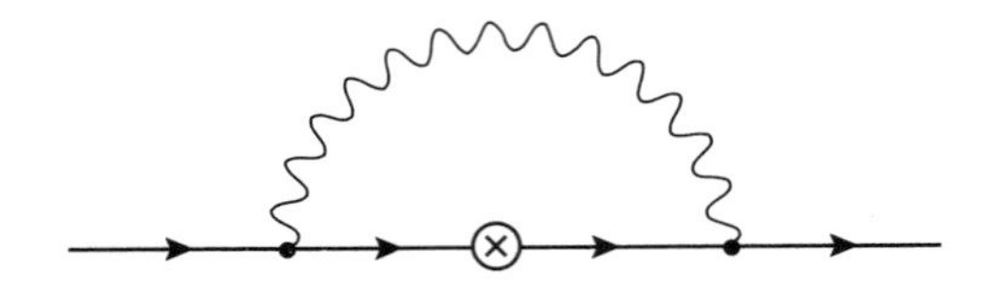

图 1.4 嵌入一个诸如 $\bar{\psi}\psi$ 费米子双线性组合算符（表示为 $\otimes$）的单圈图

对矢量和轴矢量流 $\bar{\psi}\gamma_\mu\psi$ 和 $\bar{\psi}\gamma_\mu\gamma_5\psi$ 可以做相似的计算，我们发现 $Z_V = Z_A = 1$，于是这些流是不需要重整化的，它们的反常量纲在单圈阶消失。需要注意， $Z = 1$ 意味着图 1.4 的无限大部分被波函数重整化抵消，而不是说图 1.4 是有限的。 $Z = 1$ 的结果是由于对 $m_\mathrm{e} = 0$，轴矢量和矢量流都是守恒的，并且这些流的零分量（对整个空间积分后）是荷 $Q_{V,A}$，它满足如下形式的对易关系:

$$[Q_V, \psi] = -\psi \tag{1.80}$$

这可以作为一个例子。一个守恒的荷不能多次重整，因为这会破坏对易关系。用最小减除的维数正规化，电子质量效应不会诱导对轴矢量流的重整，这是因为重整化因子是和粒子的质量无关的。作为一个一般结果的例子，“软”（soft）对称性破缺效应，也就是对维数小于 4 的算符的对称性破缺项不影响在 $\overline{\mathrm{MS}}$ 方案中的重整化。

轴矢量流在一圈阶不守恒，这是由于轴矢量流反常。轴矢量流的散度正比于维数为 4 的算符 $F\tilde{F}$，这样由于反常，对称性破缺就不是软的了。在双圈阶它会产生轴矢量流的反常量纲。

我们考虑了一个特别简单的例子，由于没有其他带有同样量子数的规范不变局域算符，在该例中 S 是乘法重整的。一般地，我们可以有许多不同的算符 Q_i 具有相同的量子数，所以，我们需要一个重整化矩阵

$$O_i^{(0)} = Z_{ij} O_j \tag{1.81}$$

它被称为算符的混合。在 $\overline{\mathrm{MS}}$ 方案中，Z_{ij} 是无量纲的，这样算符只能和具有同样量纲的其他算符混合。这大大简化了对算符混合的分析。在一般与质量相关的方案中，算符可以和具有较低量纲的算符混合。

1.4 量子色动力学和手征对称性

标准模型中描写夸克和胶子强相互作用的部分被称为量子色动力学 (QCD)。暂时，我们考虑只包括 u，d 和 s 的轻夸克味的 QCD 拉氏密度：

$$\mathcal{L}_{\mathrm{QCD}} = -\frac{1}{4}G^A_{\mu\nu}G^{A\mu\nu} + \bar{q}(\mathrm{i}\not{D} - m_{\mathrm{q}})q + \text{抵消项} \tag{1.82}$$

其中，q 是轻夸克的三重态：

$$q = \begin{pmatrix} u \\ d \\ s \end{pmatrix} \tag{1.83}$$

m_{q} 是夸克质量矩阵：

$$m_{\mathrm{q}} = \begin{pmatrix} m_{\mathrm{u}} & 0 & 0 \\ 0 & m_{\mathrm{d}} & 0 \\ 0 & 0 & m_{\mathrm{s}} \end{pmatrix} \tag{1.84}$$

这里，$D_\mu = \partial_\mu + \mathrm{i}gA^A_\mu T^A$ 是 $SU(3)$ 色协变微商，$G^A_{\mu\nu}$ 是胶子场强度张量：

$$G^A_{\mu\nu} = \partial_\mu A^A_\nu - \partial_\nu A^A_\mu - gf^{ABC}A^B_\mu A^C_\nu \tag{1.85}$$

其中，结构常数 f^{ABC} 是由 $[T^A, T^B] = \mathrm{i}f^{ABC}T^C$ 来定义的。QCD 重整化因子能够以类似处理 QED 的方式计算到 g^2 阶。例如，只是要把光子替换成胶子，夸克的波函数和质量重整化 Z_q 和 Z_m 可以由图 1.2 给出，通过把 e^2 换成 $g^2T^AT^A$ 就能由 QED 的结果得到，其中，对在 QCD 中的夸克 $T^AT^A = (4/3)\,\mathbb{I}$。用费曼规范，在 g^2 阶，波函数和质量重整化因子是

$$\sqrt{Z_q} = 1 - \frac{g^2}{12\pi^2\epsilon}, \quad Z_m = 1 - \frac{g^2}{2\pi^2\epsilon} \tag{1.86}$$

QCD 和 QED 的一个主要区别产生于耦合常数的重整化。QCD 的 β 函数是

$$\beta(g) = -\frac{g^3}{16\pi^2}\left(11 - \frac{2}{3}N_{\mathrm{q}}\right) + \mathcal{O}(g^5) \tag{1.87}$$

其中，N_{q} 是夸克味的数目。夸克对 β 函数的贡献可以从图 1.1 用胶子替换光子算出来。通过代换 $e^2 \to N_{\mathrm{q}}g^2/2$ 从 QED 的计算得到，这是由于在圈中对每个夸克味 $\mathrm{Tr}T^AT^B = \delta^{AB}/2$。$\beta$ 函数中的其他项来自如图 1.5 所示的胶子自相互作用，它在诸如 QED 的阿贝尔规范理论中不存在。只要夸克味的数目 N_{q} 小于 16，QCD 的 β 函数就是负的，这样 QCD 的精细结构常数

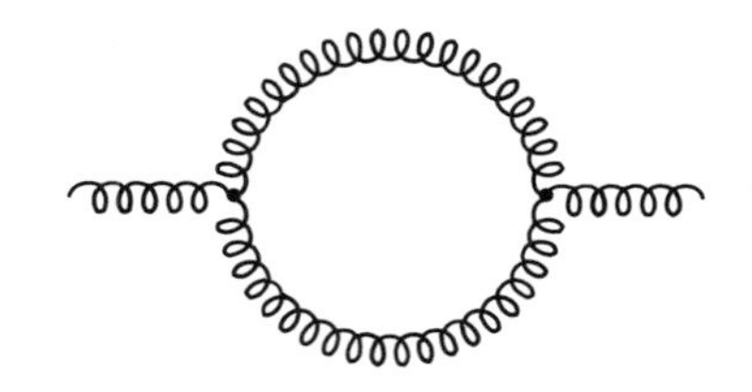

图 1.5　单圈胶子对真空极化的贡献

$$\alpha_s(\mu) = \frac{g^2(\mu)}{4\pi} \tag{1.88}$$

随 μ 变大而变小，这是一种称为渐近自由的现象。在高能区，耦合常数很小，则 QCD 微扰论应该是可靠的。我们能像 QED 那样明确地解出 α_s 的 μ 依赖性：

$$\alpha_s(\mu_2) = \frac{1}{1/\alpha_s(\mu_1) + \beta_0 \ln(\mu_2^2/\mu_1^2)} \tag{1.89}$$

其中，β_0 正比于 QCD β 函数的第一项：

$$\beta_0 = \frac{33 - 2N_{\mathrm{q}}}{12\pi} \tag{1.90}$$

只要 μ_1 和 μ_2 足够大，使得式（1.87）中 g^5 阶的项可以忽略，也就是说只要 $\alpha_s(\mu_1)$ 和 $\alpha_s(\mu_2)$ 都很小，公式 (1.89) 就是正确的。引入一个和减除点无关的具有质量量纲的常数 Λ_{QCD} 会很方便，它定义为

$$\Lambda_{\mathrm{QCD}} = \mu \mathrm{e}^{-1/[2\beta_0\alpha_s(\mu)]} \tag{1.91}$$

那时，我们关于强相互作用精细结构常数的表达式变成

$$\alpha_s(\mu) = \frac{12\pi}{(33 - 2N_{\mathrm{q}})\ln(\mu^2/\Lambda_{\mathrm{QCD}}^2)} \tag{1.92}$$

公式（1.92）指出当 $\mu \to \Lambda_{\mathrm{QCD}}$ 时，QCD 的耦合常数发散。当然，当 α_s 变得很大时，α_s 的这个表达式就不对了。我们还是可以把 Λ_{QCD} 看成一个标度，那种情况下 QCD 耦合变得非常强，以至于微扰理论垮掉了，非微扰效应变得很重要。根据实验可知 $\Lambda_{\mathrm{QCD}} \sim 200$ MeV，它设置了非微扰强相互作用效应的标度。我们

可以期望强子质量，诸如 ρ 介子的质量是 Λ_{QCD} 乘以一个无量纲的因子。可以相信 QCD 是一个长程禁闭的理论，也就是说，物理态的谱由色单态构成，称为强子；不存在带色的强子。玻色型强子称为介子，费米型强子称为重子。最简单的构成夸克场色单态的组合的方式是 $\bar{q}^{\alpha}q_{\alpha}$ 和 $\epsilon^{\alpha\beta\gamma}q_{\alpha}q_{\beta}q_{\gamma}$。

u，d 和 s 夸克质量与非微扰强相互作用物理的标度 Λ_{QCD} 比起来是很小的，因而考虑作为对 QCD 的近似，可以将那些轻夸克的质量设为零，然后在这个极限附近再做 m_{q} 的微扰论，这种做法很有用。$m_{\mathrm{q}}\to 0$ 的极限是手征极限，这是因为轻夸克的拉氏量

$$\mathcal{L}_{\text{轻夸克}}=\bar{q}\mathrm{i}\not{D}q=\bar{q}_{\mathrm{L}}\mathrm{i}\not{D}q_{\mathrm{L}}+\bar{q}_{\mathrm{R}}\mathrm{i}\not{D}q_{\mathrm{R}} \tag{1.93}$$

具有 $SU(3)_{\mathrm{L}}\times SU(3)_{\mathrm{R}}$ 的手征对称性

$$q_{\mathrm{L}}\to Lq_{\mathrm{L}},\quad q_{\mathrm{R}}\to Rq_{\mathrm{R}}\quad (L\in SU(3)_{\mathrm{L}},R\in SU(3)_{\mathrm{R}}) \tag{1.94}$$

在这个规定下，右手和左手的夸克场分别变换。在式（1.93）中的拉氏密度具有重子数 $U(1)$ 对称性，这时左手和右手夸克以同一个相位变换，还有一个轴 $U(1)$，其中，所有的左手夸克通过一个相位变换，而所有右手夸克以相反的相位变换。虽然这些轴 $U(1)$ 变换保持拉氏密度不变，但是它们改变了路径积分的测度，这个现象就是著名的轴反常。因而，轴 $U(1)$ 不是 QCD 的一个对称性。

无质量的三味的 QCD 的手征 $SU(3)_{\mathrm{L}}\times SU(3)_{\mathrm{R}}$ 对称性是由夸克的双线性的真空期待值

$$\langle\bar{q}_{\mathrm{R}}^{j}q_{\mathrm{L}}^{k}\rangle=\upsilon\delta^{kj} \tag{1.95}$$

自发破缺的，其中，υ 是在 $\Lambda_{\mathrm{QCD}}^{3}$ 的量级。(这里的 υ 不要和 Higgs 的真空期望值混淆。) 指标 j 和 k 是味指标，$q^{1}=u,q^{2}=d,q^{3}=s$，色指标没有标出。如果我们做 $SU(3)_{\mathrm{L}}\times SU(3)_{\mathrm{R}}$ 变换 $q\to q'$，则

$$\langle\bar{q}_{\mathrm{R}}^{\prime j}q_{\mathrm{L}}^{\prime k}\rangle=\upsilon(LR^{\dagger})^{kj} \tag{1.96}$$

$L=R$ 的变换保持真空期望值不改变。非微扰强相互作用动力学自发将 $SU(3)_{\mathrm{L}}\times SU(3)_{\mathrm{R}}$ 破缺到它的对角子群 $SU(3)_{V}$。八个破缺的 $SU(3)_{\mathrm{L}}\times SU(3)_{\mathrm{R}}$ 的生成元沿对称性方向变换复合场 $\bar{q}_{\mathrm{R}}^{j}q_{\mathrm{L}}^{k}$，同时保持势能不变。在场空间沿着这八个方向的涨落是八个无质量的 Goldstone 玻色子。我们能用一个 3×3 的特殊幺正矩阵 $\Sigma(x)$ 来描写这些 Goldstone 玻色子，它表示了 $\bar{q}_{\mathrm{R}}q_{\mathrm{L}}$ 可能的低能、长波激发。这里，$\upsilon\Sigma_{kj}(x)\sim\bar{q}_{\mathrm{R}}^{j}(x)q_{\mathrm{L}}^{k}(x)$ 给出夸克凝聚的局域取向。Σ 具有真空期望值 $\langle\Sigma\rangle=\mathbb{I}$ 。在 $SU(3)_{\mathrm{L}}\times SU(3)_{\mathrm{R}}$ 变换下

$$\Sigma\to L\Sigma R^{\dagger} \tag{1.97}$$

Goldstone 玻色子的低动量强相互作用是用由 $\Sigma(x)$ 构造的有效拉氏量来描写的，它在式（1.97）中的手征对称变换下不变。最一般的拉氏量为

$$\mathcal{L}_{有效}=\frac{f^2}{8}\mathrm{Tr}\partial^\mu\Sigma\partial_\mu\Sigma^\dagger+高阶微商项 \tag{1.98}$$

其中，f 是有质量量纲的常数。式中不存在没有微商的项，这是因为 $\mathrm{Tr}\Sigma\Sigma^\dagger=3$。对足够低的动量，高阶微商项的效应可以忽略，因为它们被 $p_{\mathrm{typ}}^2/\Lambda_{\mathrm{CSB}}^2$ 压低，其中，p_{typ} 是典型的动量，Λ_{CSB} 是与手征对称性破缺相关联的标度，$\Lambda_{\mathrm{CSB}}\sim$ 1 GeV。

场 $\Sigma(x)$ 是一个 $SU(3)$ 矩阵，可以写成 M 的指数形式：

$$\Sigma=\exp\left(\frac{2\mathrm{i}M}{f}\right) \tag{1.99}$$

是一个无迹的 3×3 厄米矩阵。在未破缺的 $SU(3)_V$ 子群作用下 $(L=R=V),\Sigma\to V\Sigma V^\dagger$，这意味着 $M\to VMV^\dagger$，也就是 M 作为伴随表示来变换。M 可以用八个 Goldstone 玻色子场来明确地写出：

$$M=\begin{pmatrix}\pi^0/\sqrt{2}+\eta/\sqrt{6} & \pi^+ & \mathrm{K}^+\\ \pi^- & -\pi^0/\sqrt{2}+\eta/\sqrt{6} & \mathrm{K}^0\\ \mathrm{K}^- & \bar{\mathrm{K}}^0 & -2\eta/\sqrt{6}\end{pmatrix} \tag{1.100}$$

为了使式（1.98）中的拉氏量给出具有标准归一化的 Goldstone 玻色子的动能项，$2/f$ 因子被插入到式（1.99）中。

在 QCD 拉氏量中轻夸克质量项

$$\mathcal{L}_{质量}=\bar{q}_{\mathrm{L}}m_{\mathrm{q}}q_{\mathrm{R}}+\mathrm{h.c.} \tag{1.101}$$

在手征 $SU(3)_{\mathrm{L}}\times SU(3)_{\mathrm{R}}$ 下作为 $(\bar{\mathbf{3}}_{\mathrm{L}},\mathbf{3}_{\mathrm{R}})+(\mathbf{3}_{\mathrm{L}},\bar{\mathbf{3}}_{\mathrm{R}})$ 变换。通过将这样变换的 m_{q} 的线性项加到式（1.98）中，我们能把夸克质量（到第一阶）对赝 Goldstone 玻色子 π,K 和 η 强相互作用的效应包括进来。等价地，我们能将夸克质量矩阵本身看作如 $m_{\mathrm{q}}\to Lm_{\mathrm{q}}R^\dagger$ 那样在 $SU(3)_{\mathrm{L}}\times SU(3)_{\mathrm{R}}$ 下变换。因此式（1.101）中的拉氏密度在手征 $SU(3)_{\mathrm{L}}\times SU(3)_{\mathrm{R}}$ 下不变。根据 m_{q} 的变换法则，通过将 $SU(3)_{\mathrm{L}}\times SU(3)_{\mathrm{R}}$ 下不变的 m_{q} 和 $m_{\mathrm{q}}^\dagger$ 线性项加到式（1.98）中，我们包括了在 π,K 和 η 强相互作用中的夸克质量效应。给出

$$\mathcal{L}_{有效}=\frac{f^2}{8}\mathrm{Tr}\partial^\mu\Sigma\partial_\mu\Sigma^\dagger+v\mathrm{Tr}(m_{\mathrm{q}}^\dagger\Sigma+m_{\mathrm{q}}\Sigma^\dagger)+\cdots \tag{1.102}$$

在式（1.102）中的“$\cdots$”表示更多的微商项或嵌入更多的轻夸克质量矩阵。在式（1.102）中的拉氏密度给出 Goldstone 玻色子的质量

$$m_{\pi^\pm}^2=\frac{4v}{f^2}(m_{\mathrm{u}}+m_{\mathrm{d}})$$

$$m_{\mathrm{K}^{\pm}}^2 = \frac{4v}{f^2}(m_{\mathrm{u}} + m_{\mathrm{s}}) \tag{1.103}$$
$$m_{\mathrm{K}^0}^2 = m_{\bar{\mathrm{K}}^0}^2 = \frac{4v}{f^2}(m_{\mathrm{d}} + m_{\mathrm{s}})$$

于是，π,K 和 η 被认为是赝 Goldstone 玻色子。K 介子质量远远大于 π 的质量，这意味着 $m_{\mathrm{s}} \gg m_{\mathrm{u,d}}$。对于 η-π^0 系统，存在质量平方矩阵，它的矩阵元为

$$\begin{aligned} m_{\pi^0\pi^0}^2 &= \frac{4v}{f^2}(m_{\mathrm{u}} + m_{\mathrm{d}}) \\ m_{\eta\pi^0}^2 = m_{\pi^0\eta}^2 &= \frac{4v}{\sqrt{3}f^2}(m_{\mathrm{u}} - m_{\mathrm{d}}) \\ m_{\eta\eta}^2 &= \frac{4v}{3f^2}(4m_{\mathrm{s}} + m_{\mathrm{u}} + m_{\mathrm{d}}) \end{aligned} \tag{1.104}$$

由于 $m_{\mathrm{s}} \gg m_{\mathrm{u,d}}$，对比 $m_{\eta\eta}^2$，那些非对角项是小的。因而，到被 $(m_{\mathrm{u}} - m_{\mathrm{d}})^2/m_{\mathrm{s}}^2$ 压低的修正阶，

$$m_{\pi^0}^2 \simeq \frac{4v}{f^2}(m_{\mathrm{u}} + m_{\mathrm{d}}) \tag{1.105}$$

和

$$m_{\eta}^2 \simeq \frac{4v}{3f^2}(4m_{\mathrm{s}} + m_{\mathrm{u}} + m_{\mathrm{d}}) \tag{1.106}$$

很有意思的是注意到中性 π 介子的总质量很接近带电的 π 介子质量不是由于 $m_{\mathrm{u}}/m_{\mathrm{d}}$ 很接近于 1，而是因为 $m_{\mathrm{u}} - m_{\mathrm{d}}$ 与 m_{s} 相比是很小的。包括电磁修正的对质量关系比较详细的研究导致一个预期值 $m_{\mathrm{u}}/m_{\mathrm{d}} \simeq 1/2$。

在式（1.102）中的手征拉氏量包含两个参数，具有（质量）^{3} 量纲的 v 和具有质量量纲的 f。由于夸克质量总是和 v 一块出现，因而不可能利用式（1.102）中的有效拉氏量去确定夸克质量本身。描写赝 Goldstone 玻色子低动量相互作用的有效理论仅仅能确定夸克的质量比，这是因为 v 在比值中被消掉了。

式（1.102）是描述赝 Goldstone 玻色子低动量相互作用的有效拉氏量。我们能用这些有效理论计算散射过程，诸如 π-π 散射。将 Σ 对介子场展开，我们看到拉氏量中的 $\mathrm{Tr}\partial_{\mu}\Sigma\partial^{\mu}\Sigma^{\dagger}$ 具有 4 介子相互作用项

$$\frac{1}{6f^2}\mathrm{Tr}[M, \partial_{\mu} M][M, \partial^{\mu} M] \tag{1.107}$$

它的树图阶矩阵元（如图 1.6 所示）对 π-π 散射振幅给出形式如

$$\mathcal{M} \sim \frac{p_{\mathrm{typ}}^2}{f^2} \tag{1.108}$$

的贡献，这里 p_{typ} 是典型的动量。由于顶点包含两个微商，这个振幅是 p_{typ}^2 阶的。如果我们设置 $p_{\text{typ}}^2 \sim m_\pi^2$，质量项也给出同样形式的贡献。在手征拉氏量中的高微商算符的贡献是被更多小动量 p_{typ} 因子压低的。

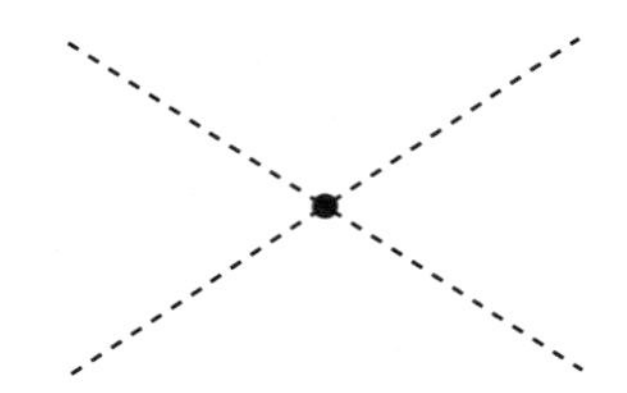

图 1.6 对 π-π 散射的树图贡献

圈图怎么样呢？存在这样的单圈图，如 1.7 图所示，其中插入了两个 $\pi\pi\pi\pi$ 顶角。每个顶角给出一个 p^2/f^2 的因子，两个介子传播子给出一个 $1/p^4$ 的因子，圈积分给出一个 p^4 的因子。在 $\overline{\text{MS}}$ 方案中得到的振幅是

$$\mathcal{M} \sim \frac{p_{\text{typ}}^4}{16\pi^2 f^4} \ln(p_{\text{typ}}^2/\mu^2) \tag{1.109}$$

这个在分子上的 p_{typ}^4 因子是量纲分析所要求的，这是由于在分母上有一个 f^4 因子和一个只出现在对数的宗量里且具有质量量纲的减除点 μ。分母中 $16\pi^2$ 是典型地出现在单圈图计算中的。单圈图的贡献和在包括 4 个微商（或者两个嵌入的夸克质量矩阵）的手征拉氏量的动量展开中的算符贡献是同阶的。p^4 阶的完整振幅是包含 p^2 阶顶角的单圈图和在拉氏量中 p^4 项对应的树图之和。p^4 的总振幅是和 μ 无关的；在式（1.109）中的 μ 依赖性被拉氏量中 p^4 项系数的 μ 依赖性抵消。

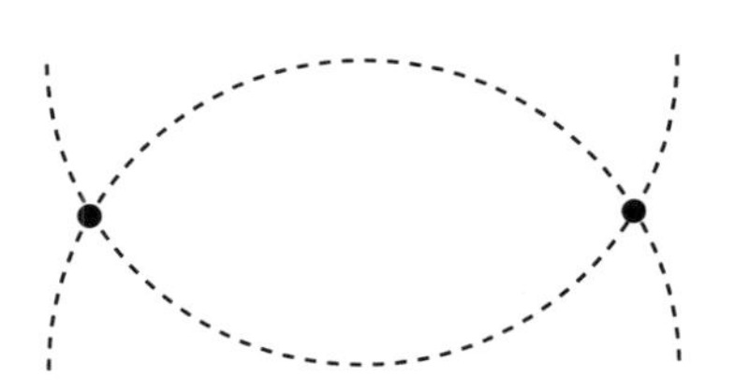

图 1.7 对 π-π 散射的单圈贡献

我们刚刚看到的模式一般来讲是成立的。多圈给出和拉氏量中具有更多微商的项同阶的贡献。我们能证明，一个有 L 圈且 p^k 阶顶角的 n_k 次嵌入的图，会产生一个 p^D 阶的振幅，其中（见习题 6）

$$D = 2 + 2L + \sum_k (k-2) n_k \tag{1.110}$$

这样每个圈使 D 增加 2，每个 p^k 阶顶角的嵌入使 D 增加 $k-2$。注意 $k-2 \geqslant 0$，由于拉氏量起始于 p^2 阶，这样式（1.110）中每一项都是正的。当压制高次微商算符的质量标度 Λ_{CSB} 大约等于 $4\pi f$ 时，圈修正和高次微商算符具有同等的重要性。用有效拉氏量在动量展开中计算赝 Goldstone 玻色子的散射振幅就是所谓的手征微扰论。

虽然 u,d 和 s 夸克质量小，QCD 的谱建议，这个理论包含一些在未破缺的 $SU(3)_V$ 群下像 u,d,s 一样变换但具有大约为 350 MeV 较大质量的准粒子。这些准粒子被称为组分夸克，并且强子谱至少定性地与用描写组分夸克间相互作用的非相对论势模型计算的谱相吻合。

1.5　将重夸克积分掉

顶（top）、底（bottom）和粲（charm）夸克的质量分别是 $m_{\text{t}} \simeq 175$ GeV，$m_{\text{b}} \simeq 4.8$ GeV，和 $m_{\text{c}} \simeq 1.4$ GeV。对于能量远低于那些夸克质量的过程，就应该直接采用将重夸克从理论中积掉的强相互作用有效理论，这时重夸克不再作为拉氏量中明显的自由度出现。带有一个虚重夸克的费曼图的效应被考虑为一些被 $1/m_{\text{Q}}$ 因子压低的不可重整化的算符，这可以通过移动有效拉氏量中重整化项的耦合常数达到。为了确定起见，让我们想象将顶夸克积掉，把 6 夸克强相互作用理论转换成一个有效的 5 夸克理论。在原有的 6 味理论中的强耦合用 $g^{(6)}$ 来表示，而在 5 夸克的有效理论中用 $g^{(5)}$ 表示。两个耦合常数间的关系要由保证用 5 夸克和 6 夸克理论计算散射振幅的结果相同来确定。由于 g 是无量纲的，这个关系的最一般的形式是 $g^{(5)}(\mu) = g^{(5)}[m_{\text{t}}/\mu, g^{(6)}(\mu)]$。当 μ 和 m_{t} 差别很大时，$g^{(5)}$ 以 $g^{(6)}$ 的幂展开成的幂级数的系数包含一个 m_{t}^2/μ^2 的大对数项。但是如果我们采用 $\mu = m_{\text{t}}$，则 $g^{(5)}$ 对 $g^{(6)}$ 的幂次级数展开中的系数就不会被任意大的对数所增强。在树图阶，$g^{(5)}(\mu) = g^{(6)}(\mu)$，这样我们能期望

$$g^{(5)}(m_{\text{t}}) = g^{(6)}(m_{\text{t}})\{1 + \mathcal{O}[\alpha_{\text{s}}^{(6)}(m_{\text{t}})]\} \tag{1.111}$$

明确的计算表明在此方程中单圈项消失，因此第一个非平庸的贡献来自于双圈。在有 n 个夸克的有效理论中强耦合可以写成式（1.92），在那里 Λ_{QCD} 依赖于用哪一种特定的有效理论（也就是 $\Lambda_{\text{QCD}} \to \Lambda_{\text{QCD}}^{(n)}$）。公式（1.111）意味着，对领

头阶，在 $\mu=m_{\mathrm{t}}$ 处耦合常数是连续的。结合式（1.92），我们得到

$$\Lambda_{\mathrm{QCD}}^{(5)}=\Lambda_{\mathrm{QCD}}^{(6)}\left(\frac{m_{\mathrm{t}}}{\Lambda_{\mathrm{QCD}}^{(6)}}\right)^{2/23} \tag{1.112}$$

积掉底夸克和粲夸克，直接进入到 4 夸克和 3 夸克有效理论，给出

$$\Lambda_{\mathrm{QCD}}^{(4)}=\Lambda_{\mathrm{QCD}}^{(5)}\left(\frac{m_{\mathrm{b}}}{\Lambda_{\mathrm{QCD}}^{(5)}}\right)^{2/25} \tag{1.113}$$

$$\Lambda_{\mathrm{QCD}}^{(3)}=\Lambda_{\mathrm{QCD}}^{(4)}\left(\frac{m_{\mathrm{c}}}{\Lambda_{\mathrm{QCD}}^{(4)}}\right)^{2/27} \tag{1.114}$$

公式（1.112）~（1.114）确定了在低能物理中虚重夸克最重要的影响。例如，质子质量 m_{p} 是在 3 夸克有效理论中通过非微扰动力学产生的，所以 $m_{\mathrm{p}}\propto\Lambda_{\mathrm{QCD}}^{(3)}$，其中的比例常数是和重夸克质量无关的。设想强耦合的数值是在某个非常高的能标处（也就是是大统一能标）定下来的，则公式（1.112）~（1.114）给出质子质量对重夸克质量的依赖关系。例如，倘若将粲夸克质量加倍，则会增加质子质量 $2^{2/27}\simeq 1.05$ 倍。

1.6 弱衰变的有效哈密顿量

强相互作用和电磁相互作用保持夸克和轻子味不变，因而很多粒子只能通过弱相互作用衰变。这类衰变最简单的例子就是 μ 子的弱衰变，$\mu\to e\nu_{\mu}\bar{\nu}_{e}$。这个衰变由于不包含任何夸克场，因而是纯轻子过程。其最低阶的图包含单个 W 玻色子交换，如图 1.8 所示。此衰变的树图阶振幅为

$$\begin{aligned}\mathcal{M}(\mu\to e\nu_{\mu}\bar{\nu}_{e})=&\left(\frac{g_2}{\sqrt{2}}\right)[\bar{u}(p_{\nu_{\mu}})\gamma_{\alpha}P_{\mathrm{L}}u(p_{\mu})][\bar{u}(p_{e})\gamma_{\beta}P_{\mathrm{L}}v(p_{\nu_{e}})]\\&\times\frac{1}{[(p_{\mu}-p_{\nu_{\mu}})^2-M_{\mathrm{W}}^2]}\left[g^{\alpha\beta}-\frac{(p_{\mu}-p_{\nu_{\mu}})^{\alpha}(p_{\mu}-p_{\nu_{\mu}})^{\beta}}{M_{\mathrm{W}}^2}\right]\end{aligned} \tag{1.115}$$

其中，g_2 是弱 $SU(2)$ 耦合常数，W 传播子是在幺正规范下写的。μ 的质量远远小于 W 玻色子的质量 M_{W}，所以在 μ 衰变中所有涉及的轻子动量都远远小于 M_{W}。作为结果，我们可以用 $-M_{\mathrm{W}}^2$ 来近似 W 传播子的分母 $(p_{\mu}-p_{\nu_{\mu}})^2-M_{\mathrm{W}}^2$，

并且在 W 玻色子传播子的分子上忽略 $(p_\mu - p_{\nu_\mu})^\alpha (p_\mu - p_{\nu_\mu})^\beta / M_W^2$ 因子。这个近似将衰变振幅简化成

$$\mathcal{M}(\mu \to e\nu_\mu \bar{\nu}_e) \simeq -\frac{4G_F}{\sqrt{2}}[\bar{u}(p_{\nu_\mu})\gamma_\alpha P_L u(p_\mu)][\bar{u}(p_e)\gamma^\alpha P_L v(p_{\nu_e})] \tag{1.116}$$

其中，费米常数 G_F 定义为

$$\frac{G_F}{\sqrt{2}} = \frac{g_2^2}{8M_W^2} \tag{1.117}$$

这个衰变振幅式（1.116）是和用局域有效哈密顿

$$H_W = -\mathcal{L}_W = \frac{4G_F}{\sqrt{2}}[\bar{\nu}_\mu \gamma_\alpha P_L \mu][\bar{e}\gamma^\alpha P_L \nu_e] \tag{1.118}$$

的树图矩阵元产生的结果一样的。在能量远远小于 M_W 和 M_Z 时计算弱衰变，特别是如果我们想计算对衰变振幅的辐射修正时，用弱相互作用的有效哈密顿描述是更为简单的。

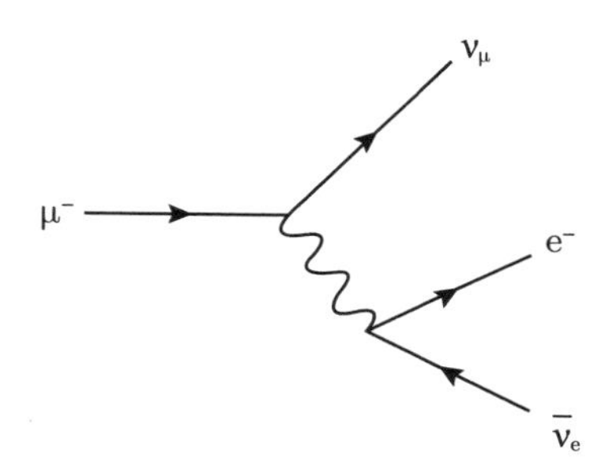

图 1.8 μ 衰变的最低阶图

对 $\mu \to e\nu_\mu \bar{\nu}_e$ 衰变振幅的电磁圈修正，部分进入式（1.118）中哈密顿量的矩阵元，部分修正哈密顿量自身。对哈密顿量的修正可以通过将 W 玻色子作为动力学场的完整理论得到的振幅与拿掉 W 玻色子的有效理论算出的振幅相比较来计算。这些修正都来自于 M_W 阶的圈动量区域，因为有效哈密顿量已经被选择能正确地复现当动量远小于 M_W 的完整哈密顿量。由此，电子和 μ 子的质量在有效哈密顿量中是以 $m_{e,\mu}/M_W$ 出现的，因而在领头阶它们可以被忽略掉。当然，它们对有效哈密顿量的矩阵元是很重要的。

若忽略了电子和 μ 子的质量，我们知道哈密顿量必须有式（1.118）的形式。在这个极限下，电磁修正不改变手征性，因而 $[\bar{\nu}_\mu \gamma_\alpha P_L \mu][\bar{e}\gamma^\alpha P_L \nu_e]$ 和 $[\bar{\nu}_\mu \gamma_\alpha P_L \nu_e][\bar{e}\gamma^\alpha P_L \mu]$ 是可以存在的仅有的维数为 6 的算符。在费米子间有三个 γ 矩阵的项可以通过利用恒等式

$$\gamma_\alpha \gamma_\beta \gamma_\nu = g_{\alpha\beta}\gamma_\nu - g_{\beta\nu}\gamma_\alpha - g_{\alpha\nu}\gamma_\beta - \mathrm{i}\epsilon_{\alpha\beta\nu\eta}\gamma^\eta \gamma_5 \tag{1.119}$$

约化为单个 γ，其中的符号约定为 $\epsilon_{0123}=1$。高维算符被忽略了，这是由于它们被 $1/M_{\mathrm{W}}$ 的幂次压低了。Fierz 算符恒等式

$$[\bar{\psi}_1\gamma_\alpha P_{\mathrm{L}}\psi_2][\bar{\psi}_3\gamma^\alpha P_{\mathrm{L}}\psi_4]=[\bar{\psi}_1\gamma_\alpha P_{\mathrm{L}}\psi_4][\bar{\psi}_3\gamma^\alpha P_{\mathrm{L}}\psi_2] \tag{1.120}$$

允许我们用 $[\bar{\nu}_\mu\gamma_\alpha P_{\mathrm{L}}\mu][\bar{e}\gamma^\alpha P_{\mathrm{L}}\nu_{\mathrm{e}}]$ 来代换 $[\bar{\nu}_\mu\gamma_\alpha P_{\mathrm{L}}\nu_{\mathrm{e}}][\bar{e}\gamma^\alpha P_{\mathrm{L}}\mu]$。因而，在超越树图阶，有效哈密顿量被修正为

$$H_{\mathrm{W}}=\frac{4G_{\mathrm{F}}}{\sqrt{2}}C\left[\frac{M_{\mathrm{W}}}{\mu},\alpha(\mu)\right][\bar{\nu}_\mu\gamma^\alpha P_{\mathrm{L}}\mu][\bar{e}\gamma_\alpha P_{\mathrm{L}}\nu_{\mathrm{e}}] \tag{1.121}$$

其中，μ 是减除点，α 是电磁精细结构常数。由于辐射修正而唯一修改的是系数 C，它在树图阶是 1。在 $\mu=M_{\mathrm{W}}$ 时，由于 M_{W} 阶的虚动量产生的圈修正决定系数 C 与 1 的偏离，我们可以期望

$$C[1,\alpha(M_{\mathrm{W}})]=1+\mathcal{O}[\alpha(M_{\mathrm{W}})] \tag{1.122}$$

4 费米子算符 $[\bar{\nu}_\mu\gamma_\alpha P_{\mathrm{L}}\mu][\bar{e}\gamma^\alpha P_{\mathrm{L}}\nu_e]$ 的矩阵元对减除点 μ 的任何依赖性都会被 C 的 μ 依赖性抵消，以至于诸如衰变率的物理量不依赖 μ。如果上面的哈密顿量用来计算 μ 子的衰变率，当 $\mu=M_{\mathrm{W}}$ 时，人们自然会认为在哈密顿量矩阵元的微扰展开里存在 $(m_\mu^2/M_{\mathrm{W}}^2)$ 的大对数项。事实上，我们知道 C 是和 μ 无关的，因此这样的对数项不出现。这个事实的一个简单解释就是用式 (1.120) 的 Fierz 恒等式，它允许我们重新将哈密顿量写成 $[\bar{\nu}_\mu\gamma_\alpha P_{\mathrm{L}}\nu_{\mathrm{e}}][\bar{e}\gamma^\alpha P_{\mathrm{L}}\mu]$ 的形式。中微子场不参与电磁作用，这样只有 $\bar{e}\gamma^\alpha P_{\mathrm{L}}\mu$ 需要重整。但是在 $m_{\mathrm{e}}=m_\mu=0$ 的极限下，$\bar{e}\gamma^\alpha P_{\mathrm{L}}\mu$ 是守恒流，不会被重整。

电磁耦合 α 是那么小，即使当它乘以一个大对数，微扰论通常还是适用的。然而强相互作用就不是那么回事了。例如，对强相互作用这样的对数项是很重要的，必须把它们求和起来，考虑在树图阶，$\mathrm{b}\to\mathrm{c}$ 非轻子衰变的有效哈密顿量

$$H_{\mathrm{W}}^{(\Delta c=1)}=\frac{4G_{\mathrm{F}}}{\sqrt{2}}V_{\mathrm{cb}}V_{\mathrm{ud}}^*[\bar{c}^\alpha\gamma_\mu P_{\mathrm{L}}b_\alpha][\bar{d}^\beta\gamma^\mu P_{\mathrm{L}}u_\beta] \tag{1.123}$$

在式（1.123）中 α 和 β 是色指标，重复的指标要被求和。用 s 夸克来代替 d 夸克，存在另一个对 $\mathrm{b}\to\mathrm{c}$ 非轻子衰变有效哈密顿量的贡献。与式（1.123）相比，它的系数被压低了 $|V_{\mathrm{us}}/V_{\mathrm{ud}}|\approx 0.2$。这个 "Cabibbo 压低" 贡献在这里被略掉了。而且，我们集中在 $\Delta c=1$ 衰变上。存在这样非轻子衰变，在树图阶，末态既有 c 又有 $\bar{\mathrm{c}}$ 夸克。对于这样的一些衰变，相比于式（1.123），有效哈密顿量 $H_{\mathrm{W}}^{(\Delta c=0)}$ 中的系数并不小。

对 $\mathrm{b}\to\mathrm{c}$ 衰变，强相互作用的圈修正改变哈密顿量的形式。和在 μ 衰变时做的讨论很类似，在 $\Delta c=1$ 的有效哈密顿量中有两个可能的项，

$$H_{\mathrm{W}}=\frac{4G_{\mathrm{F}}}{\sqrt{2}}V_{\mathrm{cb}}V_{\mathrm{ud}}^*\left\{C_1\left[\frac{M_{\mathrm{W}}}{\mu},\alpha_s(\mu)\right]O_1(\mu)+C_2\left[\frac{M_{\mathrm{W}}}{\mu},\alpha_s(\mu)\right]O_2(\mu)\right\} \tag{1.124}$$

其中

$$O_1(\mu) = [\bar{c}^\alpha \gamma_\mu P_\mathrm{L} b_\alpha][\bar{d}^\beta \gamma^\mu P_\mathrm{L} u_\beta]$$
$$O_2(\mu) = [\bar{c}^\beta \gamma_\mu P_\mathrm{L} b_\alpha][\bar{d}^\alpha \gamma^\mu P_\mathrm{L} u_\beta] \tag{1.125}$$

系数 $C_{1,2}$ 是通过比较有效理论的费曼图和在完整理论中把 W 玻色子积掉的类似的图来确定的。在 $\mu = M_\mathrm{W}$ 处我们从式（1.123）得到

$$C_1[1, \alpha_\mathrm{s}(M_\mathrm{W})] = 1 + \mathcal{O}[\alpha_\mathrm{s}(M_\mathrm{W})]$$
$$C_2[1, \alpha_\mathrm{s}(M_\mathrm{W})] = 0 + \mathcal{O}[\alpha_\mathrm{s}(M_\mathrm{W})] \tag{1.126}$$

算符 $O_{1,2}$ 的减除点依赖性抵消掉在系数 $C_{1,2}$ 中的依赖性。这儿 $O_{1,2}$ 是局域 4 夸克算符，为了使矩阵元有限，它们必须要重整。裸的和重整化的算符间的关系具有如下形式

$$O_i^{(0)} = Z_{ij} O_j \tag{1.127}$$

其中，$i, j = \{1, 2\}$，重复指标 j 为求和。由于裸算符是和 μ 无关的，

$$0 = \mu \frac{\mathrm{d}}{\mathrm{d}\mu} O_i^{(0)}(\mu) = \left(\mu \frac{\mathrm{d}}{\mathrm{d}\mu} Z_{ij}\right) O_j + Z_{ij} \left(\mu \frac{\mathrm{d}}{\mathrm{d}\mu} O_j\right) \tag{1.128}$$

它意味着

$$\mu \frac{\mathrm{d}}{\mathrm{d}\mu} O_j = -\gamma_{ji} O_i(\mu) \tag{1.129}$$

其中

$$\gamma_{ji} = Z_{jk}^{-1} \left(\mu \frac{\mathrm{d}}{\mathrm{d}\mu} Z_{ki}\right) \tag{1.130}$$

这里的 $\gamma_{ij}(g)$ 被称为反常量纲矩阵。它可以通过 Z，对耦合常数进行逐阶计算。弱哈密顿量的减除点无关性预示

$$0 = \mu \frac{\mathrm{d}}{\mathrm{d}\mu} H_\mathrm{W} = \mu \frac{\mathrm{d}}{\mathrm{d}\mu} (C_j O_j) \tag{1.131}$$

它给出

$$\left(\mu \frac{\mathrm{d}}{\mathrm{d}\mu} C_j\right) O_j - C_j \gamma_{ji} O_i = 0 \tag{1.132}$$

由于算符 $O_{1,2}$ 是无关的，我们得到

$$\mu \frac{\mathrm{d}}{\mathrm{d}\mu} C_i = \gamma_{ji} C_j \tag{1.133}$$

这个微分方程的解是

$$C_i\left[\frac{M_{\rm W}}{\mu},\alpha_{\rm s}(\mu)\right]=P\exp\left[\int_{g(M_{\rm W})}^{g(\mu)}\frac{\gamma^{\rm T}(g)}{\beta(g)}{\rm d}g\right]_{ij}C_j[1,\alpha_{\rm s}(M_{\rm W})] \tag{1.134}$$

这里，P 表示在指数上的反常量纲矩阵的“耦合常数排序”，$\gamma^{\rm T}$ 是 γ 的转置矩阵。

计算 $O_{1,2}$ 的反常矩阵是很直接的。在单圈阶，它是

$$\gamma(g)=\frac{g^2}{8\pi^2}\begin{pmatrix}-1 & 3\\ 3 & -1\end{pmatrix} \tag{1.135}$$

通过构造算符的线性组合

$$O_\pm=O_1\pm O_2 \tag{1.136}$$

就能很方便地对角化此矩阵。利用式（1.120）给出的 Fierz 恒等式，很明显看出，O_+ 对于交换 d 和 c 夸克场是对称的，而 O_- 是反对称的。对于 d 和 c 夸克场构成一个二重态的味群 $SU(2)$，O_- 是单态，而 O_+ 是三重态。c，d 质量差破坏了这个味对称性。夸克质量不影响重整化常数 Z_{ij}，因而这个对称性禁止 O_+ 和 O_- 的混合。利用 $O_\pm$，这个有效弱哈密顿量为

$$H_{\rm W}=\frac{4G_{\rm F}}{\sqrt{2}}V_{\rm cb}V_{\rm ud}^*\left\{C_+\left[\frac{M_{\rm W}}{\mu},\alpha_{\rm s}(\mu)\right]O_+(\mu)+C_-\left[\frac{M_{\rm W}}{\mu},\alpha_{\rm s}(\mu)\right]O_-(\mu)\right\} \tag{1.137}$$

其中

$$C_\pm[1,\alpha_{\rm s}(M_{\rm W})]=\frac{1}{2}+\mathcal{O}[\alpha_{\rm s}(M_{\rm W})] \tag{1.138}$$

在任何其他的减除点

$$C_\pm\left[\frac{M_{\rm W}}{\mu},\alpha_{\rm s}(\mu)\right]=\exp\left[\int_{g(M_{\rm W})}^{g(\mu)}\frac{\gamma_\pm(g)}{\beta(g)}{\rm d}g\right]C_\pm[1,\alpha_{\rm s}(M_{\rm W})] \tag{1.139}$$

其中

$$\begin{aligned}\gamma_+(g)&=\frac{g^2}{4\pi^2}+\mathcal{O}(g^4)\\ r_-(g)&=-\frac{g^2}{2\pi^2}+\mathcal{O}(g^4)\end{aligned} \tag{1.140}$$

β 函数在式（1.87）中给出。当 $\mu\gg\Lambda_{\rm QCD}$，在式（1.139）的大部分积分区域，强耦合 $\alpha_{\rm s}(\mu)$ 都很小，那么在 $\gamma_\pm$ 和 β 中 g 的高阶项都可以略去。这给出

$$C_\pm\left[\frac{M_{\rm W}}{\mu},\alpha_{\rm s}(\mu)\right]=\frac{1}{2}\left[\frac{\alpha_{\rm s}(M_{\rm W})}{\alpha_{\rm s}(\mu)}\right]^{a\pm} \tag{1.141}$$

其中

$$a_+ = \frac{6}{33-2N_\mathrm{q}}, \quad a_- = -\frac{12}{33-2N_\mathrm{q}} \tag{1.142}$$

利用式（1.89）将 $\alpha_\mathrm{s}(M_\mathrm{W})$ 用 $\alpha_\mathrm{s}(\mu)$ 来表示，$C_\pm$ 的微扰幂次展开具有如下形式:

$$\frac{1}{2} + a_1\alpha_\mathrm{s}(\mu)\ln(M_\mathrm{W}/\mu) + a_2\alpha_\mathrm{s}^2(\mu)\ln^2(M_\mathrm{W}/\mu) + \cdots \tag{1.143}$$

在式 (1.143) 中 $C_\pm$ 的表达式将所有 $\alpha_\mathrm{s}^n(\mu)\ln^n(M_\mathrm{W}/\mu)$ 形式的领头阶对数都加起来了，但略掉 $\alpha_\mathrm{s}^n(\mu)\ln^{n-1}(M_\mathrm{W}/\mu)$ 的次领头阶对数项。次领头阶对数项的级数可以用双圈的重整化群方程来求和，更高阶也是如此处理。由于在系数 $C_\pm$ 中的减除点依赖性抵消算符 $O_\pm$ 矩阵元的减除点依赖性，我们可以用任意的 μ 值。但是，如果 p_typ 是非轻子衰变中的典型动量，对于和 p_typ 很不相同的 μ 值，$O_\pm$ 的矩阵元将包含很大的 (μ^2/p_typ^2) 的对数。大体上说，这些对数来自于 p_typ 和 μ 之间区域里的动量积分。通过将系数从减除点 M_W 重新标度到 p_typ 量级的某个数，可以把那些对数从 $O_\pm$ 的矩阵元挪到系数 $C_\pm$ 中，这样我们就能把这些对数加起来了。

在式（1.142）中的 $a_\pm$ 依赖于夸克的味道数 N_q。在积掉顶夸克的同时也去掉 W 玻色子，这样 $N_\mathrm{q}=5$。对于包含 b 夸克的强子单举（inclusive）弱衰变，衰变产物的典型动量具有 b 夸克质量的量级，并且大的 $(M_\mathrm{W}/m_\mathrm{b})^2$ 对数项在估算 $\mu=m_\mathrm{b}$ 处的系数 $C_\pm$ 时已经被加起来了。这样

$$C_+(m_\mathrm{b}) = 0.42, \quad C_-(m_\mathrm{b}) = 0.70 \tag{1.144}$$

这里我们用了 $\alpha_\mathrm{s}(M_\mathrm{W})=0.12$ 和 $\alpha_\mathrm{s}(m_\mathrm{b})=0.22$。

1.7　π 介子的衰变常数

π 介子弱衰变 $\pi^- \to \mu\bar{\nu}_\mu$ 决定了参数 f 的数值，f 是存在于式（1.98）π 的强相互作用手征拉氏量中的。忽略电磁修正，$\pi^- \to \mu\bar{\nu}_\mu$ 衰变的有效哈密顿量是

$$H_{有效} = \frac{4G_\mathrm{F}}{\sqrt{2}}V_\mathrm{ud}[\bar{u}\gamma_\alpha P_\mathrm{L} d][\bar{\mu}\gamma^\alpha P_\mathrm{L}\nu_\mu] \tag{1.145}$$

这里夸克场的色指标没有明确写出。在 $m_{\mathrm{u,d}} \to 0$ 极限下，流 $\bar{u}\gamma_\alpha P_{\mathrm{L}} d$ 是守恒的，于是它的强相互作用矩阵元是和减除点无关的。若取式（1.145）的 $\pi^- \to \mu\bar{\nu}_\mu$ 的矩阵元，给出 π 介子衰变振幅

$$\mathcal{M} = -\mathrm{i}\sqrt{2}G_{\mathrm{F}}V_{\mathrm{ud}}f_\pi \bar{u}(p_\mu)\not{p}_\pi P_{\mathrm{L}} v(p_{\nu_\mu}) \tag{1.146}$$

其中，π 衰变常数 f_π 是 π 到真空的轴矢量流矩阵元之值

$$\langle 0|\bar{u}\gamma^\alpha\gamma_5 d|\pi^-(p_\pi)\rangle = -\mathrm{i}f_\pi p_\pi^\alpha \tag{1.147}$$

测量的 π 介子衰变率给出 $f_\pi \simeq 131$ MeV。在式（1.147）中 π 介子场是用标准协变的模来归一的：$\langle\pi(p'_\pi)|\pi(p_\pi)\rangle = 2E_\pi(2\pi)^3\delta^3(\boldsymbol{p}'_\pi - \boldsymbol{p}_\pi)$。由于强相互作用的宇称不变性，只有左手流的轴矢量部分在式（1.146）中有贡献。

在 $m_{\mathrm{u,d,s}} \to 0$ 极限下，整体 $SU(3)_{\mathrm{L}}$ 变换是 QCD 的一种对称性。与这个对称性相关联的守恒流，可以通过考虑在无限小局域 $SU(3)_{\mathrm{L}}$ 变换下 QCD 拉氏量的变化

$$L = 1 + \mathrm{i}\epsilon_{\mathrm{L}}^A T^A \tag{1.148}$$

导出，其中用到了时-空相关的无限小参数 $\epsilon_{\mathrm{L}}^A(x)$。在这个变换下式（1.93）的拉氏量密度变化是

$$\delta\mathcal{L}_{\mathrm{QCD}} = -J_{\mathrm{L}\mu}^A \partial^\mu \epsilon_{\mathrm{L}}^A \tag{1.149}$$

其中

$$J_{\mathrm{L}\mu}^A = \bar{q}_{\mathrm{L}} T^A \gamma_\mu q_{\mathrm{L}} \tag{1.150}$$

是与 $SU(3)_{\mathrm{L}}$ 变换关联的守恒流。我们也知道左手变换是如何作用到式（1.98）中 Σ 的介子场上的。当无限小左手变换作用在 Σ 上，手征拉氏量密度的变化是

$$\delta\mathcal{L}_{\text{有效}} = -J_{\mathrm{L}\mu}^A \partial^\mu \epsilon_{\mathrm{L}}^A \tag{1.151}$$

其中

$$J_{\mathrm{L}\mu}^A = -\frac{\mathrm{i}f^2}{4}\mathrm{Tr}T^A\Sigma\partial_\mu\Sigma^\dagger \tag{1.152}$$

比较式（1.150）和式（1.152），我们得到

$$\bar{q}_{\mathrm{L}} T^A \gamma_\mu q_{\mathrm{L}} = -\mathrm{i}\frac{f^2}{4}\mathrm{Tr}T^A\Sigma\partial_\mu\Sigma^\dagger + \cdots \tag{1.153}$$

其中，"…" 是手征拉氏量中高次微商项的贡献。包含赝 Goldstone 玻色子的夸克流的矩阵元能够通过把式（1.153）右边 Σ 对 M 展开来计算。特别地，M 的线性部分给出树图阶的关系 $f = f_\pi$。圈图和手征拉氏量中的高次微商算符给出对 f 和 f_π 之间关系的修正。K 介子的衰变常数定义如下:

$$\langle 0|\bar{u}\gamma^\alpha\gamma_5 s|K^-(p_K)\rangle = -\mathrm{i} f_K p_K^\alpha \tag{1.154}$$

测量的 $K^- \to \mu\bar{\nu}_\mu$ 衰变率确定 f_K 比 π 的衰变常数大 $\sim 25\%$，$f_K \simeq 164$ MeV。对手征 $SU(3)_L \times SU(3)_R$ 的领头阶，$f = f_\pi = f_K$，f_π 和 f_K 间 25% 的差别是不为零的奇异夸克质量造成的 $SU(3)_V$ 破坏的典型数值。

对手征微扰论的高阶，用赝 Goldstone 玻色子场来寻找 $\bar{q}_L T^A \gamma_\mu q_L$ 的表示的 Noether 手续是存在问题的。尽管由于它们对赝 Goldstone 玻色子的 S 矩阵元没有贡献而通常从拉氏量中被省略掉，在手征拉氏量中所有微商算符都对 $J^A_{L\mu}$ 流有贡献（虽然不是对荷 $Q^A_L = \int \mathrm{d}^3x J^A_{L0}$）。注意，手征微扰论的领头阶不存在可能的圈微商算符，这是由于 $\partial^\mu(\mathrm{Tr}\Sigma^\dagger\partial_\mu\Sigma) = 0$。

1.8　算符乘积展开

算符乘积展开（OPE）是粒子物理和凝聚态物理中一个很重要的工具，它将在本书中被用来描述 B 的单举衰变以及讨论求和规则。我们用一个精确的例子来作为应用算符乘积展开最好的展示。在本节中，OPE 被用来研究轻子 -质子的深度非弹性散射（深度非弹）。讨论的主要目的是解释 OPE 的应用，因而只给出最低限度的对深度非弹散射唯象学方面的介绍。

基本的深度非弹散射过程是 $\mathrm{l}(k)+$ 质子 $(p) \to \mathrm{l}(k') + X(p+q)$，入射的轻子 l 带有动量 k'，它与靶中的质子散射产生一个带动量 k' 的出射轻子 l 加任意的 X。图 1.9 所示费曼图显示的是对电磁精细结构常数 α 展开的领头阶。通常用来描写单举散射过程的传统运动学变量是动量转移 $Q^2 = -(k'-k)^2$ 和无量纲的变量 x，其中 x 的定义为

$$x = \frac{Q^2}{2p\cdot q} \tag{1.155}$$

其中，$q = k - k'$。注意，对深度非弹散射，$Q^2 > 0$。再来定义 $\omega = 1/x$，这也是很有用的。深度非弹散射截面是在 Q^2 很大而 x 固定的极限下的单举截面。将图

1.9 表示的振幅平方，并做适当的相空间积分，我们得到总截面。很容易计算这个振幅的轻子和光子部分以及相应的相空间积分。非平庸的量是此图强子部分的平方，它是

$$\sum_X (2\pi)^4 \delta^4(q+p-p_X)\langle p|J^\mu_{\text{em}}(0)|X\rangle\langle X|J^\nu_{\text{em}}(0)|p\rangle \tag{1.156}$$

其中，求和是对所有可能的末态 X，而 J^μ_{em} 是电磁流。为了方便，态矢量上的动量和自旋标号省掉了。本式做了对质子态 $|p\rangle$ 的自旋平均。

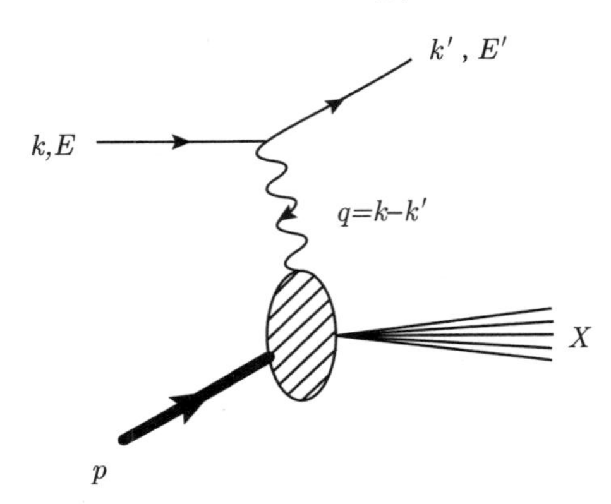

图 1.9　深度轻子 –强子非弹性散射的基本图。虚光子的动量为 q，末态的强子态是不被测量的，我们用 X 来表示

约定将强子张量定义为

$$W^{\mu\nu}(p,q)=\frac{1}{4\pi}\int \mathrm{d}^4x\mathrm{e}^{\mathrm{i}q\cdot x}\langle p|[J^\mu_{\text{em}}(x),J^\nu_{\text{em}}(0)]|p\rangle \tag{1.157}$$

插入态的完备集，得到

$$\begin{aligned}W^{\mu\nu}(p,q)=&\frac{1}{4\pi}\sum_X\int \mathrm{d}^4x\mathrm{e}^{\mathrm{i}q\cdot x}[\langle p|J^\mu_{\text{em}}(x)|X\rangle\langle X|J^\nu_{\text{em}}(0)|p\rangle\\&-\langle p|J^\nu_{\text{em}}(0)|X\rangle\langle X|J^\mu_{\text{em}}(x)|p\rangle]\end{aligned} \tag{1.158}$$

其中，对 X 的求和是对所有末态的求和以及对所有允许的末态相空间的积分。平移不变性暗示

$$\begin{aligned}\langle p|J^\mu_{\text{em}}(x)|X\rangle&=\langle p|J^\mu_{\text{em}}(0)|X\rangle\mathrm{e}^{\mathrm{i}(p-p_X)\cdot x}\\\langle X|J^\mu_{\text{em}}(x)|p\rangle&=\langle X|J^\mu_{\text{em}}(0)|p\rangle\mathrm{e}^{\mathrm{i}(p_X-p)\cdot x}\end{aligned} \tag{1.159}$$

将式（1.159）代入到式（1.158）中，得出

$$\begin{aligned}W^{\mu\nu}(p,q)=&\frac{1}{4\pi}\sum_X[(2\pi)^4\delta^4(q+p-p_X)\langle p|J^\mu_{\text{em}}(0)|X\rangle\langle X|J^\nu_{\text{em}}(0)|p\rangle\\&-(2\pi)^4\delta^4(q+p_X-p)\langle p|J^\nu_{\text{em}}(0)|X\rangle\langle X|J^\mu_{\text{em}}(0)|p\rangle]\end{aligned} \tag{1.160}$$

因为重子数是守恒的，所以只有那些 $p_X^0 \geqslant p^0$ 的末态是被允许的。对于 $q^0>0$，只有式（1.166）中第一个 δ 函数能被满足，这样在 $W_{\mu\nu}$ 中的求和就约化为包含强子流和能量动量守恒的 δ 函数（加一个 $1/(4\pi)$ 的因子）的式（1.156）。由于只有式（1.158）中第一项有贡献，我们就能将式（1.157）中的 $W_{\mu\nu}$ 简单地定义为没有对易关系的 $J_{\text{em}}^{\mu}(x)J_{\text{em}}^{\nu}(0)$ 的矩阵元。利用对易关系的原因是那样当连续地离开物理区时，$W_{\mu\nu}$ 会有一个很好的解析结构。符合流守恒、宇称和时间反演不变性的 $W_{\mu\nu}$ 的最一般的形式是

$$W_{\mu\nu}=F_1\Big(-g_{\mu\nu}+\frac{q_\mu q_\nu}{q^2}\Big)+\frac{F_2}{p\cdot q}\Big(p_\mu-\frac{p\cdot q q_\mu}{q^2}\Big)\Big(p_\nu-\frac{p\cdot q q_\nu}{q^2}\Big) \tag{1.161}$$

其中，$F_{1,2}$ 可以写成 x 和 Q^2 的函数。这里 $F_{1,2}$ 被称为结构函数。

结构函数的 Q^2 依赖性可以用量子色动力学计算。推导的出发点是两个流的编时乘积：

$$t^{\mu\nu}\equiv \mathrm{i}\int \mathrm{d}^4x \mathrm{e}^{\mathrm{i}q\cdot x}T[J_{\text{em}}^{\mu}(x)J_{\text{em}}^{\nu}(0)] \tag{1.162}$$

$t_{\mu\nu}$ 的质子矩阵元

$$T_{\mu\nu}=\langle p|t_{\mu\nu}|p\rangle \tag{1.163}$$

也可以用结构函数来写为

$$T_{\mu\nu}=T_1\Big(-g_{\mu\nu}+\frac{q_\mu q_\nu}{q^2}\Big)+\frac{T_2}{p\cdot q}\Big(p_\mu-\frac{p\cdot q q_\mu}{q^2}\Big)\Big(p_\nu-\frac{p\cdot q q_\nu}{q^2}\Big) \tag{1.164}$$

作为对于固定 Q^2 的 ω 的函数 $T_{1,2}$，其解析结构如图 1.10 所示。在物理区 $1<|\omega|$ 内存在割线。越过这条 $T_{1,2}$ 的右手割线的不连续性是 $F_{1,2}$，

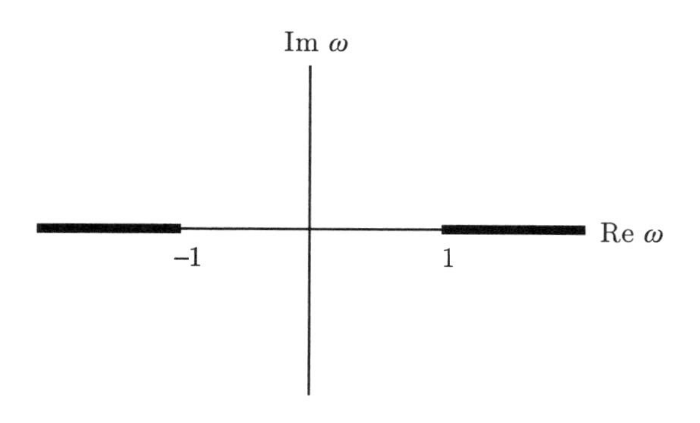

图 1.10　在 ω 的复平面上 $T_{\mu\nu}$ 的解析结构。越过割线 $1\leqslant|\omega|\leqslant\infty$ 的不连续性是和 $W_{\mu\nu}$ 有关的。

$$\text{Im}\ T_{1,2}(\omega+\mathrm{i}\epsilon,Q^2)=2\pi F_{1,2}(\omega,Q^2) \tag{1.165}$$

(越过左手割线的不连续性给出对反质子的深度非弹性散射的结构函数。)

允许在一定限制的情况下计算 $T_{\mu\nu}$ 的关键是算符乘积展开。考虑两个在位置上被 z 分开的局域算符的编时乘积

$$T[O_a(z)O_b(0)] \tag{1.166}$$

对于小 z，算符实际上是在同一个点。在这个极限下，算符乘积可以被写成局域算符的一个展开

$$T[O_a(z)O_b(0)]=\sum_k C_{abk}(z)O_k(0) \tag{1.167}$$

系数函数依赖于距离 z。左边的低动量（和 $1/z$ 相比）矩阵元完全等价于右边的矩阵元。这样假定那些外部态带有与距离倒数 $1/z$ 相比为小的动量分量，我们在计算矩阵元时就可以用式（1.167）中的展开来代替乘积 $T[O_a(z)O_b(0)]$，其中，系数 $C_{abk}(z)$ 和矩阵元无关。在 QCD 中，由于渐近自由，短距离时的耦合常数很小。由于所有的非微扰效应都发生于远远大于 z 的尺度，并且不会影响系数函数的计算，从而这些系数函数可以用微扰论计算。

算符乘积展开的动量空间形式是对于乘积

$$\int \mathrm{d}^4 z \mathrm{e}^{\mathrm{i}q\cdot z}T[O_a(z)O_b(0)] \tag{1.168}$$

在 $q\to\infty$ 极限下，式（1.168）的傅里叶变换迫使 $z\to 0$，那么算符乘积仍可以用系数函数只依赖 q 的局域算符展开。对于大的 q，

$$\int \mathrm{d}^4 z \mathrm{e}^{\mathrm{i}q\cdot z}T[O_a(z)O_b(0)]=\sum_k C_{abk}(q)O_k(0) \tag{1.169}$$

只要 q 远远大于任何一个外部态的特征动量，这个展开对所有矩阵元都对。

我们下面要用式（1.169）的算符乘积展开的傅里叶变换形式。在式（1.162）中的两个电磁流的乘积可以用局域算符乘以作为 q 的函数的系数之和来展开。只要 q 远远大于典型的强子质量标度 Λ_{QCD}，这个展开对于质子矩阵元式（1.163）就是适用的。对 QCD，在算符乘积展开中的局域算符是带有任意维数 d 和自旋 n 的夸克和胶子算符。一个带有自旋 n 和维数 d 的算符可以写成 $O_{d,n}^{\mu_1\cdots\mu_n}$，这里 $O_{d,n}$ 对 $\mu_1\cdots\mu_n$ 是对称的，并且是无迹的。在对自旋求平均的质子靶中，$O_{d,n}$ 的矩阵元正比于 $m_p^{d-n-2}S[p^{\mu_1}\cdots p^{\mu_n}]$。$S$ 作用在张量上，将对称和无迹的分量完全投影掉。由于具有约定的相对论归一化的质子态具有维数 -1，m_p 的幂次可以由量纲分析得到。在算符乘积展开中的系数函数只是 q 的函数。这样算符 O 的自由指标只能是 μ,ν 或者与 q^α 收缩掉。每个和 q^α 收缩掉的指标都会产生一

个 $p\cdot q$ 的因子，在深度非弹极限下，它具有 Q^2 的量级。μ 或 ν 的指标和轻子动量收缩，会产生一个 $p\cdot k$ 或者 $p\cdot k'$ 的因子，在深度非弹极限下，它们两者都是在 Q^2 的量级。还有，由于 $t_{\mu\nu}$ 的量纲为 2，在算符乘积展开中，O 的系数必须是 $[\text{mass}]^{2-d}$。那么，任意算符 O 对微分截面的贡献的量级是

$$\begin{aligned}
C_{\mu_1\cdots\mu_n}O_{d,n}^{\mu_1\cdots\mu_n} &\to \frac{q_{\mu_1}}{Q}\cdots\frac{q_{\mu_n}}{Q}Q^{2-d}\langle O_{d,n}^{\mu_1\cdots\mu_n}\rangle \\
&\to \frac{q_{\mu_1}}{Q}\cdots\frac{q_{\mu_n}}{Q}Q^{2-d}m_p^{d-n-2}p^{\mu_1}\cdots p^{\mu_n} \\
&\to \frac{(p\cdot q)^n}{Q^n}Q^{2-d}m_p^{d-n-2} \\
&\to \omega^n\left(\frac{Q}{m_p}\right)^{2+n-d} = \omega^n\left(\frac{Q}{m_p}\right)^{2-t}
\end{aligned} \tag{1.170}$$

其中，扭度（twist） t 的定义为

$$t = d - n = 维数 - 自旋 \tag{1.171}$$

在算符乘积展开中最重要的算符是那些具有最低可能扭度的算符。在深度非弹极限下，扭度为 2 的算符对结构函数贡献一个有限量，扭度 3 的贡献被压低一个因子 m_p/Q，以此类推。在 QCD 中最基本的场是夸克和胶子场，因而在算符乘积展开中规范不变的算符必须用夸克场 q，胶子场强度 $G_{\mu\nu}$ 和协变微商 D_μ 写出来。表 1.2 列出了这些基本对象的维数和扭度。任何规范不变的算符至少要包含两个夸克场，或两个胶子场强度张量。因而，最低的可能的扭度为 2。一个扭度为 2 的算符要有两个 q，或者有两个 $G_{\mu\nu}$ 和任意数量的协变微商。协变微商的指标是不收缩的，这是因为一个算符，诸如 D^2 的扭度为 2，而 $D^\alpha D^\beta$ 的无迹对称部分的扭度为 0。

表 1.2 QCD 拉氏量中基本对象的维数 (dimension)、自旋 (spin) 和扭度 (twist)

参 量	q	$G_{\mu\nu}$	D^μ
维 数	3/2	2	1
自 旋	1/2	1	1
扭 度	1	1	0

做算符乘积展开的第一步是确定所有可能出现的线性无关算符。我们刚刚看到领头阶的算符是扭度为 2 的夸克和胶子算符。通过考虑不是电磁流而是单一夸克味的 $J_\mu = \bar{q}\gamma_\mu q$ ，我们将简化分析过程。实际情况的结果可以将所有味的夸克贡献求和来得到，其中每项的权重是荷的平方。在轻夸克质量可以忽略的极限

下，夸克的洛伦兹结构必须是 $\bar{q}\gamma^\mu q$ 或者 $\bar{q}\gamma^\mu\gamma_5 q$，这是因为算符乘积 $J^\mu J^\nu$ 不改变手征性。扭度为 2 的算符惯常采用的基为

$$O_{q,V}^{\mu_1\cdots\mu_n} = \frac{1}{2}\left(\frac{\mathrm{i}}{2}\right)^{n-1} S\left\{\bar{q}\gamma^{\mu_1}\overleftrightarrow{D}^{\mu_2}\cdots\overleftrightarrow{D}^{\mu_n} q\right\} \tag{1.172}$$

$$O_{q,A}^{\mu_1\cdots\mu_n} = \frac{1}{2}\left(\frac{\mathrm{i}}{2}\right)^{n-1} S\left\{\bar{q}\gamma^{\mu_1}\overleftrightarrow{D}^{\mu_2}\cdots\overleftrightarrow{D}^{\mu_n} \gamma_5 q\right\} \tag{1.173}$$

其中

$$\bar{A}\overleftrightarrow{D}^\mu B = \bar{A}\overrightarrow{D}^\mu B - \bar{A}\overleftarrow{D}^\mu B \tag{1.174}$$

算符 $O_{q,V}^{\mu_1\cdots\mu_n}$ 具有正比于质子自旋的矩阵元，因而对自旋平均的散射没有贡献。从非极化的质子散射所需要的扭度为 2 的胶子算符的堆积是

$$O_{g,V}^{\mu_1\cdots\mu_n} = -\frac{1}{2}\left(\frac{\mathrm{i}}{2}\right)^{n-2} S\left\{G_A^{\mu_1\alpha}\overleftrightarrow{D}^{\mu_2}\cdots\overleftrightarrow{D}^{\mu_{n-1}} G_{A\alpha}^{\mu_n}\right\} \tag{1.175}$$

我们下面只把算符乘积展开算到 α_s 的最低阶，因而胶子算符不出现。

与流守恒一致并只用扭度为 2 的算符情况下，$t_{\mu\nu}$ 最一般的形式为

$$\begin{aligned} t_{\mu\nu} = & \sum_{n=2,4,\cdots}^{\infty}\left(-g_{\mu\nu}+\frac{q_\mu q_\nu}{q^2}\right)\frac{2^n q_{\mu_1}\cdots q_{\mu_n}}{(-q^2)^n}\sum_{j=q,g} 2C_{j,n}^{(1)} O_{j,V}^{\mu_1\cdots\mu_n} \\ & + \sum_{n=2,4,\cdots}^{\infty}\left(g_{\mu\mu_1}-\frac{q_\mu q_{\nu_1}}{q^2}\right)\left(g_{\nu\mu_2}-\frac{q_\nu q_{\mu_2}}{q^2}\right) \\ & \times \frac{2^n q_{\mu_3}\cdots q_{\mu_n}}{(-q^2)^{n-1}}\sum_{j=q,g} 2C_{j,n}^{(2)} O_{j,V}^{\mu_1\cdots\mu_n} \end{aligned} \tag{1.176}$$

其中，未知的系数是 $C_{j,n}^{(1)}$ 和 $C_{j,n}^{(2)}$，因子 2 以及符号是为了后面计算方便而选用的。

做算符乘积展开的第二步是要确定算符的系数 $C_{j,n}^{(1)}$ 和 $C_{j,n}^{(2)}$ 。做这件事最好的方式是估算足够多的在壳矩阵元来确定这些系数。由于已经讨论过这些系数可以用任意矩阵元来计算，我们取在壳夸克和胶子态的矩阵元来计算这些系数。在本章中仅仅展示最低的非平冗阶，也就是 $(\alpha_s)^0$ 阶系数的计算。

在算符乘积展开中的一般项可以写为

$$JJ \sim C_q O_q + C_g O_g \tag{1.177}$$

其中，q 和 g 表示夸克和胶子算符。在自由夸克态中取两边的矩阵元，得出

$$\langle q|JJ|q\rangle \sim C_q\langle q|O_q|q\rangle + C_g\langle q|O_g|q\rangle \tag{1.178}$$

电磁流是夸克算符。因而左边是 $(\alpha_s)^0$ 阶。矩阵元 $\langle q|O_q|q\rangle$ 也是 $(\alpha_s)^0$ 阶，由于在 O_g 中至少有两个胶子，因而矩阵元 $\langle q|O_g|q\rangle$ 是 $(\alpha_s)^1$ 阶的，它们每一个都给矩阵元贡献一个 QCD 耦合常数 g 的因子。因而，在算符乘积展开的两边取矩阵元，同时忽略掉胶子算符，我们可以将 C_q 确定到领头阶。

如前所述，我们目前的理论只包含一个夸克味，并带有荷为 1。算符乘积展开左边的夸克矩阵元式（1.169），是由图 1.11 所示的费曼图给出的，

$$\mathcal{M}^{\mu\nu} = \mathrm{i}\bar{u}(p,s)\gamma^{\mu}\mathrm{i}\frac{\not{p}+\not{q}}{(p+q)^2}\gamma^{\mu}u(p,s)+\mathrm{i}\bar{u}(p,s)\gamma^{\nu}\mathrm{i}\frac{\not{p}-\not{q}}{(p-q)^2}\gamma^{\mu}u(p,s) \tag{1.179}$$

注意，这里存在一个总体因子 i，这是因为我们在计算 i 倍的式（1.162）中的编时乘积。交叉图（第二项）能过通过在直接图（第一项）中做 $\mu\leftrightarrow\nu, q\to -q$ 的代换得到，这样我们就可以集中在简化第一项。由于对在壳无质量的夸克，

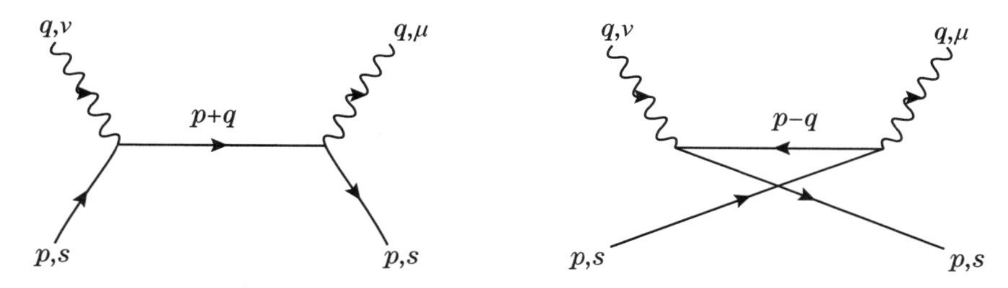

图 1.11　对两个电磁流乘积的夸克矩阵元有贡献的最低阶图。

$p^2=0$，我们可以展开分母，得到

$$(p+q)^2 = 2p\cdot q+q^2 = q^2\left(1+\frac{2p\cdot q}{q^2}\right) = q^2(1-\omega) \tag{1.180}$$

利用式（1.119）给出的关于 γ 矩阵的恒等式，分子可以简化成

$$\begin{aligned}\bar{u}(p,s)\gamma^{\mu}(\not{p}+\not{q})\gamma^{\nu}u(p,s) =& \bar{u}(p,s)[(p+q)^{\mu}\gamma^{\nu}+(p+q)^{\nu}\gamma^{\mu}\\ &-g^{\mu\nu}(\not{p}+\not{q})+\mathrm{i}\epsilon^{\mu\nu\alpha\lambda}(p+q)_{\alpha}\gamma_{\lambda}\gamma_5]u(p,s)\end{aligned} \tag{1.181}$$

对于一个在壳的无质量夸克，

$$\not{p}u(p,s)=0, \quad \bar{u}(p,s)\gamma_{\lambda}u(p,s)=2p_{\lambda}, \quad \bar{u}(p,s)\gamma_{\lambda}\gamma_5 u(p,s)=2hp_{\lambda} \tag{1.182}$$

其中，h 是夸克的螺旋度。这样 $\not{p}$ 和 $\epsilon^{\mu\nu\alpha\lambda}p_{\alpha}\gamma_{\lambda}\gamma_5$ 项都是 0。对于自旋求平均的矩阵元，对螺旋度求和会得到 0 的结果，因而我们忽略掉 $\mathcal{M}^{\mu\nu}$ 中和 h 成正比的部分。将所有项组合在一起并利用

$$(1-\omega)^{-1} = \sum_{n=0}^{\infty}\omega^n \tag{1.183}$$

得到

$$\mathcal{M}^{\mu\nu}=-\frac{2}{q^2}\sum_{n=0}^{\infty}\omega^n[(p+q)^\mu p^\nu+(p+q)^\nu p^\mu-g^{\mu\nu}p\cdot q] \tag{1.184}$$

为了完成算符乘积展开，我们需要算符乘积右边的自由夸克矩阵元。由于 $p^2=0$，式（1.172）中动量为 p 的自由夸克态的夸克算符矩阵元是

$$\langle q(p)|O_{q,V}^{\mu_1\cdots\mu_n}|q(p)\rangle=S[p^{\mu_1}\cdots p^{\mu_n}]=p^{\mu_1}\cdots p^{\mu_n} \tag{1.185}$$

在式（1.172）和式（1.173）中因子 i 和 2 是特别选定的，使得在矩阵元中不再存在这样的因子。

我们决定了在算符乘积展开中自旋无关项的系数函数。包括了交叉图，由于 ω 对 q 是奇的，所以在算符乘积左边的自旋无关项是

$$\begin{aligned}\mathcal{M}^{\mu\nu}=&-\frac{2}{q^2}\sum_{n=0}^{\infty}\omega^n[(p+q)^\mu p^\nu+(p+q)^\nu p^\mu-g^{\mu\nu}p\cdot q]\\&+(\mu\leftrightarrow\nu,q\to-q,\omega\to-\omega)\end{aligned} \tag{1.186}$$

交叉图导致这些项半数相消，则矩阵元是

$$\begin{aligned}\mathcal{M}^{\mu\nu}=&-\frac{4}{q^2}\sum_{n=0,2,4}^{\infty}\omega^n 2p^\mu p^\nu-\frac{4}{q^2}\sum_{n=1,3,5}^{\infty}\omega^n(q^\mu p^\nu+q^\nu p^\mu-g^{\mu\nu}p\cdot q)\\=&-\frac{8}{q^2}\sum_{n=0,2,4}^{\infty}\frac{2^n(p\cdot q)^n}{(-q^2)^n}\left(p^\mu-\frac{p\cdot qq^\mu}{q^2}\right)\left(p^\mu-\frac{p\cdot qq^\nu}{q^2}\right)\\&-\frac{4}{q^2}\sum_{n=1,3,5}^{\infty}\frac{2^n(p\cdot q)^{n+1}}{(-q^2)^n}\left(-g^{\mu\nu}+\frac{q^\mu q^\nu}{q^2}\right)\end{aligned} \tag{1.187}$$

式（1.187）可以重写为如下形式:

$$\begin{aligned}\mathcal{M}^{\mu\nu}=&-\frac{8}{q^2}\sum_{n=0,2,4}^{\infty}\frac{2^n q^{\mu_3}\cdots q^{\mu_{n+2}}}{(-q^2)^n}\\&\times\left(g^{\mu\mu_1}-\frac{q^\mu q^{\mu_1}}{q^2}\right)\left(g^{\nu\mu_2}-\frac{q^\nu q^{\mu_2}}{q^2}\right)p_{\mu_1}\cdots p_{\mu_{n+2}}\\&-\frac{4}{q^2}\sum_{n=1,3,5}^{\infty}\frac{2^n q^{\mu_1}\cdots q^{\mu_{n+1}}}{(-q^2)^n}\left(-g^{\mu\nu}+\frac{q^\mu q^\nu}{q^2}\right)p_{\mu_1}\cdots p_{\mu_{n+1}}\end{aligned} \tag{1.188}$$

它将依赖 q 和 p 的部分分开了。

在算符乘积中的系数函数只依赖 q，而矩阵元就只依赖 p。我们将算符乘积分成两部分，它们分别只依赖 q 和只依赖 p。与式（1.185）相比，我们可以把式

（1.188）写成

$$\begin{aligned}\mathcal{M}^{\mu\nu}=&-\frac{8}{q^2}\sum_{n=0,2,4}^{\infty}\frac{2^n q^{\mu_3}\cdots q^{\mu_{n+2}}}{(-q^2)^n}\\&\times\left(g^{\mu\mu_1}-\frac{q^\mu q^{\mu_1}}{q^2}\right)\left(g^{\nu\mu_2}-\frac{q^\nu q^{\mu_2}}{q^2}\right)\langle p|O_q,V_{\mu_1\cdots\mu_{n+2}}|p\rangle\\&-\frac{4}{q^2}\sum_{n=1,3,5}^{\infty}\frac{2^n q^{\mu_1}\cdots q^{\mu_{n+1}}}{(-q^2)^n}\left(-g^{\mu\nu}+\frac{q^\mu q^\nu}{q^2}\right)\langle p|O_q,V_{\mu_1\cdots\mu_{n+1}}|p\rangle\end{aligned}\tag{1.189}$$

所以

$$\begin{aligned}t^{\mu\nu}=&2\sum_{n=2,4,6}^{\infty}\frac{2^n q^{\mu_3}\cdots q^{\mu_n}}{(-q^2)^{n-1}}\left(g^{\mu\mu_1}-\frac{q^\mu q^{\mu_1}}{q^2}\right)\left(g^{\nu\mu_2}-\frac{q^\nu q^{\mu_2}}{q^2}\right)O_{q,V_{\mu_1\cdots\mu_n}}\\&+2\sum_{n=2,4,6}^{\infty}\frac{2^n q^{\mu_1}\cdots q^{\mu_n}}{(-q^2)^n}\left(-g^{\mu\nu}+\frac{q^\mu q^\nu}{q^2}\right)O_{q,V_{\mu_1\cdots\mu_n}}\end{aligned}\tag{1.190}$$

这是 $t_{\mu\nu}$ 的自旋无关部分算符乘积展开，也就是只包含矢量算符的部分。由于 $t^{\mu\nu}$ 在电荷共轭变换下是偶的，只有 n 为偶的矢量算符出现在算符乘积展开中。

与式（1.176）中算符乘积的最一般的形式相比，我们看到在 α_s 最低阶，系数 $C_{q,n}^{(1,2)}=1$。当考虑胶子矩阵元时，在 α_s 的最低阶，我们有 $C_{g,n}=0$。在 α_s 的高阶，系数函数和算符矩阵元都依赖于减除点 μ。由于物理量 $t_{\mu\nu}$ 是和减除点的任意选择无关的，所以对系数 $C_{j,n}^{(1,2)}$ 的一个类似于式（1.132）中非轻子弱衰变哈密顿量的系数那样的重整化群方程能够被推导出来。在 $\mu=Q$ 处，系数 $C_{j,n}^{(1,2)}$ 不存在大的 Q/Λ_{QCD} 对数。因此，我们有

$$\begin{aligned}C_{q,n}^{(1,2)}[1,\alpha_s(Q)]&=1+\mathcal{O}[\alpha_s(Q)]\\C_{g,n}^{(1,2)}[1,\alpha_s(Q)]&=0+\mathcal{O}[\alpha_s(Q)]\end{aligned}\tag{1.191}$$

然而，在 $\mu=Q$ 处，在扭度为 2 的算符的核子矩阵元中存在大的 Q/Λ_{QCD} 对数。通过把减除点标度降到 $\mu\ll Q$ 的值，就可以很方便地用 $C_{j,n}^{(1,2)}$ 满足的重整化方程和式（1.191）中的初始条件将 Q 依赖性从矩阵元移到系数中去。就是这个可计算出的 Q 依赖性导致了结构函数 $T_{1,2}$，也是 $F_{1,2}$ 的 Q 依赖性，如果没有这种 Q 依赖性，它们就只是 x 的函数。这样 QCD 预言了一个可计算的结构函数对 Q 的对数依赖性，它已经被实验所证实。依赖性在大 Q 值时是弱的，这个事实是渐近自由的结果。在自由场论中结构函数 $F_{1,2}$ 和 Q 无关，这被称为标度定律。对 Q 的对数依赖性通常被称为标度律破坏。一些显示 F_2 的近似标度律的实验数据在图 1.12 中给出。

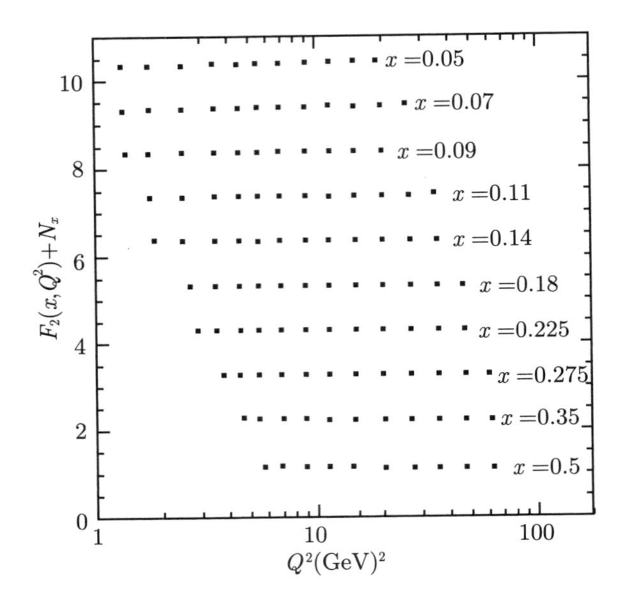

图 1.12 质子结构函数 $F_2(x,Q^2)$，由 NMC 合作组在深度非弹 μ 子散射中测量 (M.Arneodo **等，** Phys.Lett.364B(1995)107)**。数据显示对不同的 x 值，Q^2 的函数。为了清楚，对不同的 x 值，那些子图都在竖直方向错开一个单位，所以所画出来的是 F_2+N_x，其中，N_x 是整数，对 $x=0.5$，N_x 等于 1; 对 $x=0.35$，$N_x=2$，等等**

1.9 习　题

1. 考虑一个的规范理论，具有一个按照伴随表示变换的标量场 Φ，

$$\Phi \to U\Phi U^{\dagger}, \quad U \in SU(5)$$

假定 Φ 得到真空期望值

$$\langle\Phi\rangle = v\begin{bmatrix} 2 & 0 & 0 & 0 & 0 \\ 0 & 2 & 0 & 0 & 0 \\ 0 & 0 & 2 & 0 & 0 \\ 0 & 0 & 0 & -3 & 0 \\ 0 & 0 & 0 & 0 & -3 \end{bmatrix}$$

(a) 什么是 $SU(5)$ 的未破缺的子群 H?

(b) 有质量的 $SU(5)$ 规范玻色子的 H 量子数是什么?

2. 如果存在 N 代夸克和轻子，请证明 CKM 矩阵包含 $(N-1)^2$ 个实参数。

3. 计算式（1.62）给出的顶角重整化常数 Z_e。

4. 对式（1.125）中定义的算符 O_1 和 O_2，计算式（1.127）定义的重整化矩阵 Z_{ij} 到 g^2 阶。利用它，推导出式（1.135）中的反常量纲矩阵。

5. 在手征微扰论展开中计算质心能量为 E 的截面 $\sigma(\pi^+\pi^-\to\pi^+\pi^-)$ 到领头阶。

6. 在手征微扰论中，任何对 π-π 散射有贡献的费曼图具有 L 圈，n_k 个 p^k 阶的顶点嵌入，和 N_π 条内 π 介子线。最后的振幅是 p^D 阶，其中

$$D=（分子中\ p\ 的幂次）-（分母中\ p\ 的幂次）$$

利用恒等式

$$L=N_\pi-\sum_k n_k+1$$

推导出式 (1.110) 给出的 D。

7. 在手征微扰论的领头阶，计算 $\mathrm{K}^-\to\pi^0\mathrm{e}\bar{\nu}_\mathrm{e}$ 的衰变振幅。

8. (a) 计算自由夸克的半轻子衰变率 $\Gamma(\mathrm{b}\to\mathrm{c}\mathrm{e}\bar{\nu}_\mathrm{e})$。

(b) 利用式（1.124）中重整化群修正的有效哈密顿量，计算自由夸克的非轻子衰变率 $\Gamma(\mathrm{b}\to\mathrm{c}\mathrm{d}\bar{u})$。

除了 b 和 c 的质量外，忽略所有的质量。

1.10 参考文献

本章中的材料可以在许多教科书中找到。我们推荐一些参考文献：

Bjorken J D, Drell S D. Relativistic Quantum Mechanics, McGraw-Hill, 1964.

Bjorken J D, Drell S D. Relativistic Quantum Fields, McGraw-Hill, 1964.

Itzykson C, Zuber J B. Quantum Field Theory, McGraw-Hill, 1980.

Peskin M E, Schroeder D V. An Introduction to Quantum Field Theory, Addison-Wesley, 1995.

Weinberg S. The Quantum Theory of Fields, Vol l: Foundations and Vol II:

Modern Applications, Cambridge University Press, 1995.

Balian R, Zinn-Justin(editors) J. Methods in Field Theroy, Les Houches Session XXCIII, North-Holland, 1976.

Georgi H. Weak Interactions and Modern Particle Theory, Benjamin/Cummings, 1984.

Donoghue J F, Golowich E, Holstein B R. Dynamics of the Standard Model, Cambridge University Press, 1992.

第 2 章 重 夸 克

轻的 u，d 和 s 夸克具有与非微扰强动力学标度相比小得多的质量 m_{q}。因而，取 QCD 的 $m_{\mathrm{q}} \to 0$ 极限是一个很好的近似。在这个极限下，QCD 具有 $SU(3)_{\mathrm{L}} \times SU(3)_{\mathrm{R}}$ 手征对称性，它能用于预言含有这些轻夸克的强子的一些性质。对于比非微扰强动力学标度大得多的、质量为 m_{Q} 的夸克，取 QCD 的 $m_{\mathrm{Q}} \to \infty$ 的极限是一个很好的近似。在这个极限下，QCD 具有自旋-味道重夸克对称性，它对含有单一重夸克的强子的性质有重要启示。

2.1 引 言

使用方程式（1.82）中的 QCD 拉氏量描述轻夸克和胶子的强相互作用。正如在 1.4 节中讨论的，存在一个由 QCD 动力学产生的非微扰标度 Λ_{QCD}。一个色单态，诸如由一个正-反夸克对组成的介子，是由非微扰胶子动力学束缚起来的。如果夸克是轻的，这种系统的典型尺度是 $\Lambda_{\mathrm{QCD}}^{-1}$ 量级的。考虑一个 $\mathrm{Q\bar{q}}$ 介子，它是由一个质量 $m_{\mathrm{Q}} \gg \Lambda_{\mathrm{QCD}}$ 的重夸克和一个质量 $m_{\mathrm{q}} \ll \Lambda_{\mathrm{QCD}}$ 的轻夸克组成的。如同只含有轻夸克的介子，这种重 -轻介子也有一个量级为 $\Lambda_{\mathrm{QCD}}^{-1}$ 的典型尺度。在 $\mathrm{Q\bar{q}}$ 介子中，重夸克和轻夸克之间来自于非微扰 QCD 动力学的典型动量转移是 Λ_{QCD} 量级的。这个事实的一个重要结果是：尽管由于 $\Delta v = \Delta p/m_{\mathrm{Q}}$，重夸克的动量有一个量级为 Λ_{QCD} 的改变，重夸克的速度 v 在这种强相互作用下几乎不变。类似的论点对含有单一重夸克 Q 的任何强子都成立。

在 $m_{\mathrm{Q}} \to \infty$ 的极限下，介子中的重夸克能用一个不随时间变化的速度四矢

量 v 来标志。重夸克的行为就像一个按照色三重态变换的静止外源，而介子动力学则约化到与这个色源相互作用的轻自由度。人们马上可看到：在 $m_Q \to \infty$ 的极限下，重夸克的质量是完全无关的，这样重介子中所有的重夸克都以同样的方式相互作用。这导致了*重夸克味对称性*：在重夸克味交换下动力学不变。$1/m_Q$ 修正考虑了有限质量的效应，并且对不同质量的夸克是不同的。作为结果，重夸克味道对称性破缺效应正比于 $(1/m_{Q_i} - 1/m_{Q_j})$，其中，Q_i 和 Q_j 是任意两种重夸克味。重夸克唯一的强相互作用是与胶子的相互作用，因为在拉氏量中没有夸克 -夸克相互作用。在 $m_Q \to \infty$ 的极限下，静态重夸克只能通过它的色电荷与胶子相互作用。这种相互作用是不依赖于自旋的。这将导致*重夸克自旋对称性*：在任意重夸克自旋变换下的动力学是不变的。自旋相关的相互作用正比于夸克的色磁矩，所以是 $1/m_Q$ 量级的。重夸克自旋对称性破缺不一定要正比于 $1/m_Q$ 的差别，因为即使有两个质量相同的重夸克，自旋对称性也是破缺的。在 $m_Q \to \infty$ 的极限下，重夸克 $SU(2)$ 自旋对称性和 $U(N_h)$ 味对称性（对 N_h 种重味）能被嵌入到一个更大的 $U(2N_h)$ 自旋 -味道对称性中。在这种对称性下，对 N_h 个具有自旋向上和向下的重夸克，其 2 N_h 个态将按照基本表示变换。在 2.6 节中，我们将看到，有效拉氏量可以用一种能显现该对称性的方式写出。

2.2 量 子 数

重强子含有一个重夸克和几个轻夸克和 / 或反夸克以及胶子。所有不同于重夸克的自由度被称为轻自由度 l。例如，一个重 $\mathrm{Q\bar{q}}$ 介子具有一个反夸克 $\mathrm{\bar{q}}$、若干胶子及一个任意数量的 $\mathrm{\bar{q}q}$ 对作为轻自由度。尽管轻自由度是某些反夸克 $\mathrm{\bar{q}}$、胶子及 $\mathrm{\bar{q}q}$ 对的非常复杂的混合，它们必需具有单个反夸克 $\mathrm{\bar{q}}$ 的量子数。强子的总角动量 $\boldsymbol{J}$ 是守恒的。在 $m_Q \to \infty$ 的极限下，我们还看到重夸克的自旋 $\boldsymbol{S}_Q$ 是守恒的。因此，定义为

$$\boldsymbol{S}_l \equiv \boldsymbol{J} - \boldsymbol{S}_Q \tag{2.1}$$

的轻自由度的自旋 $\boldsymbol{S}_l$ 在重夸克极限下也是守恒的。强子中的轻自由度是十分复杂的，并且包含着具有不同粒子数态的叠加。不管怎么说，轻自由度的总自旋在重强子中是一个好量子数。我们将量子数 j、s_Q 和 s_l 定义为 $H^{(Q)}$ 态的 $\boldsymbol{J}^2 = j(j+1)$，$\boldsymbol{S}_Q^2 = s_Q(s_Q+1)$ 和 $\boldsymbol{S}_l^2 = s_l(s_l+1)$ 算符的本征值。通过把轻自由

度的自旋和重夸克自旋 $s_Q = 1/2$ 结合起来得到总自旋 $j_\pm = s_l \pm 1/2$，具有该总自旋态的重强子以二重态的形式出现（除非 $s_l = 0$）。在 $m_{\rm Q} \to \infty$ 的极限下，这些二重态是简并的。如果 $s_l = 0$，就只有一个单一的 $j = 1/2$ 的态。

含有重夸克 Q 的介子由一个重夸克和一个轻反夸克 $\bar{\rm q}$（加上胶子和 $\bar{\rm q}{\rm q}$ 对）构成。基态的介子是由一个 $s_{\rm Q} = 1/2$ 的重夸克和 $s_l = 1/2$ 的轻自由度构成，形成一个自旋为 $j = 1/2 \bigotimes 1/2 = 0 \bigoplus 1$ 及负宇称的强子多重态，因为夸克和反夸克具有相反的内禀宇称。如果 Q 是一个粲夸克，则这些态是 D 和 $\rm D^*$ 介子；如果 Q 是一个 b 夸克，则这些态是 $\bar{\rm B}$ 和 $\bar{\rm B}^*$ 介子。湮灭这些速度为 v 的重夸克介子的场算符分别用 $P_v^{(\rm Q)}$ 和 $P_{v\mu}^{*(\rm Q)}$ 表示。轻夸克可以是一个 $\bar{\rm u}$，$\bar{\rm d}$ 或 $\bar{\rm s}$ 夸克，所以这种重介子场中的每一个都构成轻味夸克群 $SU(3)_V$ 的一个 $\bar{\bf 3}$ 表示。$\bar{\bf 3}$ 介子的 $SU(3)$ 权图展示在图 2.1 中。

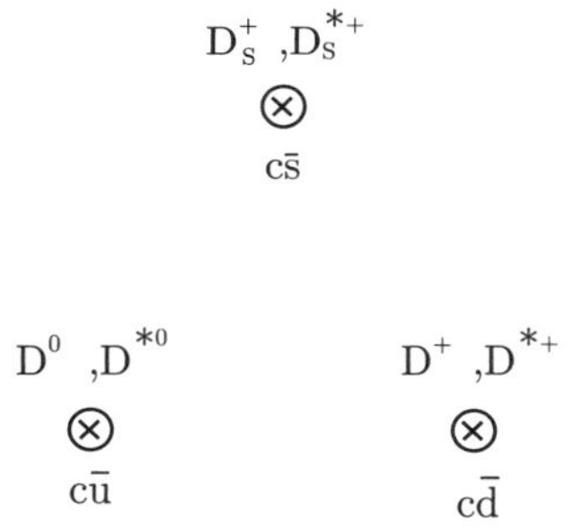

$\rm D_s^+$,$\rm D_s^{*+}$
⊗
$\rm c\bar{s}$

$\rm D^0$,$\rm D^{*0}$　　　$\rm D^+$,$\rm D^{*+}$
⊗　　　⊗
$\rm c\bar{u}$　　　$\rm c\bar{d}$

图 2.1　自旋 0 赝标介子和自旋 1 矢量介子 $\rm c\bar{q}$ 的味 $SU(3)$ 权图。相应的 $\rm b\bar{q}$ 介子是 $\rm B_s^0$，$\overline{\rm B}^-$ 和 $\overline{\rm B}^0$，及它们的自旋 1 的伴随粒子。垂直方向是超核量子数，而水平方向是 I_3，同位旋的第三分量

在非相对论组分夸克模型中，重介子第一激发态在组分反夸克和重夸克之间有一个单位的轨道角动量。这些 $L = 1$ 的介子具有 $s_l = 1/2$ 或 $3/2$，它们依赖于轨道角动量如何与反夸克自旋组合。$s_l = 1/2$ 的介子形成自旋宇称为 0^+ 和 1^+ 的多重态，称为（对 Q=c）$\rm D_0^*$ 和 $\rm D_1^*$，而 $s_l = 3/2$ 的介子形成自旋宇称为 1^+ 和 2^+ 的多重态，称为（对 $Q = c$）$\rm D_1$ 和 $\rm D_2^*$。在非相对论组分夸克模型中，$s_l = 1/2$ 和 $s_l = 3/2$ 态的性质是关联着的，但不是通过重夸克对称性。

含有一个重夸克的重子由一个重夸克和两个轻夸克，加上胶子和 $\rm q\bar{q}$ 对构成。最低的重子有 $s_l = 0$ 和 $s_l = 1$，形成 $SU(3)_{\rm V}$ 的 $\bar{\bf 3}$ 和 $\bf 6$ 表示，它们被分别展示在图 2.2 和图 2.3 中。在非相对论组分夸克模型中，这个图形很容易被理解。在这个模型中，基态重子不具有轨道角动量，并且两个轻组分夸克的径向波函数在它们相互交换时是对称的。颜色波函数还是全反对称的。于是费米统计要求 $s_l = 0$，在那里自旋波函数是反对称的，$SU(3)_{\rm V}$ 的味道波函数也是反对称的，

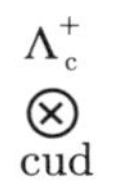

图 2.2　$\bar{\mathbf{3}}$ 表示的、自旋 1/2 c[qq] 重子的味 $SU(3)$ 权图。相应的 b[qq] 重子是 Λ_b^0，Ξ_b^- 和 Ξ_b^0。垂直方向是超荷，而水平方向是 I_3，同位旋的第三分量

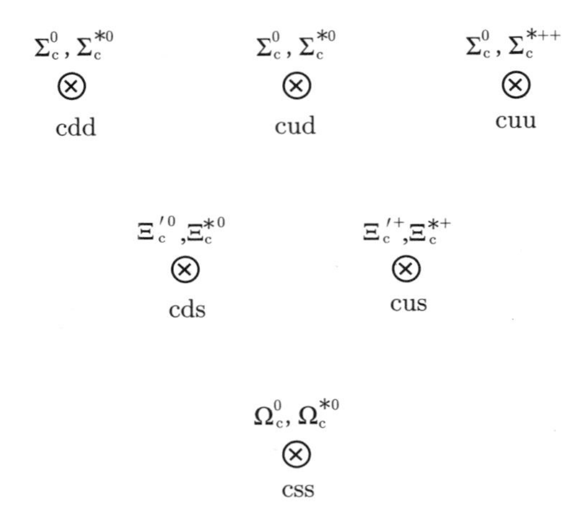

图 2.3　6 表示的、自旋 1/2 和自旋 3/2 c[qq] 重子的味 $SU(3)$ 权图。相应的 b[qq] 重子是自旋 1/2 的 $\Sigma_b^{-,0,+}$，$\Xi_b^{\prime -,0}$ 和 Ω_b^-，以及它们的自旋 3/2 伴随粒子。垂直方向是超荷数，而水平方向是 I_3，同位旋的第三分量

所以它按照 $(\mathbf{3}\times\mathbf{3})_{\text{反对称}}=\bar{\mathbf{3}}$ 变换。对 $s_l=1$ 的情况，$SU(3)_\text{V}$ 的味波函数是对称的，因此它按照 $(\mathbf{3}\times\mathbf{3})_{\text{对称}}=\mathbf{6}$ 变换。$s_l=0$ 的基态重子具有正宇称，且总自旋为 1/2，消灭这些态的旋量场用 $\Lambda_v^{(Q)}$ 表示。$s_l=1$ 的基态重子具有正宇称，并以总自旋为 1/2 和 3/2 二重态的形式出现。我们分别用 $\Sigma_v^{(\text{Q})}$ 和 $\Sigma_{v\mu}^{*(\text{Q})}$ 表示消灭这些态的场。与介子激发态谱相比，重子激发态谱就更复杂了。在非相对论组分夸克模型中， L=1 的重子以两种类型出现；两个轻夸克之间有一个单位轨道角动量的态，和轻夸克对与重夸克之间有一个单位轨道角动量的态，预计后者质量较低。含有 c 和 b 夸克的、质量最低的强子分别汇总在表 2.1 和 2.2 中。

表 2.1　含有一个 c 夸克的最低质量的强子 ①

强子	质量 (MeV)	所含夸克	J^P	s_l
D^+	1869.3 ± 0.5	$\mathrm{c\bar{d}}$	0^-	$1/2$
D^{*+}	2010.0 ± 0.5		1^-	
D^0	1864.6 ± 0.5	$\mathrm{c\bar{u}}$	0^-	$1/2$
D^{*0}	2006.7 ± 0.5		1^-	
D_s^+	1968.5 ± 0.6	$\mathrm{c\bar{s}}$	0^-	$1/2$
$\mathrm{D}_\mathrm{s}^{*+}$	2112.4 ± 0.7		1^-	
D_0^*		$\mathrm{c\bar{q}}$	0^+	$1/2$
D_1^*	2461 ± 50		1^+	
D_1	2422.2 ± 1.8	$\mathrm{c\bar{q}}$	1^+	$3/2$
D_2^*	2458 9 ± 2 0		2^+	
Λ_c^+	2284.9 ± 0.6	c[ud]	$1/2^+$	0
Ξ_c^+	2465.6 ± 1.4	c[us]	$1/2^+$	0
Ξ_c^0	2470.3 ± 1.8	c[ds]	$1/2^+$	0
Σ_c^{++}	2452.8 ± 0.6	c(uu)	$1/2^+$	1
Σ_c^{*++}	2519.4 ± 1.5		$3/2^+$	
Σ_c^+	2453.6 ± 0.9	c(ud)	$1/2^+$	1
Σ_c^{*+}			$3/2^+$	
Σ_c^0	2452.2 ± 0.6	c(dd)	$1/2^+$	1
Σ_c^{*0}	2517.5 ± 1.4		$3/2^+$	
$\Xi_\mathrm{c}^{\prime +}$	2573.4 ± 3.3	c(us)	$1/2^+$	1
Ξ_c^{*+}	2644.6 ± 2.1		$3/2^+$	
$\Xi_\mathrm{c}^{\prime 0}$	2577.3 ± 3.4	c(ds)	$1/2^+$	1
Ξ_c^{*0}	2643.8 ± 1.8		$3/2^+$	
Ω_c^0	2704 ± 4	c(ss)	$1/2^+$	1
Ω_c^{*0}			$3/2^+$	

① 把重夸克自旋对称性多重态一起放在此表中。对激发态介子，引用的质量对应着 q=u，d。也观测到了成分为 $\mathrm{c\bar{s}}$ 的激发态介子（译者注：原文中错写为激发的质量）和激发态粲重子。

表 2.2 含有一个 b 夸克的最低质量的强子 ①

强子	质量 (MeV)	所含夸克	J^p	s_l
$\bar{B}^0$	5279.2 ± 1.8	$b\bar{d}$	0^-	1/2
$\bar{B}^{*0}$	5324.9 ± 1.8		1^-	
$\bar{B}^-$	5278.9 ± 1.8	$b\bar{u}$	0^-	1/2
$\bar{B}^{*-}$	5324.9 ± 1.8		1^-	
$\bar{B}_s^0$	5369.3 ± 2.0	$b\bar{s}$	0^-	1/2
$\bar{B}_s^{*0}$			1^-	
$\bar{B}_0^*$		$b\bar{q}$	0^+	1/2
$\bar{B}_1^*$			1^+	
$\bar{B}_1$		$b\bar{q}$	1^+	3/2
$\bar{B}_2^*$			2^+	
Λ_b^0	5624 ± 9	b[ud]	$1/2^+$	0
Ξ_b^0		b[us]	$1/2^+$	0
Ξ_b^-		b[ds]	$1/2^+$	0
Σ_b^+		b(uu)	$1/2^+$	1
Σ_b^{*+}			$3/2^+$	
Σ_b^0		b(ud)	$1/2^+$	1
Σ_b^{*0}			$3/2^+$	
Σ_b^-		b(dd)	$1/2^+$	1
Σ_b^{*-}			$3/2^+$	
$\Xi_b^{\prime 0}$		b(us)	$1/2^+$	1
Ξ_b^{*0}			$3/2^+$	
$\Xi_b^{\prime -}$		b(ds)	$1/2^+$	1
Ξ_b^{*-}			$3/2^+$	
Ω_b^-		b(ss)	$1/2^+$	1
Ω_b^{*-}			$3/2^+$	

① 把重夸克自旋对称性多重态一起放在此表中。

2.3　重强子激发态的强衰变

在很多情况中，轻自由度自旋为 s_l 的二重态的两个成员能通过单个 π 发射衰变到另一个质量较小的、轻自由度自旋为 s_l' 的二重态的两个成员。发射出的 π 介子的轨道角动量 (L, L_z) 是由宇称、角动量守恒以及重夸克自旋对称性来限定的。对一个给定的 π 介子的分波，有四个关系到重夸克自旋对称性的跃迁振幅，比如，$(\mathrm{D}_1, \mathrm{D}_2^*) \to (\mathrm{D}, \mathrm{D}^*) + \pi$ 的四个振幅。推导这些对称性关系是一项有意义的练习。推导过程只使用了量子力学中标准的角动量加法公式。第一步是把重强子初、末态的总角动量 j，j' 分解到重夸克初、末态自旋 s_{Q}，s_{Q}' 和轻自由度初、末态自旋 s_l，s_l'。使用 Clebsch-Gordan（CG）系数将 $|j, j_z\rangle$ 分解到 $\left|\frac{1}{2}, s_{Q_z}\right\rangle$ 和 $|s_l, s_{lz}\rangle$，

$$|j, j_z\rangle = \sum_{s_{Q_z}, s_{l_z}} \left\langle \frac{1}{2}, s_{Q_z}; s_l, s_{l_z} \middle| j, j_z \right\rangle \left| \frac{1}{2}, s_{Q_z} \right\rangle \left| s_l, s_{l_z} \right\rangle \tag{2.2}$$

相应地把 $|j', j_z'\rangle$ 分解成 $\left|\frac{1}{2}, s_{Q_z}'\right\rangle$ 和 $|s_l', s_{l_z}'\rangle$，就能写出如下形式的跃迁振幅:

$$\begin{aligned}
&\mathcal{M}[H^{(\mathrm{Q})}(j, j_z) \to H^{(\mathrm{Q})}(j', j_z') + \pi(L, L_z)] \\
&\quad = \langle \pi(L, L_z); j', j_z' | H_{\text{有效}} | j, j_z \rangle \\
&\quad = \sum \left\langle \pi(L, L_z); \frac{1}{2}, s_{Qz}'; s_l', s_{lz}' \middle| H_{\text{有效}} \middle| \frac{1}{2}, s_{Qz}; s_l, s_{lz} \right\rangle \\
&\qquad \times \left\langle \frac{1}{2}, s_{Qz}'; s_l', s_{lz}' \middle| j', j_z' \right\rangle \left\langle \frac{1}{2}, s_{Qz}; s_l, s_{lz} \middle| j, j_z \right\rangle
\end{aligned} \tag{2.3}$$

方程（2.3）是示意性的，并且只保留了群论因子的踪迹。等效强相互作用哈密顿量 $H_{\text{有效}}$，保持重夸克自旋和轻自由度自旋守恒。于是，Wigner-Eckart 定理意味着强子矩阵元必有如下形式:

$$\begin{aligned}
&\left\langle \pi(L, L_z); \frac{1}{2}, s_{Qz}'; s_l', s_{lz}' \middle| H_{\text{有效}} \middle| \frac{1}{2}, s_{Qz}; s_l; s_{lz} \right\rangle \\
&\quad = \delta_{s_{Qz}, s_{Q_z}'} \langle L, L_z; s_l', s_{lz}' | s_l, s_{lz} \rangle \langle L, s_l' || H_{\text{有效}} || s_l \rangle
\end{aligned} \tag{2.4}$$

其中，最后一项是约化矩阵元。将其带入方程（2.3）就可得到

$$\mathcal{M} = \sum \left\langle \frac{1}{2}, s_{Qz}; s_l, s_{lz} \middle| j, j_z \right\rangle \langle L, s_l' || H_{\text{有效}} || s_l \rangle$$

$$\times \left\langle \frac{1}{2}, s_{Qz}; s'_l, s'_{lz} | j', j'_z \right\rangle \langle L, L_z; s'_l, s'_{lz} | s_l, s_{lz} \rangle$$

$$= (-1)^{L+s'_l+\frac{1}{2}+j} \sqrt{(2s_l+1)(2j'+1)} \begin{Bmatrix} L & s'_l & s_l \\ \frac{1}{2} & j & j' \end{Bmatrix}$$

$$\times \langle L, (j_z - j'_z); j', j'_z | j, j_z \rangle \langle L, s'_l || H_{有效} || s_l \rangle \tag{2.5}$$

其中, 我们借助 $6j$ 系数重写了 CG 系数。$j \to j'$ 的总衰变率由

$$\Gamma(j \to j'\pi) \propto (2s_l+1)\frac{2j'+1}{2j+1}\sum_{j_z,j'_z}\left|\begin{Bmatrix} L & s'_l & s_l \\ \frac{1}{2} & j & j' \end{Bmatrix}\right|^2 |\langle L, (j_z - j'_z); j', j'_z | j, j_z \rangle|^2$$

$$= (2s_l+1)(2j'+1)\left|\begin{Bmatrix} L & s'_l & s_l \\ \frac{1}{2} & j & j' \end{Bmatrix}\right|^2 \tag{2.6}$$

给出，在那里我们扔掉了诸如约化矩阵元的项，它们对不同的 j 和 j' 值是相同的。方程（2.6）提供了激发的自旋 $s_l = 3/2$ 的 D_1 和 D_2^* 介子衰变到基态 $s_l = 1/2$ 的 D 或 D^* 介子和一个 π 介子的衰变率之间的关系。这两个多重态具有相反的宇称且 π 介子具有负宇称，所以由宇称和角动量守恒，π 介子必须处于一个 $L = 0$ 或 2 的偶分波。$D_2^* \to D\pi$ 和 $D_2^* \to D^*\pi$ 衰变必须通过 $L = 2$ 分波发生，而 $D_1 \to D^*\pi$ 则可以通过 $L = 0$ 或 $L = 2$ 分波发生。因为

$$\begin{Bmatrix} 0 & 1/2 & 3/2 \\ 1/2 & 1 & 1 \end{Bmatrix} = 0 \tag{2.7}$$

根据重夸克对称性 $D_1 \to D^*\pi$ 的 $L = 0$ 分波振幅为零，所以所有的衰变都是 L=2 的。方程（2.6）意味着 L=2 衰变率有如下的比例关系:

$$\begin{array}{ccccccc} \Gamma(D_1 \to D\pi) & : & \Gamma(D_1 \to D^*\pi) & : & \Gamma(D_2^* \to D\pi) & : & \Gamma(D_2^* \to D^*\pi) \\ 0 & : & 1 & : & \frac{2}{5} & : & \frac{3}{5} \end{array} \tag{2.8}$$

其中，$\Gamma(D_1 \to D\pi)$ 是被宇称和角动量守恒所禁戒的。在重夸克对称性极限 $m_c \to \infty$ 下，方程（2.8）成立。存在一个来自运动学的非常重要的重夸克自旋对称性破缺的源。对较小的 $\boldsymbol{p}_\pi$，衰变率正比于 $|\boldsymbol{p}_\pi|^{2L+1}$，对 $L = 2$ 它是 $|\boldsymbol{p}_\pi|^5$。在 $m_c \to \infty$ 的极限下，D_1 和 D_2^* 是简并的，并且 D 和 D^* 也是简并的。因此，这个因子不影响方程（2.8）中的比率。然而，对 m_c 的物理值，$D^* - D$ 的质量劈裂是 ~ 140 MeV，与 450 MeV 的 $D_2^* - D^*$ 劈裂相比，它不能被忽略。把因子 $|\boldsymbol{p}_\pi|^5$ 包含进来，相对衰变率变成

$$\begin{array}{ccccccc} \Gamma(D_1 \to D\pi) & : & \Gamma(D_1 \to D^*\pi) & : & \Gamma(D_2^* \to D\pi) & : & \Gamma(D_2^* \to D^*\pi) \\ 0 & : & 1 & : & 2.3 & : & 0.92 \end{array} \tag{2.9}$$

作为方程（2.9）的结果，我们得出预言 $\mathrm{BR}(\mathrm{D}_2^* \to \mathrm{D}\pi)/\mathrm{BR}(\mathrm{D}_2^* \to \mathrm{D}^*\pi) \simeq 2.5$，它与实验值 2.3 ± 0.6 符合得很好。不包括相空间修正因子，对这个分支比的比的预言将会是 2/3。

从唯象学讲，与一个低动量 L 分波 π 介子的发射相关联的压低是 $\sim (|\boldsymbol{p}_\pi|/\Lambda_{\mathrm{CSB}})^{2L+1}$。标度 $\Lambda_{\mathrm{CSB}} \sim 1$ GeV 使我们能理解为什么很难观测到自旋 $s_l = 1/2$ 的、D_0^* 和 D_1^* 介子激发二重态。对这些介子，重夸克自旋对称性预言了它们通过单 π 发射到基态二重态的衰变将发生在 L=0 分波。预期 $(\mathrm{D}_0^*, \mathrm{D}_1^*)$ 的质量接近于 $(\mathrm{D}_1, \mathrm{D}_2^*)$ 的质量，因此，它们的宽度大致比 D_1 和 D_2^* 的宽度大 $(\Lambda_{\mathrm{CSB}}/|\boldsymbol{p}_\pi|)^4 \sim 20-40$ 倍。D_1 和 D_2^* 的宽度为 $\Gamma(\mathrm{D}_1) = 18.9 \pm 4$ MeV 和 $\Gamma(\mathrm{D}_2^*) = 23 \pm 5$ MeV。因此，$\mathrm{D}_{0,1}^*$ 的宽度应该是很宽的，其宽度大于 200 MeV，这将使它们很难观测到。测得的 D_1^* 的宽度为 290 ± 100 MeV。

也观测到了带有一个奇异反夸克的、正宇称 $s_l = 3/2$ 激发态介子 $\mathrm{D}_{\mathrm{s}1}$ 和 $\mathrm{D}_{\mathrm{s}2}^*$。$\mathrm{D}_{\mathrm{s}1}$ 的宽度很窄，$\Gamma(\mathrm{D}_{\mathrm{s}1}) < 2.3$ MeV，它到 $\mathrm{D}^*\mathrm{K}$ 的衰变以 S 波振幅为主。这是由于 K 介子的质量远大于 π 介子的质量，所以在这个衰变中 $|\boldsymbol{p}_\mathrm{k}| \simeq 150$ MeV，而在 $\mathrm{D}_1 \to \mathrm{D}^*\pi$ 衰变中 $|\boldsymbol{p}_\pi| \simeq 360$ MeV。因此，$\mathrm{D}_{\mathrm{s}1} \to \mathrm{D}^*\mathrm{K}$ 衰变有一个很大的 D 波振幅运动学压低。$s_l = 1/2$ 和 $s_l = 3/2$ 的粲介子是在一个 $SU(3)_V$ 的 $\bar{\mathbf{3}}$ 表示中，而 π，K 和 η 是在一个 $\mathbf{8}$ 表示中。因为只有一种方式把一个 $\mathbf{3}$ 或 $\bar{\mathbf{3}}$ 与 $\mathbf{8}$ 结合成一个单态，$SU(3)_V$ 把 D_1 衰变宽度的 S 分波与 $\mathrm{D}_{\mathrm{s}1}$ 的衰变宽度联系了起来。忽略相空间压低的 η 末态，$SU(3)_V$ 轻夸克对称性导致了对 $\Gamma_{\mathrm{S}\,波}(\mathrm{D}_1) \approx (3/4)\Gamma(\mathrm{D}_{\mathrm{s}1}) \times |\boldsymbol{p}_\pi|/|\boldsymbol{p}_\mathrm{K}| < 4.1$ MeV 的预期。

2.4 碎裂到重强子

在高能过程中产生的重夸克将物质化成含有重夸克的强子。一但碎裂重夸克的“离壳度”与它的质量相比是个小量，则碎裂过程将被重夸克对称性限制。重夸克对称性意味着：一个自旋沿着碎裂轴（即螺旋度）h_Q 的重夸克 Q 碎裂到一个自旋为 s, 轻自由度的自旋为 s_l，螺旋度为 h_s 的强子 H 的概率 $P_{h_\mathrm{Q} \to h_\mathrm{s}}^{(\mathrm{H})}$ 为

$$P_{h_\mathrm{Q} \to h_\mathrm{s}}^{(\mathrm{H})} = \sum_{h_l} P_{Q \to s_l} p_{h_l} |\langle s_\mathrm{Q}, h_\mathrm{Q}; s_l, h_l | s, h_\mathrm{s} \rangle|^2 \tag{2.10}$$

其中，$h_l = h_\mathrm{s} - h_\mathrm{Q}$。在方程（2.10）中，$P_{Q \to s_l}$ 是重夸克碎裂到轻自由度自旋为 s_l 的强子的概率。这个概率与重夸克的自旋和味道无关，但将与确认强子 H 所

需的其他量子数相关。对于通过重夸克自旋对称性关联的二重态中的两个强子，$P_{Q\to s_l}$ 的值是相同的。p_{h_l} 是 Q 碎裂到 s_l，且轻自由度具有螺旋度 h_l 的条件概率。碎裂过程概率解释意味着是 $0\leqslant p_{h_l}\leqslant 1$，并且

$$\sum_{h_l} p_{h_l}=1 \tag{2.11}$$

就像 $P_{Q\to s_l}$ 一样，p_{h_l} 与重夸克的自旋和味无关，但可与强子的多重态相关。方程（2.10）中的第三个因子是螺旋度为 $h_{\rm s}$ 的强子 H 含有螺旋度为 h_l 的轻自由度和螺旋度为 $h_{\rm Q}$ 的一个重夸克的 Clebsch-Gordan 概率。强相互作用的宇称不变性意味着

$$p_{h_l}=p_{-h_l} \tag{2.12}$$

因为在承载碎裂夸克动量的平面上的反射颠倒了螺旋度的方向但保持了动量不变。方程（2.11）和（2.12）暗示着独立概率 p_{h_l} 的数对介子是 $s_l-1/2$，而对重子是 s_l。在强子层次，强相互作用的宇称不变性给出了关系 $P^{({\rm H})}_{h_{\rm Q}\to h_{\rm s}}=P^{({\rm H})}_{-h_{\rm Q}\to -h_{\rm s}}$。

重夸克自旋对称性减少了独立碎裂概率的数目。对基态的 D 和 D* 介子，$s_l=1/2$，所以 $p_{1/2}=p_{-1/2}$，因为 $p_{1/2}+p_{-1/2}=1$，所以这两个概率都必需等于 1/2。这给出了右手粲夸克的相对碎裂概率:

$$\begin{array}{ccccccc} P^{({\rm D})}_{1/2\to 0} & : & P^{({\rm D}^*)}_{1/2\to 1} & : & P^{({\rm D}^*)}_{1/2\to 0} & : & P^{({\rm D}^*)}_{1/2\to -1} \\ 1/4 & : & 1/2 & : & 1/4 & : & 0 \end{array} \tag{2.13}$$

强相互作用的宇称不变性把一个左手粲夸克的碎裂概率与方程（2.13）中的概率关联起来。重夸克自旋对称性暗示着一个粲夸克碎裂到一个 D 的概率是它碎裂到 D* 的三分之一。这个预言与实验数据不符，实验数据给出一个较大的 D 的碎裂概率，这个矛盾是由于 $\rm D^*-D$ 的质量差。我们已经看到过质量差对激发的粲介子衰变到 D 和 D* 的重大影响，质量差也应能影响碎裂概率就不奇怪了。$\rm B^*-B$ 质量差是 50 MeV，它比 $\rm D^*-D$ 质量差约小一个因子 3，所以人们预期，在这个情况下精确的重夸克对称性的预言会更准确。最近 LEP 的实验数据显示 $\rm B^*-B$ 的比与 $3:1$ 的预言是一致的。

粲夸克碎裂到负宇称的、$s_l=3/2$ 激发的粲介子多重态用 Falk-Peskin 参数 $w_{3/2}$ 表征，该参数定义为碎裂到螺旋度 $\pm 3/2$ 的条件概率，

$$p_{3/2}=p_{-3/2}=\frac{1}{2}w_{3/2},\quad p_{1/2}=p_{-1/2}=\frac{1}{2}(1-w_{3/2}) \tag{2.14}$$

$p_{\pm 1/2}$ 的值是借助 $w_{3/2}$ 来确定的，因为总碎裂概率必需为 1。相对碎裂概率由方程（2.10）给出：

$$\begin{array}{ccccccccc} P_{1/2\to 1}^{(\mathrm{D}_1)} & : & P_{1/2\to 0}^{(\mathrm{D}_1)} & : & P_{1/2\to -1}^{(\mathrm{D}_1)} & : & P_{1/2\to 2}^{(\mathrm{D}_2^*)} & : \\ \frac{1}{8}(1-w_{3/2}) & : & \frac{1}{4}(1-w_{3/2}) & : & \frac{3}{8}w_{3/2} & : & \frac{1}{2}w_{3/2} & : \\ P_{1/2\to 1}^{(\mathrm{D}_2^*)} & : & P_{1/2\to 0}^{(\mathrm{D}_2^*)} & : & P_{1/2\to -1}^{(\mathrm{D}_2^*)} & : & P_{1/2\to -2}^{(\mathrm{D}_2^*)} & \\ \frac{3}{8}(1-w_{3/2}) & : & \frac{1}{4}(1-w_{3/2}) & : & \frac{1}{8}w_{3/2} & : & 0 & \end{array} \tag{2.15}$$

方程（2.15）预言由粲夸克碎裂产生的 D_1 和 D_2^* 的比是 3/5，与 $w_{3/2}$ 无关。假定负宇称的、$s_l = 3/2$ 粲介子的衰变是以 $\mathrm{D}^{(*)}\pi$ 末态为主，这个比值的实验值是接近于 1 的。实验上，一个重夸克碎裂到最大螺旋度 $\pm 3/2$ 的概率很小，即 $w_{3/2} < 0.24$。

方程（2.10）的合理性取决于一个关键性的假设。在碎裂过程中产生然后衰变到最后碎裂产物的激发多重态的质量和衰变中，自旋对称性破缺必须是可忽略的。自旋对称性破坏的 $\mathrm{D}_1 - \mathrm{D}_2^*$ 质量差与这些态的宽度是可比的，并且自旋对称性破坏的 $\mathrm{D}^* - \mathrm{D}$ 质量差在它们衰变到 D 和 D^* 的衰变率上起到一个重要作用。因此，我们并不期待对于那些来自 D_1 或 D_2^* 衰变的 D 和 D^*，方程（2.13）也成立。

2.5　场的协变表示

我们已经看到，重夸克对称性通常意味着一个简并的多重态，如：B 和 B^*。为方便起见建立一个这样的形式体系，其中整个的简并多重态作为一个单一的、在重夸克对称性下线性变换的对象来处理。

基态的 $\mathrm{Q}\bar{\mathrm{q}}$ 介子能用湮灭介子的场 $H_v^{(\mathrm{Q})}$ 表示，并在洛伦兹变换下按照双线性变换，

$$H_{v'}^{(\mathrm{Q})\prime}(x') = D(\Lambda)H_v^{(\mathrm{Q})}(x)D(\Lambda)^{-1} \tag{2.16}$$

其中

$$v' = \Lambda v, \quad x' = \Lambda x \tag{2.17}$$

$D(\Lambda)$ 是旋量的洛伦兹变换矩阵，所以

$$H_v^{(Q)}(x) \to H_v^{(Q)\prime}(x) = D(\Lambda) H_{\Lambda^{-1}v}^{(Q)}(\Lambda^{-1}x) D(\Lambda)^{-1} \tag{2.18}$$

场 $H_v^{(Q)}(x)$ 是赝标场 $P_v^{(Q)}(x)$ 和矢量场 $P_{v\mu}^{*(Q)}(x)$ 的线性组合，它湮灭 $s_l = 1/2$ 介子多重态。矢量粒子具有极化矢量 ϵ_μ，且 $\epsilon \cdot \epsilon = -1$ 和 $v \cdot \epsilon = 0$。$P_{v\mu}^{*(Q)}$ 湮灭一个矢量介子的振幅是 ϵ_μ 。一个简单的把两个场组合成一个具有预期变换特性单一场的方法是定义①

$$H_v^{(Q)} = \frac{1+\not{v}}{2}[\not{P}_v^{*(Q)} + \mathrm{i} P_v^{(Q)} \gamma_5] \tag{2.19}$$

方程（2.19）与像赝标介子一样变换的 $P_v^{(Q)}$ 和像矢量介子一样变换的 $P_{v\mu}^{*(Q)}$ 是一致的，因为 γ_5 和 γ^μ 能把赝标介子和矢量介子转换成双旋量。$(1+\not{v})/2$ 投影算符仅保留重夸克 Q 中的粒子分量。方程（2.19）中 P 和 P^* 项之间的相对符号和相位是任意的，这取决于赝标介子和矢量介子间的相位的选择。为与宇称变换定律

$$H_v^{(Q)}(x) \to \gamma^0 H_{vp}^{(Q)}(x_{\mathrm{P}}) \gamma^0 \tag{2.20}$$

一致，赝标介子乘以 $\gamma 5$ 而不是 1，其中

$$x_P = (x^0, -\boldsymbol{x}), \quad v_P = (v^0, -\boldsymbol{v}) \tag{2.21}$$

场 $H_v^{(Q)}$ 满足约束

$$\not{v} H_v^{(Q)} = H_v^{(Q)}, \quad H_v^{(Q)} \not{v} = -H_v^{(Q)} \tag{2.22}$$

这两个式中的第一个式子是由 $\not{v}(1+\not{v}) = (1+\not{v})$ 直接推导出的。第二个关系通过 $H_v^{(Q)}$ 借助 $\not{v}$ 反对易，并使用 $v \cdot P_v^{*(Q)} = 0$ 推导出来，因为物理的自旋 1 粒子的极化矢量满足 $v \cdot \epsilon = 0$。

为方便起见，引入共轭场

$$\bar{H}_v^{(Q)} = \gamma^0 H_v^{(Q)\dagger} \gamma^0 = [P_{v\mu}^{*(Q)\dagger} \gamma^\mu + \mathrm{i} P_v^{(Q)\dagger} \gamma_5] \frac{1+\not{v}}{2} \tag{2.23}$$

该场也按照双旋量

$$\bar{H}_v^{(Q)}(x) \to D(\Lambda) \bar{H}_{\Lambda^{-1}v}^{(Q)}(\Lambda^{-1}x) D(\Lambda)^{-1} \tag{2.24}$$

变换，因为

$$\gamma^0 D(\Lambda)^\dagger \gamma^0 = D(\Lambda)^{-1} \tag{2.25}$$

① 为清楚起见，有时上标 (Q) 和 / 或下标 v 将被忽略。

在静止系

$$v = v_r = (1,\mathbf{0}) \tag{2.26}$$

场 $H_{v_r}^{(\mathrm{Q})}$ 为

$$H_{v_r}^{(\mathrm{Q})} = \begin{pmatrix} 0 & \mathrm{i}P_{v_r}^{(\mathrm{Q})} - \boldsymbol{\sigma}\cdot\boldsymbol{P}_{v_r}^{*(\mathrm{Q})} \\ 0 & 0 \end{pmatrix} \tag{2.27}$$

使用 Bjorken 和 Drell 对 γ 矩阵的约定

$$\gamma^0 = \begin{pmatrix} 1 & 0 \\ 0 & -1 \end{pmatrix},\quad \boldsymbol{\gamma} = \begin{pmatrix} 0 & \boldsymbol{\sigma} \\ -\boldsymbol{\sigma} & 0 \end{pmatrix},\quad \gamma_5 = \begin{pmatrix} 0 & 1 \\ 1 & 0 \end{pmatrix} \tag{2.28}$$

场 $[H_{v_r}^{(\mathrm{Q})}]_{\alpha\beta}$ 的指标 α 和 β 分别标记重夸克 Q 和轻自由度旋量的指标。在 $S_{\mathrm{Q}}\otimes S_l$ 下，场 $H_{v_r}^{(\mathrm{Q})}$ 按照一个（1/2, 1/2）表示变换。作用于 $H_{v_r}^{(\mathrm{Q})}$ 场的重夸克和轻自由度的自旋算符 $\boldsymbol{S}_Q$ 和 $\boldsymbol{S}_l$ 为

$$\begin{aligned} [S_Q, H_{v_r}^{(\mathrm{Q})}] &= \frac{1}{2}\boldsymbol{\sigma}_{4\times4}H_{v_r}^{(\mathrm{Q})} \\ [S_l, H_{v_r}^{(\mathrm{Q})}] &= -\frac{1}{2}H_{v_r}^{(\mathrm{Q})}\boldsymbol{\sigma}_{4\times4} \end{aligned} \tag{2.29}$$

其中，$\sigma_{4\times4}^i = i\epsilon_{i,jk}[\gamma^j,\gamma^k]/4$ 是旋量表象中通常的狄拉克转动矩阵。在无穷小转动下，人们发现（忽略来自场的转动的空间相关性的微分项）

$$\delta H_{v_r}^{(\mathrm{Q})} = \mathrm{i}[\boldsymbol{\theta}\cdot(\boldsymbol{S_Q}+\boldsymbol{S_l}), H_{v_r}^{(\mathrm{Q})}] = \frac{\mathrm{i}}{2}[\boldsymbol{\theta}\cdot\boldsymbol{\sigma}_{4\times4}, H_{v_r}^{(\mathrm{Q})}] \tag{2.30}$$

所以

$$\delta P_{v_r}^{(\mathrm{Q})} = 0,\quad \delta\boldsymbol{P}_{v_r}^{*(\mathrm{Q})} = \boldsymbol{\theta}\times\boldsymbol{P}_{v_r}^{*(\mathrm{Q})} \tag{2.31}$$

它们分别是自旋 0 和自旋 1 粒子的变换规则。在 S_Q 和 S_l 变换下，场 $P_v^{(\mathrm{Q})}(x)$ 和 $P_{v\mu}^{*(\mathrm{Q})}(x)$ 将混合。在重夸克自旋变换下，

$$\delta H_{v_r}^{(\mathrm{Q})} = \mathrm{i}[\boldsymbol{\theta}\cdot\boldsymbol{S}_Q, H_{v_r}^{(\mathrm{Q})}] = \frac{\mathrm{i}}{2}\boldsymbol{\theta}\cdot\boldsymbol{\sigma}_{4\times4}H_{v_r}^{(\mathrm{Q})} \tag{2.32}$$

所以

$$\delta P_{v_r}^{(\mathrm{Q})} = -\frac{1}{2}\boldsymbol{\theta}\cdot\boldsymbol{P}_{v_r}^{*(\mathrm{Q})},\quad \delta\boldsymbol{P}_{v_r}^{*(\mathrm{Q})} = \frac{1}{2}\boldsymbol{\theta}\times\boldsymbol{P}_{v_r}^{*(\mathrm{Q})} - \frac{1}{2}\boldsymbol{\theta}P_{v_r}^{(\mathrm{Q})} \tag{2.33}$$

在有限重夸克自旋变换下，

$$H_v^{(\mathrm{Q})} \to D(R)_{\mathrm{Q}}H_v^{(\mathrm{Q})} \tag{2.34}$$

其中，$D(R)_{\mathrm{Q}}$ 是转动 R 在旋量表象中的转动矩阵。如同洛伦兹变换，它满足 $\gamma^0 D(R)_{\mathrm{Q}}^{\dagger}\gamma^0 = D(R)_{\mathrm{Q}}^{-1}$。

使用场 $H_v^{(\mathrm{Q})}$ 和它的变换规则，写出在重夸克对称性下不变的耦合是直截了当的。我们已经把重点放在了重夸克自旋对称性上，因为那是公式中的新成分。人们还能通过对每个重夸克味 Q_i 用场 $H_v^{(\mathrm{Q}_i)}$ 实施重味对称性操作

$$H_v^{(\mathrm{Q}_i)} \to U_{ij} H_v^{(\mathrm{Q}_j)} \tag{2.35}$$

其中，U_{ij} 是味空间的任意一个么正矩阵。

我们已经看到如何对赝标介子和矢量介子多重态使用协变的形式体系。导出类似的重子态的形式体系也是直截了当的。例如，Λ_{Q} 重子具有自旋 0 的轻自由度，所以重子的自旋就是重夸克的自旋。它由一个满足约束为

$$\not{v}\Lambda_v^{(\mathrm{Q})} = \Lambda_v^{(\mathrm{Q})} \tag{2.36}$$

在洛伦兹群下按照①

$$\Lambda_v^{(\mathrm{Q})}(x) \to D(\Lambda)\Lambda_{\Lambda^{-1}v}^{(\mathrm{Q})}(\Lambda^{-1}x) \tag{2.37}$$

变换，而在重夸克自旋变换下按照

$$\Lambda_v^{(\mathrm{Q})} \to D(R)_{\mathrm{Q}}\Lambda_v^{(\mathrm{Q})} \tag{2.38}$$

变换的旋量场 $\Lambda_v^{(\mathrm{Q})}(x)$ 描述。类似于具有速度 v 和自旋 s 的自旋 $1/2$ $\Lambda^{(\mathrm{Q})}$ 态的极化矢量是旋量 $u(v,s)$。这些旋量将按照

$$\bar{u}(v,s)\gamma^{\mu}u(v,s) = 2v^{\mu} \tag{2.39}$$

归一化。然后有

$$\bar{u}(v,s)\gamma^{\mu}\gamma_5 u(v,s) = 2s^{\mu} \tag{2.40}$$

其中，s^{μ} 是自旋矢量，满足 $v\cdot s = 0$ 和 $s^2 = -1$。场 $\Lambda_v^{(\mathrm{Q})}$ 湮灭振幅为 $u(v,s)$ 的重重子态。

① 我们希望读者不会对在洛伦兹变换和重重子场中都使用了符号 Λ 而感到困惑。

2.6　有效拉氏量

QCD 拉氏量在 $m_Q \to \infty$ 时，没有显现出重夸克自旋-味对称性。为方便起见，对在 $m_Q \to \infty$ 时显现出重夸克对称性的 QCD 采用一个有效场理论。这个有效场论被称为重夸克有效场论（HQET），它描述含有一个重夸克强子的动力学。对动量远小于重夸克质量 m_Q 时的物理，它是一个有效的描述。有效场论是这样构建的，它使有效拉氏量中只有 m_Q 的负幂次项出现，相比之下方程（1.82）中的 QCD 拉氏量具有 m_Q 的正幂次项。

考虑一个与外场相互作用的、速度为 v 的单个重夸克，在那里一个在壳夸克的速度用 $p = m_Q v$ 定义。一个离壳夸克的动量可以写成 $p = m_Q v + k$，在那里剩余动量 k 确定夸克由于它的相互作用而离壳的量。对在一个强子中的重夸克，k 是 Λ_{QCD} 量级的。在重夸克极限下，通常的狄拉克夸克传播子简化成

$$\mathrm{i}\frac{\not p + m_Q}{p^2 - m_Q^2 + \mathrm{i}\varepsilon} = \mathrm{i}\frac{m_Q \not v + m_Q + \not k}{2m_Q v\cdot k + k^2 + \mathrm{i}\varepsilon} \to \mathrm{i}\frac{1+\not v}{2v\cdot k + \mathrm{i}\varepsilon} \tag{2.41}$$

传播子包含一个速度相关的投影算符

$$\frac{1+\not v}{2} \tag{2.42}$$

在重夸克静止系，这个投影算符变成 $(1+\gamma^0)/2$，它投影到四分量狄拉克旋量的粒子分量。

为方便起见，用速度相关的场 $Q_v(x)$ 直接把有效拉氏量公式化，在树图层次这个场与原始夸克场 $Q(x)$ 相关联。人们可把原始的夸克场 $Q(x)$ 写成

$$Q(x) = \mathrm{e}^{-\mathrm{i}m_Q v\cdot x}[Q_v(x) + \mathfrak{Q}_v(x)] \tag{2.43}$$

其中

$$Q_v(x) = \mathrm{e}^{\mathrm{i}m_Q v\cdot x}\frac{1+\not v}{2}Q(x), \quad \mathfrak{Q}_v(x) = \mathrm{e}^{\mathrm{i}m_Q v\cdot x}\frac{1-\not v}{2}Q(x) \tag{2.44}$$

指数的前置因子从重夸克动量中减除了 $m_Q v^\mu$。Q_v 场在领头阶会产生影响，反之，$\mathfrak{Q}_v$ 的影响被 $1/m_Q$ 的幂次压低。在第 4 章将讨论这些 $1/m_Q$ 阶的修正。忽略 $\mathfrak{Q}_v$ 并把方程（2.34）代入到含有重夸克场的 QCD 拉氏量密度的那个部分，

$\bar{\mathrm{Q}}(\mathrm{i}\not{D}-m_{\mathrm{Q}})\mathrm{Q}$ 就给出了 $\bar{\mathrm{Q}}_v\mathrm{i}\not{D}\mathrm{Q}_v$。把 $(1+\not{v})/2$ 插入到 $\not{D}$ 的两边，给出

$$\mathcal{L}=\bar{Q}_v(\mathrm{i}v\cdot D)Q_v \tag{2.45}$$

它是一个与 m_{Q} 无关的表达式。由方程（2.45）推出的 Q_v 传播子为

$$\left(\frac{1+\not{v}}{2}\right)\frac{\mathrm{i}}{(v\cdot k+\mathrm{i}\varepsilon)} \tag{2.46}$$

它与前面通过取费曼规则的 $m_{\mathrm{Q}}\to\infty$ 极限推导出的结果是一样的。投影算符出现在方程（2.46）是由于 Q_v 满足

$$\left(\frac{1+\not{v}}{2}\right)Q_v=Q_v \tag{2.47}$$

超越树图层次，有效拉氏量中的场 Q_v 和 QCD 理论中的 Q 之间没有简单的联系。在一个给定的 $1/m_{\mathrm{Q}}$ 和 $\alpha_{\mathrm{s}}(m_{\mathrm{Q}})$ 的阶，有效理论是通过确认有效理论中的在壳格林函数等于 QCD 理论中相应的函数来构建的。在树图层次，我们已经看到有效理论中的夸克传播子与完整理论中到 $1/m_{\mathrm{Q}}$ 阶的项是一致的。剩下来要展示，在两个理论中胶子相互作用的顶角是相同的。考虑图 2.4 所示的一个通常的胶子相互作用。完整理论中的相互作用顶角是 $-gT^A\gamma^\mu$，而在有效理论中，来自方程（2.45）中 $v\cdot D$ 项的顶角是 $-gT^Av^\mu$。完整理论中的顶角是夹在夸克传播子之间的。每个重夸克传播子都正比于 $(1+\not{v})/2$，所以顶角中的 γ^μ 因子能由下式替换:

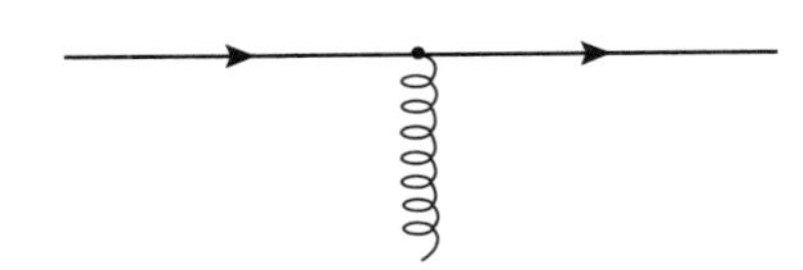

图 2.4　夸克 –胶子顶角

$$\gamma^\mu\to\frac{1+\not{v}}{2}\gamma^\mu\frac{1+\not{v}}{2}=v^\mu\frac{1+\not{v}}{2}\to v^\mu \tag{2.48}$$

它给出与有效理论相同的顶角。这样，方程（2.45）中的有效拉氏量重新产生了完整理论中到 $1/m_{\mathrm{Q}}$ 和 $\alpha_{\mathrm{s}}(m_{\mathrm{Q}})$ 阶的所有格林函数。如果多于一个重夸克味，则 $1/m_{\mathrm{Q}}$ 领头阶的有效拉氏量为

$$\mathcal{L}_{\text{有效}}=\sum_{i=1}^{N_h}\bar{Q}_v^{(i)}(iv\cdot D)Q_v^{(i)} \tag{2.49}$$

其中，N_h 是重夸克味的数目，且所有的重夸克都具有相同的四矢量 v。方程（2.49）中的有效拉氏量与重夸克的质量或自旋无关，所以具有一个明显的

$U(2N_h)$ 自旋 -味对称性，在该对称性下，$2N_h$ 个夸克场按照 $2N_h$ 维表示变换。在 N_h 个夸克场 $Q_v^{(i)}$ 中，只有 $2N_h$ 个独立的分量，因为方程（2.47）中的约束消除了每个 $Q_v^{(i)}$ 旋量场的四分量中的两个。

2.7　态的归一化

强子态的标准相对论归一化为

$$\langle H(p')|H(p)\rangle = 2E_{\boldsymbol{p}}(2\pi)^3\delta^3(\boldsymbol{p}-\boldsymbol{p}') \tag{2.50}$$

其中，$E_{\boldsymbol{p}} = \sqrt{|\boldsymbol{p}|^2+m_{\rm H}^2}$。按照方程（2.50）归一化的态的质量量纲为 -1。在重夸克有效理论（HQET）中，强子态是由一个四速度 v 和一个满足 $v\cdot k=0$ 的剩余动量 k 来标记的。在 $m_{\rm Q}\to\infty$ 的极限下，用 HQET 拉氏量定义这些态。它们与完整 QCD 态的差别是 $1/m_{\rm Q}$ 阶修正和一个归一化因子。HQET 中的归一化约定是

$$\langle H(v',k')|H(v,k)\rangle = 2v^0\delta_{vv'}(2\pi)^3\delta^3(\boldsymbol{k}-\boldsymbol{k}') \tag{2.51}$$

在方程（2.50）和（2.51）中，可能的自旋指标都被压缩掉了。四速度 v 和剩余动量之间的劈裂多少有点任意性。用一个 $\Lambda_{\rm QCD}/m_{\rm Q}$ 量级的量重新定义 v，同时将 k 变动一个相应的 $\Lambda_{\rm QCD}$ 量级的量的自由被称作为重参数化不变性。在第 4 章，我们将探索这个自由选择的后果。在矩阵元中，我们常常取含有单一重夸克的强子初、末态的剩余动量为零，并且不明显地显示这些态对剩余动量的依赖性；即在标记态时，k 将被拿掉，$|H(v)\rangle\equiv|H(v,k=0)\rangle$。方程（2.51）所示的归一化的优点是它与重夸克的质量无关。在与方程（2.50）所示的标准相对论归一化常数相比较时，因子 $m_{\rm H}$ 已经去掉了。使用 HQET 约定归一化的态的质量量纲是 $-3/2$。

在本书余下的部分，完整 QCD 的矩阵元取自于这样的态之间，它们用通常相对论约定归一化并用动量 p 标记；而 HQET 中的矩阵元是取自于这样的态之间，它们用 HQET 约定归一化并用它们的速度 v 标记。这两种归一化相差一个因子 $\sqrt{m_{\rm H}}$，

$$|H(p)\rangle = \sqrt{m_{\rm H}}[|H(v)\rangle + \mathcal{O}(1/m_{\rm Q})] \tag{2.52}$$

同样，用动量标记的狄拉克旋量 $u(p,s)$ 要归一化到

$$\bar{u}(p,s)\gamma^\mu u(p,s) = 2p^\mu \tag{2.53}$$

而用速度标记的旋量要归一化到

$$\bar{u}(v,s)\gamma^\mu u(v,s) = 2v^\mu \tag{2.54}$$

旋量 $u(p,s)$ 和 $u(v,s)$ 也相差一个因子 $\sqrt{m_{\mathrm{H}}}$，

$$u(p,s) = \sqrt{m_{\mathrm{H}}}u(v,s) \tag{2.55}$$

2.8 重介子衰变常数

重介子衰变常数是能用 HQET 研究的最简单的物理量中的一个。$\bar{\mathrm{B}}$ 和 D 介子的赝标介子衰变常数可由[①]

$$\langle 0|\bar{q}\gamma^\mu\gamma_5 Q(0)|P(p)\rangle = -\mathrm{i}f_p p^\mu \tag{2.56}$$

定义，在那里 f_p 的质量量纲为 1。D^* 和 $\bar{\mathrm{B}}^*$ 介子的矢量介子衰变常数由

$$\langle 0|\bar{q}\gamma^\mu Q(0)|P^*(p,\epsilon)\rangle = f_{p*}\epsilon^\mu \tag{2.57}$$

定义，其中 ϵ_μ 是介子的极化矢量。f_{p*} 的质量量纲为 2。

借助 HQET 的场，矢量流 $\bar{q}\gamma^\mu Q$ 和轴矢流 $\bar{q}\gamma^\mu\gamma_5 Q$ 可统一写成

$$\bar{q}\Gamma^\mu Q(0) = \bar{q}\Gamma^\mu Q_v(0) \tag{2.58}$$

其中，$\Gamma^\mu = \gamma^\mu$ 或 $\gamma^\mu\gamma_5$。对这个匹配条件，存在着 $\alpha_{\mathrm{s}}(m_{\mathrm{Q}})$ 和 $1/m_{\mathrm{Q}}$ 阶修正，它们将分别在第 3 章和第 4 章讨论。

重夸克有效理论所要求的矩阵元是

$$\langle 0|\bar{q}\Gamma^\mu Q_v(0)|H(v)\rangle \tag{2.59}$$

其中，$|H(v)\rangle$ 表示使用方程（2.51）归一化的、剩余动量为零的 P 或 P^* 态。对这些矩阵元，借助方程（2.19）的强子场 $H_v^{(\mathrm{Q})}$ 重新表示流 $\bar{q}\Gamma^\mu Q_v$ 是有益的。流 $\bar{q}\Gamma^\mu Q_v$ 是洛伦兹四矢量，在重夸克自旋变换下，它按照

$$\bar{q}\Gamma^\mu Q_v \to \bar{q}\Gamma^\mu D(R)_{\mathrm{Q}} Q_v \tag{2.60}$$

① 采用方程（2.56）归一化约定定义的 π 介子的衰变常数 f_π 的值为 131 MeV。

变换，其中，$D(R)_{\mathrm{Q}}$ 是重夸克场的转动矩阵。在重夸克自旋变换下，基于 $H_v^{(\mathrm{Q})}$ 的流的表示应该像方程（2.60）一样的变换。这可借助下述标准技巧来完成:（i）假定 Γ^μ 按照 $\Gamma^\mu \to \Gamma^\mu D(R)_{\mathrm{Q}}^{-1}$ 变换，则流是一个不变量。（ii）写出在 $Q_v \to D(R)_{\mathrm{Q}} Q_v, \Gamma^\mu \to \Gamma^\mu D(R)_{\mathrm{Q}}^{-1}$ 和 $H_v^{(\mathrm{Q})} \to D(R)_{\mathrm{Q}} H_v^{(\mathrm{Q})}$ 时不变的算符。（iii）令 Γ^μ 取其固定值 γ^μ 或 $\gamma^\mu\gamma_5$ 以获得具有正确变换性质的算符。

流必需有一个单一的 $H_v^{(\mathrm{Q})}$ 场，因为方程（2.59）中的矩阵元含有一个单一的初态重介子。对于在重夸克自旋对称性下不变的流来说，场 $H_v^{(\mathrm{Q})}$ 和 Γ^μ 只能以乘积 $\Gamma^\mu H_v^{(\mathrm{Q})}$ 的形式出现。为使其洛伦兹协变，流必需具有如下形式:

$$\mathrm{Tr} X \Gamma^\mu H_v^{(\mathrm{Q})} \tag{2.61}$$

其中，X 是一个洛伦兹双旋量。X 可能依赖的唯一参数是 v，所以根据洛伦兹协变性和宇称，X 必需具有 $a_0(v^2)+a_1(v^2)\not{v}$ 的形式。所有的自旋相关性已经被包含在 H 场的指标中，因此 X 与 P^* 介子的极化无关。因为 $H_v^{(\mathrm{Q})}\not{v} = -H_v^{(\mathrm{Q})}$ 和 $v^2=1$，人们可写出

$$\bar{q}\Gamma^\mu Q_v = \frac{a}{2}\mathrm{Tr}\Gamma^\mu H_v^{(\mathrm{Q})} \tag{2.62}$$

其中，$a=[a_0(1)-a_1(1)]$ 是一个未知的归一化常数，它与重夸克 Q 的质量无关。具体地计算其迹，给出

$$a \times \begin{cases} -\mathrm{i}v^\mu P_v^{(\mathrm{Q})}, & \text{当 } \Gamma^\mu = \gamma^\mu\gamma_5 \\ P_v^{*(\mathrm{Q})\mu}, & \text{当 } \Gamma^\mu = \gamma^\mu \end{cases} \tag{2.63}$$

其中，$P_v^{(\mathrm{Q})}$ 和 $P_{v\mu}^{*(\mathrm{Q})}$ 是消灭相应强子的赝标场和矢量场。得到的矩阵元是

$$\begin{aligned} \langle 0|\bar{q}\gamma^\mu\gamma_5 Q_v|P(v)\rangle &= -\mathrm{i}a v^\mu \\ \langle 0|\bar{q}\gamma^\mu Q_v|P^*(v)\rangle &= a\epsilon^\mu \end{aligned} \tag{2.64}$$

比较方程（2.56）和（2.57）定义的介子衰变常数并使用 $p^\mu = m_{P(*)}v^\mu$，给出关系

$$f_P = \frac{a}{\sqrt{m_P}}, \quad f_{P^*} = a\sqrt{m_{P^*}} \tag{2.65}$$

因子 $\sqrt{m_P}$ 和 $\sqrt{m_{P^*}}$ 是来自于方程（2.50）和（2.51）的态归一化之间的差异。在重夸克极限下，P 和 P^* 的质量是相等的，所以人们能写出等价关系

$$f_P = \frac{a}{\sqrt{m_P}}, \quad f_{P^*} = m_P f_P \tag{2.66}$$

这意味着 $f_P \propto m_P^{-1/2}$ 和 $f_{P^*} \propto m_P^{-1/2}$。对 D 和 B 系统来说，人们发现

$$\frac{f_{\mathrm{B}}}{f_{\mathrm{D}}}=\sqrt{\frac{m_{\mathrm{D}}}{m_{\mathrm{B}}}}, \quad f_{\mathrm{D}^*}=m_{\mathrm{D}} f_{\mathrm{D}}, \quad f_{\mathrm{B}^*}=m_{\mathrm{B}} f_{\mathrm{B}} \tag{2.67}$$

赝标介子的衰变常数能够借助轻子弱衰变 $\mathrm{D} \to \bar{\mathrm{l}}\nu_{\mathrm{l}}$ 和 $\mathrm{B} \to \mathrm{l}\bar{\nu}_{\mathrm{l}}$ 来测量。其分宽度为

$$\Gamma=\frac{G_{\mathrm{F}}^2|V_{\mathrm{Qq}}|^2}{8\pi} f_P^2 m_l^2 m_P\left(1-\frac{m_l^2}{m_P^2}\right)^2 \tag{2.68}$$

唯一的一个已经测量的重介子衰变常数是来自于 $\mathrm{D}_{\mathrm{s}}^+ \to \bar{\mu}\nu_{\mu}$ 和 $\mathrm{D}_{\mathrm{s}}^+ \to \bar{\tau}\nu_{\tau}$ 衰变的 $f_{\mathrm{D_s}}$。然而目前，报告的数值在一个 $\sim 200-300$ MeV 的很大的范围内变化。由格点 QCD 的蒙特卡罗模拟确定的重介子衰变常数值列在表 2.3 中。表中只引用了统计误差。注意，这个模拟结果暗示重夸克对称性的预言会有一个重要的修正 $f_{\mathrm{B}}/f_{\mathrm{D}}=\sqrt{m_{\mathrm{D}}/m_{\mathrm{B}}} \simeq 0.6$。

表 2.3　从格点蒙特卡罗模拟得到的重介子衰变常数 ①

衰变常数	数值 (MeV)
f_{D}	197 ± 2
$f_{\mathrm{D_s}}$	224 ± 2
f_{B}	173 ± 4
$f_{\mathrm{B_s}}$	199 ± 3

① 取自 JLQCD 合作组 (S. Aoki et al., Phys. Rev. Lett. 80 (1998), 5711)。只引用了统计误差。

2.9　$\bar{\mathrm{B}} \to \mathrm{D}^{(*)}$ 的形状因子

人们能够通过 $\bar{\mathrm{B}}$ 介子到 D 和 D^* 介子的半轻子衰变确定弱混合角 V_{cb}。$\bar{\mathrm{B}}$ 介子的半轻子衰变振幅能通过弱哈密顿量的矩阵元确定:

$$H_{\mathrm{W}}=\frac{4G_{\mathrm{F}}}{\sqrt{2}} V_{\mathrm{cb}}[\bar{c}\gamma_{\mu} P_{\mathrm{L}} b][\bar{e}\gamma^{\mu} P_{\mathrm{L}} \nu_{\mathrm{e}}] \tag{2.69}$$

忽略更高阶的电弱修正，矩阵元因子化为轻子和强子矩阵元的乘积。强子的部分是 $\bar{\mathrm{B}}$ 和 $\mathrm{D}^{(*)}$ 态之间的矢量流 $V^{\mu}=\bar{c}\gamma^{\mu} b$ 和轴矢流 $A^{\mu}=\bar{c}\gamma^{\mu}\gamma_5 b$ 的矩阵元。

为方便起见，利用少数几个称为形状因子的洛伦兹不变振幅写出最普遍的可能的矩阵元。$\bar{\mathrm{B}} \to \mathrm{D}$ 最普遍的矢量流矩阵元必需像洛伦兹四矢量一样变换。问题中唯一的四矢量是初、末态介子的动量 p 和 p'，所以矩阵元必需具有 $ap^\mu + bp'^\mu$ 的形式。形状因子 a 和 b 是洛伦兹不变的函数，它们只能依赖于问题中的不变量，p^2，p'^2 和 $p \cdot p'$。这些变量中的两个，$p^2 = m_{\mathrm{B}}^2$ 和 $p'^2 = m_{\mathrm{D}}^2$ 是确定的，并且依照惯例选择 $q^2 = (p - p')^2$ 为唯一的独立变量。可对其他一些矩阵元做类似的分析。含有 D^* 的振幅与其极化矢量 ϵ 成线性关系，并且注意到极化矢量满足约束 $p' \cdot \epsilon = 0$，这个振幅能被简化。依照惯例宇称和时间反演所允许的形状因子可选为

$$
\begin{aligned}
&\langle D(p')|V^\mu|\bar{B}(P)\rangle = f_+(q^2)(p+q')^\mu + f_-(q^2)(p-p')^\mu \\
&\langle D^*(p',\epsilon)|V^\mu|\bar{B}(p)\rangle = g(q^2)\epsilon^{\mu\nu\alpha\tau}\epsilon_v^*(p+p')_\alpha(p-p')_\tau \\
&\langle D^*(p',\epsilon)|A^\mu|\bar{B}(p)\rangle = -if(q^2)\epsilon^{*\mu} - i\epsilon^* \cdot p[a_+(q^2)(p+p')^\mu + a_-(q^2)(p-p')^\mu]
\end{aligned}
\tag{2.70}
$$

其中，$q = p - p'$，所有的形状因子都是实的，并且这些态具有通常的相对论归一化。

在宇称和时间反演变换下，

$$
\begin{aligned}
&P|D(p)\rangle = -|D(p_{\mathrm{P}})\rangle, \qquad T|D(p)\rangle = -|D(p_T)\rangle \\
&P|D^*(p,\epsilon)\rangle = |D^*(p_{\mathrm{P}},\epsilon_{\mathrm{P}})\rangle, \quad T|D^*(p,\epsilon)\rangle = |D^*(p_T,\epsilon_T)\rangle
\end{aligned}
\tag{2.71}
$$

它们是通常的赝标粒子和矢量粒子的变换。这里，$p = (p^0, \boldsymbol{p})$，$\epsilon = (\epsilon^0, \boldsymbol{\epsilon})$，及 $p_p = p_T = (p^0, -\boldsymbol{p}), \epsilon_p = \epsilon_T = (\epsilon^0, -\boldsymbol{\epsilon})$。对 B 和 $\bar{\mathrm{B}}^*$，类似的方程也成立。强相互作用的宇称和时间反演不变意味着态 $|\psi\rangle$ 和 $|\chi\rangle$ 之间的流矩阵元按照

$$
\begin{aligned}
&\langle\psi|\boldsymbol{J}^0|\chi\rangle = \eta_P\langle\psi_P|\boldsymbol{J}^0|\chi_P\rangle, \quad \langle\psi|\boldsymbol{J}^0|\chi\rangle^* = \eta_T\langle\psi_T|\boldsymbol{J}^0|\chi_T\rangle \\
&\langle\psi|\boldsymbol{J}^i|\chi\rangle = -\eta_P\langle\psi_P|\boldsymbol{J}^i|\chi_P\rangle, \quad \langle\psi|\boldsymbol{J}^i|\chi\rangle^* = -\eta_T\langle\psi_P|\boldsymbol{J}^i|\chi_P\rangle
\end{aligned}
\tag{2.72}
$$

变换，在那里如果 $\boldsymbol{J}$ 是矢量流，则 $\eta_P = 1$，$\eta_T = 1$；如果 $\boldsymbol{J}$ 是轴矢流，则 $\eta_p = -1$，$\eta_T = 1$，并且 $|\chi_P\rangle \equiv P|\chi\rangle, |\chi_T\rangle \equiv T|\chi\rangle$，等等。现在，人们可以证明方程（2.70）是最一般的形状因子分解。例如，考虑 $\langle D^*(p',\epsilon)|V^\mu|\bar{B}(p)\rangle$。宇称不变要求

$$
\langle D^*(p',\epsilon)|V^0|\bar{B}(p)\rangle = -\langle D^*(p'_p,\epsilon_P)|V^0|\bar{B}(p_P)\rangle \tag{2.73}
$$

在宇称变换下改变符号的、唯一可能的张量组合是 $\epsilon^{0\nu\alpha\tau}\epsilon_\nu^* p_\alpha p'_\tau$，它正比于方程（2.70）的左边。时间反演不变要求

$$
\langle D^*(p',\epsilon)|V^0|\bar{B}(p)\rangle^* = -\langle D^*(p'_T,\epsilon_T)|V^0|\bar{B}(p_T)\rangle \tag{2.74}
$$

它意味着 $g(q^2)$ 是实的。人们能够类似地完成另外两个情况的分析。方程（2.70）中的因子 i 依赖于介子态的相位约定。我们已经选择定义赝标态在时间反演下是奇的。另一个使用的选择是 i 乘以这个态，它在时间反演下是偶的。这样在方程（2.70）的后两个矩阵元中引入了一个因子 i。

利用形状因子 $f_\pm$，f，g 和 $a_\pm$ 表示微分衰变率 $\mathrm{d}\Gamma(\bar{\mathrm{B}}\to\mathrm{D}^{(*)}\mathrm{e}\bar{\nu}_\mathrm{e})/\mathrm{d}q^2$ 并不困难。作为一个很好的近似，电子的质量可以忽略，结果是 a_- 和 f_- 对微分衰变率没有贡献。对 $\bar{\mathrm{B}}\to\mathrm{De}\bar{\nu}_\mathrm{e}$，不变的衰变矩阵元是

$$\mathcal{M}(\bar{\mathrm{B}}\to\mathrm{De}\bar{\nu}_\mathrm{e})=\sqrt{2}G_\mathrm{F}V_{cb}f_+(p+p')^\mu\bar{u}(p_\mathrm{e})\gamma_\mu P_\mathrm{L}v(p_{\nu_\mathrm{e}}) \tag{2.75}$$

取其平方并对电子自旋求和给出

$$\begin{aligned}|\mathcal{M}|^2&=\sum_{\text{spins}}|\mathcal{M}(\bar{\mathrm{B}}\to\mathrm{De}\bar{\nu}_\mathrm{e})|^2\\&=2G_\mathrm{F}^2|V_{cb}|^2|f_+|^2(p+p')^{\mu1}(p+p')^{\mu2}\mathrm{Tr}[\not{p}_\mathrm{e}\gamma_{\mu1}\not{p}_{\nu_\mathrm{e}}\gamma_{\mu2}P_L]\end{aligned} \tag{2.76}$$

微分衰变率为

$$\begin{aligned}\frac{\mathrm{d}\Gamma}{\mathrm{d}q^2}(\bar{\mathrm{B}}\to\mathrm{De}\bar{\nu}_\mathrm{e})=&\frac{1}{2m_\mathrm{B}}\int\frac{\mathrm{d}^3p'}{(2\pi)^3 2p'^0}\int\frac{\mathrm{d}^3p_\mathrm{e}}{(2\pi)^3 2p_\mathrm{e}^0}\\&\times\int\frac{\mathrm{d}^3p_{\nu_\mathrm{e}}}{(2\pi)^3 2p_{\nu_\mathrm{e}}^0}|\mathcal{M}|^2(2\pi)^4\delta^4(q-p_\mathrm{e}-p_{\nu_\mathrm{e}})\delta[q^2-(p-p')^2]\end{aligned} \tag{2.77}$$

其中，q^2 是强子动量转移的平方，或等价地是不变轻子对质量的平方。积分测度对电子和中微子的动量是对称的，所以方程（2.76）中含有 γ_5 的迹的部分没有贡献。它对电子谱给的贡献为 $\mathrm{d}\Gamma(\bar{\mathrm{B}}\to\mathrm{De}\bar{\nu}_\mathrm{e})/\mathrm{d}E_\mathrm{e}$。对电子和中微子动量积分给出

$$\begin{aligned}&\int\frac{\mathrm{d}^3p_\mathrm{e}}{(2\pi)^3 2p_\mathrm{e}^0}\int\frac{\mathrm{d}^3p_{\nu_\mathrm{e}}}{(2\pi)^3 2p_{\nu_\mathrm{e}}^0}\mathrm{Tr}[\not{p}_\mathrm{e}\gamma_{\mu1}\not{p}_{\nu_\mathrm{e}}\gamma_{\mu2}](2\pi)^4\delta^4[q-(p_\mathrm{e}+p_{\nu_\mathrm{e}})]\\&=\frac{1}{6\pi}(q_{\mu1}q_{\mu2}-g_{\mu1\mu2}q^2)\end{aligned} \tag{2.78}$$

最后，使用

$$\begin{aligned}&(p+p')^{\mu1}(p+p')^{\mu2}(q_{\mu1}q_{\mu2}-g_{\mu1\mu2}q^2)\\&=(q^2-m_\mathrm{B}^2-m_\mathrm{D}^2)^2-4m_\mathrm{B}^2m_\mathrm{D}^2\end{aligned} \tag{2.79}$$

和两体相空间公式

$$\int\frac{\mathrm{d}^3p'}{(2\pi)^3 2p'^0}\delta[q^2-(p-p')^2]=\frac{1}{16\pi^2m_\mathrm{B}^2}\sqrt{(q^2-m_\mathrm{B}^2-m_\mathrm{D}^2)^2-4m_\mathrm{B}^2m_\mathrm{D}^2} \tag{2.80}$$

方程（2.77）中的微分衰变率变成

$$\frac{\mathrm{d}\Gamma}{\mathrm{d}q^2}(\bar{\mathrm{B}}\to \mathrm{De}\bar{\nu}_{\mathrm{e}})=\frac{G_{\mathrm{F}}^2|V_{\mathrm{cb}}|^2|f_+|^2}{192\pi^3 m_{\mathrm{B}}^3}[(q^2-m_{\mathrm{B}}^2-m_{\mathrm{D}}^2)^2-4m_{\mathrm{B}}^2m_{\mathrm{D}}^2]^{3/2} \tag{2.81}$$

对 $\mathrm{d}\Gamma(B\to \mathrm{D}^*\mathrm{e}\bar{\nu}_{\mathrm{e}})/\mathrm{d}q^2$ 来说，有一个类似的、但更为复杂的表达式。

为与 HQET 的预言相比较，引入新的、由 $f_\pm, f, g$ 和 $a_\pm$ 线性组合成的形状因子，而不是把矢量流和轴矢流的 $\bar{\mathrm{B}}\to \mathrm{D}^{(*)}$ 的矩阵元写成方程（2.70）中的形式更为方便。$\bar{\mathrm{B}}$ 和 $\mathrm{D}^{(*)}$ 介子的四速度分别是 $v^\mu=p^\mu/m_{\mathrm{B}}$ 和 $v'^\mu=p'^\mu/m_{\mathrm{D}^{(*)}}$，并且这些四速度的点积，$w=v\cdot v'$，通过

$$w=v\cdot v'=[m_{\mathrm{B}}^2+m_{\mathrm{D}^{(*)}}^2-q^2]/[2m_{\mathrm{B}}m_{\mathrm{D}^{(*)}}] \tag{2.82}$$

与 q^2 相关。所允许的 w 的运动学范围是

$$0\leqslant w-1\leqslant [m_{\mathrm{B}}-m_{\mathrm{D}^{(*)}}]^2/[2m_{\mathrm{B}}m_{\mathrm{D}^{(*)}}] \tag{2.83}$$

在 $\bar{\mathrm{B}}$ 静止系，$\mathrm{D}^{(*)}$ 处于静止的零反冲点是 $w=1$。新的形状因子 $h_\pm, h_V$ 和 h_{A_j} 被表示成 w 的函数，而不是 q^2 的函数，并且定义成

$$\begin{aligned}
\frac{\langle D(p')|V^\mu|\bar{B}(p)\rangle}{\sqrt{m_{\mathrm{B}}m_{\mathrm{D}}}}&=h_\pm(w)(v+v')^\mu+h_-(w)(v-v')^\mu\\
\frac{\langle D^*(p',\epsilon)|V^\mu|\bar{B}(p)\rangle}{\sqrt{m_{\mathrm{B}}m_{\mathrm{D}^*}}}&=h_V(w)\epsilon^{\mu\nu\alpha\beta}\epsilon_\nu^* v'_\alpha v_\beta\\
\frac{\langle D^*(p',\epsilon)|V^\mu|\bar{B}(p)\rangle}{\sqrt{m_{\mathrm{B}}m_{\mathrm{D}^*}}}&=-ih_{A1}(w)(w+1)\epsilon^{*\mu}+ih_{A2}(w)(\epsilon^*\cdot v)v^\mu\\
&\quad +ih_{A3}(w)(\epsilon^*\cdot v)v'^\mu
\end{aligned} \tag{2.84}$$

利用这些形状因子，微分衰变率 $\mathrm{d}\Gamma(\bar{B}\to \mathrm{D}^{(*)}\mathrm{e}\bar{\nu}\mathrm{e})/\mathrm{d}w$ 为

$$\begin{aligned}
\frac{\mathrm{d}\Gamma}{\mathrm{d}w}(\bar{\mathrm{B}}\to \mathrm{De}\bar{\nu}_{\mathrm{e}})&=\frac{G_{\mathrm{F}}^2|V_{\mathrm{cb}}|^2m_{\mathrm{B}}^5}{48\pi^3}(w^2-1)^{3/2}r^3(1+r)^2\mathcal{F}_{\mathrm{D}}(w)^2\\
\frac{\mathrm{d}\Gamma}{\mathrm{d}w}(\bar{\mathrm{B}}\to \mathrm{D}^*\mathrm{e}\bar{\nu}_{\mathrm{e}})&=\frac{G_{\mathrm{F}}^2|V_{\mathrm{cb}}|^2m_{\mathrm{B}}^5}{48\pi^3}(w^2-1)^{1/2}(w+1)^2r^{*3}(1-r^*)^2\\
&\quad\times\left[1+\frac{4w}{w+1}\frac{1-2wr^*+r^{*2}}{(1-r^*)^2}\right]\mathcal{F}_{\mathrm{D}^*}(w)^2
\end{aligned} \tag{2.85}$$

其中

$$r=\frac{m_{\mathrm{D}}}{m_{\mathrm{B}}},\quad r^*=\frac{m_{\mathrm{D}^*}}{m_{\mathrm{B}}} \tag{2.86}$$

且

$$\mathcal{F}_{\mathrm{D}}(w)^2=\left[h_++\left(\frac{1-r}{1+r}\right)h_-\right]^2$$

$$\begin{aligned}\mathcal{F}_{D^*}(w)^2 = &\Big\{2(1-2wr^*+r^{*2})\Big[h_{A_1}^2+\Big(\frac{w-1}{w+1}\Big)h_V^2\Big]\\ &+[(1-r^*)h_{A_1}+(w-1)(h_{A_1}-h_{A_3}-r^*h_{A_2})]^2\Big\}\\ &\times\Big\{(1-r^*)^2+\frac{4w}{w+1}(1-2wr^*+r^{*2})\Big\}^{-1}\end{aligned} \tag{2.87}$$

能够用重夸克有效理论的自旋-味对称性导出形状因子 $h_\pm, h_V$ 和 h_{A_j} 之间的关系。假如到轻自由度的典型动量转移比重夸克质量要小，转换到重夸克有效理论是可能的。在半轻子衰变 $\bar{\mathrm{B}}\to \mathrm{D}^{(*)}\mathrm{e}\bar{\nu}_\mathrm{e}$ 中，q^2 不比 $m_{\mathrm{c,b}}^2$ 小。不过，这个变量不能确定到轻自由度的典型动量转移。对它的粗略估测是必需给予轻自由度动量转移，以便它们伴随发生 $D^{(*)}$ 的反冲。初、末态强子的轻自由度分别具有量级为 $\Lambda_{\mathrm{QCD}}v$ 和 $\Lambda_{\mathrm{QCD}}v'$ 的动量，因为它们的速度被固定成与重夸克的速度相同。对轻系统的动量转移是 $q_{轻}^2\sim(\Lambda_{\mathrm{QCD}}v-\Lambda_{\mathrm{QCD}}v')^2=2\Lambda_{\mathrm{QCD}}^2(1-w)$ 。倘若

$$2\Lambda_{\mathrm{QCD}}^2(w-1)\ll m_{\mathrm{b,c}}^2 \tag{2.88}$$

则重夸克对称性应该成立。预计重介子的形状因子会在 $q_{轻}^2\sim\Lambda_{\mathrm{QCD}}^2$ 的标度上，即在 $w\sim 1$ 的标度上变化。

利用重夸克对称性，六个形状因子能用一个单一的函数来计算。所要求的 QCD 矩阵元具有 $\langle H^{(\mathrm{c})}(p')|\bar{c}\Gamma b|H^{(\mathrm{b})}(p)\rangle$ 的形式，其中，$\Gamma=\gamma^\mu,\gamma^\mu\gamma_5$ 且 $H^{(\mathrm{Q})}$ 为 $P^{(\mathrm{Q})}$ 或 $P^{*(\mathrm{Q})}$。在 $1/m_{\mathrm{c,b}}$ 和 $\alpha_\mathrm{s}(m_{\mathrm{c,b}})$ 的领头阶，流 $\bar{c}\Gamma b$ 能用含有重夸克场的流 $\bar{c}_{v'}\Gamma b_v$ 替换，重介子态 $|H^{(\mathrm{Q})}(p')\rangle$ 由相应的 HQET 的 $|H^{(\mathrm{Q})}(v')\rangle$ 替换。然后，人们可使用类似在介子衰变常数计算中用过的技巧：倘若 Γ 按照 $D(R)_\mathrm{c}\Gamma D(R)_\mathrm{b}^{-1}$ 变换，其中，$D(R)_\mathrm{c}$ 和 $D(R)_\mathrm{b}$ 分别是重夸克 c 和 b 的自旋转动矩阵，则在对 $c_{v'}$ 和 b_v 夸克场进行自旋变换时，流是不变的。对所要求的矩阵元，人们用算符表述流，这些算符含有一个 $\bar{H}_{v'}^{(\mathrm{c})}$ 和一个 $H_v^{(\mathrm{b})}$ 因子，所以含有一个 b 夸克的介子被转换到含有一个 c 夸克的介子。b 和 c 夸克自旋对称性的不变性要求这些算符应该具有 $\bar{H}_{v'}^{(\mathrm{c})}\Gamma H_v^{(\mathrm{b})}$ 的形式，所以 Γ 矩阵和 H 场之间

$$\bar{c}_{v'}\Gamma b_v=\mathrm{Tr}X\bar{H}_{v'}^{(\mathrm{c})}\Gamma H_v^{(\mathrm{b})} \tag{2.89}$$

的 $D(R)_{\mathrm{b,c}}$ 因子消去了。那时，洛伦兹协变要求其中 X 是最普遍的可能的双旋量，人们可使用现有的变量 v 和 v' 来构建它。具有正确宇称和时间反演性质的、最普遍的 X 的形式是

$$X=X_0+X_1\not{v}+X_2\not{v}'+X_3\not{v}\not{v}' \tag{2.90}$$

其中系数是 $w=v\cdot v'$ 的函数。其他所允许的项全部能够写成 X_i 的线性组合。例如，$\not{v}'\not{v}=2w-\not{v}\not{v}'$，等等。$\not{v}H_v^{(\mathrm{b})}=H_v^{(\mathrm{b})}$ 和 $\not{v}'\bar{H}_{v'}^{(\mathrm{c})}=-\bar{H}_{v'}^{(\mathrm{c})}$ 两个关系暗示着方程

（2.90）中所有的项都正比于第一项，所以人们可以写出

$$\bar{c}_{v'}\Gamma b_v = -\xi(w)\mathrm{Tr}\bar{H}_{v'}^{(\mathrm{c})}\Gamma H_v^{(\mathrm{b})} \tag{2.91}$$

其中，系数按照惯例写成 $-\xi(w)$。计算方程（2.91）的迹，给出所要求的 HQET 矩阵元

$$\begin{aligned}
&\langle D(v')|\bar{c}_{v'}\gamma_\mu b_v|\bar{B}(v)\rangle = \xi(w)[v_\mu + v'_\mu] \\
&\langle D^*(v',\epsilon)|\bar{c}_{v'}\gamma_\mu\gamma_5 b_v|\bar{B}(v)\rangle = -\mathrm{i}\xi(w)[(1+w)\epsilon^*_\mu - (\epsilon^*\cdot v)v'_\mu] \\
&\langle D^*(v',\epsilon)|\bar{c}_{v'}\gamma_\mu b_v|\bar{B}(v)\rangle = \xi(w)\epsilon_{\mu\nu\alpha\beta}\epsilon^{*v}v'^\alpha v^\beta
\end{aligned} \tag{2.92}$$

方程（2.92）隐含着 $\bar{\mathrm{B}}\to\mathrm{D}^{(*)}$ 的轴矢流和矢量流矩阵元的重夸克自旋对称性。函数 $\xi(w)$ 不依赖粲夸克和底夸克的质量。重夸克的味对称性意味着归一化条件为

$$\xi(1) = 1 \tag{2.93}$$

为推导这个结果，考虑矢量流 $\bar{b}\gamma^\mu b$ 在 $\bar{\mathrm{B}}$ 介子态之间的向前矩阵元。对 $1/m_\mathrm{b}$ 的领头阶，算符 $\bar{b}\gamma^\mu b$ 可以用 $\bar{b}_v\gamma_\mu b_v$ 来替换。那时，向前矩阵元就能通过令 $v' = v$，并让 $\mathrm{c}\to\mathrm{b}$，$\mathrm{D}\to\bar{\mathrm{B}}$，从方程（2.92）得到

$$\frac{\langle\bar{B}(p)|\bar{b}\gamma_\mu b|\bar{B}(p)\rangle}{m_\mathrm{B}} = \langle\bar{B}(v)|\bar{b}_v\gamma_\mu b_v|\bar{B}(v)\rangle = 2\xi(w=1)v_\mu \tag{2.94}$$

注意 $\xi(w)$ 不依赖于夸克质量，所以在方程（2.92）和（2.94）中具有相同的值。等价地，重夸克味对称性允许人们在方程（2.92）中用 $\bar{\mathrm{B}}$ 替换 D。$\mu=0$ 情况下，方程（2.94）的左手边是 $\bar{\mathrm{B}}$ 介子之间 b 夸克数的矩阵元，所以其值为 $2v_0$。这意味着 $\xi(1)=1$。

像 ξ 一样，函数 $w = v\cdot v'$ 常常出现在矩阵元的分析中，被称为 Isgur-Wise 函数。方程（2.92）预言了方程（2.84）中形状因子间的关系：

$$\begin{aligned}
&h_+(w) = h_V(w) = h_{A_1}(w) = h_{A_3}(w) = \xi(w) \\
&h_-(w) = h_{A_2}(w) = 0
\end{aligned} \tag{2.95}$$

这个方程意味着

$$\mathcal{F}_\mathrm{D}(w) = \mathcal{F}_{\mathrm{D}^*}(w) = \xi(w) \tag{2.96}$$

$m_{\mathrm{c,b}}\to\infty$ 极限对于描述 $\bar{\mathrm{B}}\to\mathrm{D}^{(*)}\mathrm{e}\bar{\nu}_\mathrm{e}$ 衰变的实用性有实验的支持。图 2.5 展示了用 ALEPH 合作组的数据做出的 $\mathcal{F}_\mathrm{D}(w)/\mathcal{F}_{\mathrm{D}^*}(w)$ 与 w 的函数关系图。它显示

$\mathcal{F}_{D^*}(w)$ 确实与 $\mathcal{F}_D(w)$ 很接近。注意，当 w 接近于 1 时，实验误差变得很大。这部分是因为微分率 $d\Gamma/dw$ 在 $w=1$ 时为零。除了比较 D 和 D^* 的衰变率，还存在着 $\bar{B}\to D^*e\bar{\nu}_e$ 衰变中各个单独的形状因子方面的实验信息。为方便起见，定义这些形状因子的两个比率

$$R_1=\frac{h_V}{h_{A_1}},\quad R_2=\frac{h_{A_3}+rh_{A_2}}{h_{A_1}} \tag{2.97}$$

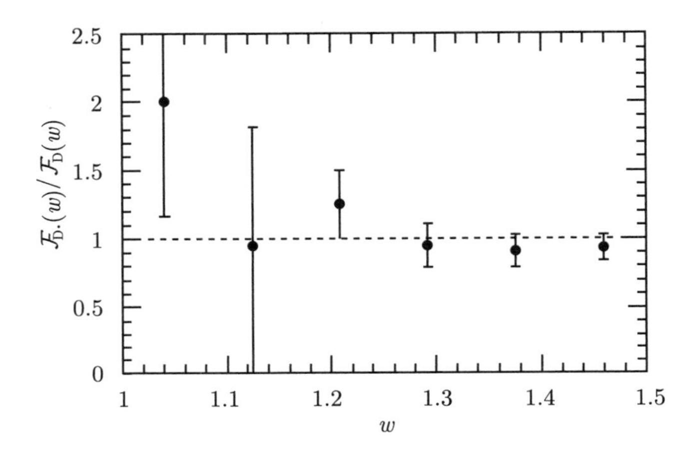

图 2.5 测得的比率 $\mathcal{F}_{D^*}(w)/\mathcal{F}_D(w)$ **与** w **的函数关系。数据取自** ALEPH **合作组** (D.Buskulicetal.,Phys.Lett.B396(1997)373)

在 $m_{c,b}\to\infty$ 极限下，重夸克自旋对称性意味着 $R_1=R_2=1$。假定在 w 区间形状因子 h_j 都具有相同的形状，CLEO 合作组已经得到了实验数据 (J. E. Duboscq et al., Phys. Rev. Lett. 76 (1996) 3898)

$$R_1=1.18\pm0.3,\quad R_2=0.71\pm0.2 \tag{2.98}$$

有一个简单的物理原因说明为什么方程（2.92）的矩阵元需要一个单个的 Isgur-Wise 函数。在 $m_{c,b}\to\infty$ 极限下，轻自由度的自旋是一个好量子数。因为 $\bar{c}_{v'}\Gamma b_v$ 不会与轻自由度相互作用，它们的螺旋度 h_l 在它介入的跃迁中是守恒的。对 $\bar{B}\to D^{(*)}$ 矩阵元来说，存在着对应于 $h_l=1/2$ 和 $h_l=-1/2$ 的两个螺旋度振幅。然而，由宇称守恒，它们必需相等，因此只有一个 Isgur-Wise 函数。也存在多于一个 Isgur-Wise 函数出现的情况。例如，在 $\Omega_b\to\Omega_c^{(*)}e\bar{\nu}_e$ 衰变中，初、末态强子的 $s_l=1$ 。这样，存在两个独立的螺旋度振幅 $h_l=0$ 和 $h_l=\pm1$，因而有两个 Isgur-Wise 函数出现（见本章习题 10）。

2.10 $\Lambda_{\mathrm{c}} \to \Lambda$ 的形状因子

重夸克对称性的另一个有趣的应用是用于弱衰变 $\Lambda_{\mathrm{c}} \to \Lambda \bar{\mathrm{e}} \nu_{\mathrm{e}}$。这个衰变是一个重夸克衰变到一个轻夸克的重 → 轻跃迁的例子。最普遍的弱衰变形状因子能写成如下形式

$$\begin{aligned} \langle \Lambda(p',s')|\bar{s}\gamma^{\mu}c|\Lambda_{\mathrm{c}}(p,s)\rangle &= \bar{u}(p',s')[f_1\gamma^{\mu} + \mathrm{i}f_2\sigma^{\mu\nu}q_{\nu} + f_3 q^{\mu}]u(p,s) \\ \langle \Lambda(p',s')|\bar{s}\gamma^{\mu}\gamma_5 c|\Lambda_{\mathrm{c}}(p,s)\rangle &= \bar{u}(p',s')[g_1\gamma^{\mu} + \mathrm{i}g_2\sigma^{\mu\nu}q_{\nu} + g_3 q^{\mu}]\gamma_5 u(p,s) \end{aligned} \tag{2.99}$$

其中，$q = p - p'$ 和 $\sigma_{\mu\nu} = \mathrm{i}[\gamma_{\mu}, \gamma_{\nu}]/2$。形状因子 f_i 和 g_i 都是 q^2 的函数。c 夸克的重夸克自旋对称性约束了方程（2.99）中的普遍的形状因子分解。变换到 HQET，人们可把方程（2.99）的左边写成

$$\langle \Lambda(p',s')|\bar{s}\Gamma c_v|\Lambda_{\mathrm{c}}(v,s)\rangle \tag{2.100}$$

其中，$\bar{s}\Gamma c \to \bar{s}\Gamma c_v$ 是 $1/m_{\mathrm{c}}$ 的领头阶。方程（2.100）中的矩阵元与 $u(p,s) \to u(v,s)$ 后的方程（2.99）具有相同的形状因子展开。方程（2.99）和（2.100）之间在态的归一化中的 $\sqrt{m_{\Lambda_{\mathrm{c}}}}$ 之差被旋量归一化中相同的因子补偿。方程（2.100）中与 c 夸克自旋对称性一致的矩阵元最普遍形式是

$$\langle \Lambda(p',s')|\bar{s}\Gamma c_v)|\Lambda_{\mathrm{c}}(v,s)\rangle = \bar{u}(p',s')X\Gamma u(v,s) \tag{2.101}$$

其中，X 是可以用 p' 和 v 构建的最普遍双旋量。注意，不能用 s 和 s'，因为费米子自旋是在旋量的矩阵指标上被用过了的。X 分解为

$$X = F_1 + F_2 \not{v} \tag{2.102}$$

其中，F_i 是 $v \cdot p'$ 的函数，并且已使用了约束条件

$$\not{v}u(v,s) = u(v,s), \quad \not{p}'u(p',s') = m_{\Lambda}u(p',s') \tag{2.103}$$

来减少独立项的数目。把方程（2.102）代入方程（2.101）并与方程（2.99）相比较，给出如下关系式

$$\begin{aligned} f_1 = g_1 &= F_1 + \frac{m_{\Lambda}}{m_{\Lambda_{\mathrm{c}}}}F_2 \\ f_2 = f_3 = g_2 = g_3 &= \frac{1}{m_{\Lambda_{\mathrm{c}}}}F_2 \end{aligned} \tag{2.104}$$

所以利用两个函数 $F_{1,2}$ 就能写出六个形状因子 f_i 和 g_i。预期重 → 轻的形状因子 $F_{1,2}$ 在 $v\cdot p'\sim\Lambda_{\rm QCD}$ 标度上变化。

形状因子之间的这些关系会对 $\Lambda_{\rm c}$ 衰变中产生出来的 Λ 的极化有启示。方程（2.104）意味着在 $m_{\rm c}\to\infty$ 的极限下，极化变量

$$\alpha=-\left.\frac{2f_1g_1}{f_1^2+g_1^2}\right|_{q^2=0} \tag{2.105}$$

等于 -1。CLEO 合作组 (G. Crawford et al., Phys. Rev. Lett. 75 (1995) 624) 发现，对所有的求平均，$\alpha=-0.82\pm0.10$ 与基于粲夸克自旋对称性的预期一致。

2.11 $\Lambda_{\rm b}\to\Lambda_{\rm c}$ 的形状因子

与前面讨论过的 $\Lambda_{\rm c}\to\Lambda\bar{\rm e}\nu_{\rm e}$ 形状因子相比，半轻子弱衰变 $\Lambda_{\rm b}\to\Lambda_{\rm c}{\rm e}\bar{\nu}_{\rm e}$ 的形状因子被重夸克对称性约束得更厉害，因为在初、末态重子上都可以使用重夸克对称性。$\Lambda_{\rm b}\to\Lambda_{\rm c}$ 衰变的最普遍的弱衰变形状因子习惯写成

$$\begin{aligned}\langle\Lambda_{\rm c}(p',s')|\bar{c}\gamma^\mu b|\Lambda_b(p,s)\rangle&=\bar{u}(p',s')[f_1\gamma^\mu+f_2v^\mu+f_3v'^\mu]u(p,s)\\ \langle\Lambda_{\rm c}(p',s')|\bar{c}\gamma^\mu\gamma_5 b|\Lambda_b(p,s)\rangle&=\bar{u}(p',s')[g_1\gamma^\mu+g_2v^\mu+g_3v'^\mu]\gamma_5u(p,s)\end{aligned} \tag{2.106}$$

其中，f_i 和 g_i 是 w 的函数。我们已经从方程（2.99）采取了普遍的分解，并用 γ_μ，u_μ 和 v'^μ 改写了 q_μ 和 $\sigma^{\mu\nu}q_\nu$。转换到 HQET，把重夸克自旋对称性用于 b 和 c 夸克场，就有矩阵元

$$\langle\Lambda_{\rm c}(v',s')|\bar{c}_{v'}\Gamma b_v|\Lambda_b(v,s)\rangle=\zeta(w)\bar{u}(v',s')\Gamma u(v,s) \tag{2.107}$$

这样，我们就得到

$$f_1(w)=g_1(w)=\zeta(w),\quad f_2=f_3=g_2=g_3=0 \tag{2.108}$$

基于单一的 Isgur-Wise 函数 $\zeta(w)$，就能写出六个形状因子。就像在介子的情况一样，

$$\zeta(1)=1 \tag{2.109}$$

因为 $w=1$ 的 $\Lambda_{\rm b}\to\Lambda_{\rm b}$ 跃迁形状因子 $\bar{b}\gamma^\mu b$ 就是 b 夸克数。方程（2.108）中的重 → 重关系是方程（2.104）中的、具有附加约束 $F_2=0$ 和 $F_1(v\cdot v'=1)=1$ 的重 → 轻关系的特例。

2.12　习　　题

1. 在 $m_{\mathrm{Q}} \to \infty$ 的极限下，证明一个具有动量 $p_{\bar{\mathrm{Q}}} = m_{\mathrm{Q}} v + k$ 的、重反夸克的传播子为

$$\frac{\mathrm{i}}{v \cdot k + i\varepsilon}\left(\frac{1-\not{v}}{2}\right)$$

同时，重反夸克-胶子顶角为

$$\mathrm{i}g(T^A)^T v_\mu$$

2. 将比值 $\Gamma(\mathrm{D}_1 \to \mathrm{D}^*\pi)/\Gamma(\mathrm{D}_2^* \to \mathrm{D}^*\pi)$ 的理论期待值与实验值比较。讨论你的结果。

3. 考虑如下矢量流和轴矢流的重 -轻矩阵元

$$\langle V(p',\epsilon)|\bar{q}\gamma_\mu\gamma_5 Q|P^{(\mathrm{Q})}(p)\rangle = -\mathrm{i}f^{(\mathrm{Q})}\epsilon^*_\mu - \mathrm{i}\epsilon^* \cdot p[a_+^{(\mathrm{Q})}(p+p')_\mu + a_-^{(\mathrm{Q})}(p-p')_\mu]$$
$$\langle V(p',\epsilon)|\bar{q}\gamma_\mu Q|P^{(\mathrm{Q})}(p)\rangle = g^{(\mathrm{Q})}\epsilon_{\mu\nu\lambda\sigma}\epsilon^{*\nu}(p+p')^\lambda(p-p')^\sigma$$

其中，$p = m_{p(\mathrm{Q})v}$。形状因子 $f^{(\mathrm{Q})}, a_\pm^{(\mathrm{Q})}, g^{(\mathrm{Q})}$ 是 $y = v \cdot p'$ 的函数。V 是一个低能态矢量介子，即与轻夸克味量子数 q 和 $P^{(\mathrm{Q})}$ 相关的 ρ 或 K^*。证明：在 $m_{b,c} \to \infty$ 的极限下，

$$f^{(\mathrm{b})}(y) = (m_{\mathrm{b}}/m_{\mathrm{c}})^{1/2} f^{(\mathrm{c})}(y)$$
$$g^{(\mathrm{b})}(y) = (m_{\mathrm{c}}/m_{\mathrm{b}})^{1/2} g^{(\mathrm{c})}(y)$$
$$a_+^{(\mathrm{b})}(y) + a_-^{(\mathrm{b})}(y) = (m_{\mathrm{c}}/m_{\mathrm{b}})^{3/2}[a_+^{(\mathrm{c})}(y) + a_-^{(\mathrm{c})}(y)]$$
$$a_-^{(\mathrm{b})}(y) + a_-^{(\mathrm{b})}(y) = (m_{\mathrm{c}}/m_{\mathrm{b}})^{1/2}[a_+^{(\mathrm{c})}(y) - a_-^{(\mathrm{c})}(y)]$$

讨论怎样可以使用这些结果从半轻子衰变 $\mathrm{B} \to \rho\mathrm{e}\bar{\nu}_{\mathrm{e}}$ 和 $\mathrm{D} \to \rho\bar{\mathrm{e}}\nu_{\mathrm{e}}$ 的数据中确定 $V_{\mathrm{u,b}}$。

4. 考虑矩阵元

$$\begin{aligned}\langle V(p',\epsilon)|\bar{q}\sigma_{\mu\nu} Q|P^{(\mathrm{Q})}(p)\rangle = &-\mathrm{i}g_+^{(\mathrm{Q})}\epsilon_{\mu\nu\lambda\sigma}\epsilon^{*\lambda}(p+p')^\sigma - \mathrm{i}g_-^{(\mathrm{Q})}\epsilon_{\mu\nu\lambda\sigma}\epsilon^{*\lambda}(p-p')^\sigma \\ &- \mathrm{i}h^{(\mathrm{Q})}\epsilon_{\mu\nu\lambda\sigma}(p+p')^\lambda(p-p')^\sigma(\epsilon^* \cdot p)\end{aligned}$$

证明：在 $m_Q \to \infty$ 的极限下，形状因子 $g_\pm^{(Q)}$ 和 $h^{(Q)}$ 通过

$$g_+^{(Q)} - g_-^{(Q)} = -m_Q g^{(Q)}$$

$$g_+^{(Q)} + g_-^{(Q)} = f^{(Q)}/2m_Q + \frac{p\cdot p'}{m_Q} g^{(Q)}$$

$$h^{(Q)} = -\frac{g^{(Q)}}{m_Q} + \frac{a_+^{(Q)} - a_-^{(Q)}}{2m_Q}$$

与第 3 题中的那些形状因子相关联。

5. 证明正文中给出的 $\mathrm{P} \to \mathrm{l}\bar{\nu}_e, \bar{\mathrm{B}} \to \mathrm{D}e\bar{\nu}_e$ 和 $\bar{\mathrm{B}} \to \mathrm{D}^* e\bar{\nu}_e$ 衰变率的表达式。

6. 场 $D_2^{*\mu\nu}$ 和 D_1^μ 消灭 $s_l = 3/2$ 具有正宇称的激发粲介子二重态的自旋 2 和自旋 1 的成员。证明：

$$F_v^\mu = \frac{(1+\not{v})}{2}\left\{D_2^{*\mu\nu}\gamma_\nu - \sqrt{\frac{3}{2}} D_1^\nu \gamma_5 \left[g_v^\mu - \frac{1}{3}\gamma_\nu(\gamma^\mu - v^\mu)\right]\right\}$$

满足

$$\not{v} F_v^\mu = F_v^\mu, \quad F_v^\mu \not{v} = -F_v^\mu, \quad F_v^\mu \gamma_\mu = F_v^\mu v_\mu = 0$$

并且在重粲夸克自旋变换下，有

$$F_v^\mu \to D(R)_c F_v^\mu$$

7. 使用洛伦兹、宇称和时间反演不变性讨论弱矢量和轴矢 $\mathrm{b} \to \mathrm{c}$ 流矩阵元的形状因子分解为

$$\frac{\langle D_1(p',\epsilon)|V^\mu|\bar{B}(p)\rangle}{\sqrt{m_B m_{D_1}}} = -\mathrm{i} f_{V_1}\epsilon^{*\mu} - \mathrm{i}(f_{V_2} v^\mu + f_{V_3} v'^\mu)(\epsilon^* \cdot v)$$

$$\frac{\langle D_1(p',\epsilon)|A^\mu|\bar{B}(p)\rangle}{\sqrt{m_B m_{D_1}}} = f_A \epsilon^{\mu\alpha\beta\gamma}\epsilon_\alpha^* v_\beta v_\gamma'$$

$$\frac{\langle D_2^*(p',\epsilon)|A^\mu|\bar{B}(p)\rangle}{\sqrt{m_B m_{D_2^*}}} = -\mathrm{i} k_{A_1}\epsilon^{*\mu\alpha} v_\alpha + (k_{A_2} v^\mu + k_{A_3} v'^\mu)(\epsilon_{\alpha\beta}^* v^\alpha v^\beta)$$

$$\frac{\langle D_2^*(p',\epsilon)|V^\mu|\bar{B}(p)\rangle}{\sqrt{m_B m_{D_2^*}}} = k_V \epsilon^{\mu\alpha\beta\gamma}\epsilon_{\alpha\sigma}^* v^\sigma v_\beta v_\gamma'$$

其中，v' 是末态粲介子的四速度，v 是 $\bar{\mathrm{B}}$ 介子的四速度。注意，ϵ_α 是 D_1 的极化矢量，$\epsilon_{\alpha\beta}$ 是 D_2^* 的极化张量。

8. 证明

$$\frac{\mathrm{d}\Gamma}{\mathrm{d}w}(\bar{\mathrm{B}} \to \mathrm{D}_1 e\bar{\nu}_e) = \frac{G_F^2 |V_{cb}|^2 m_B^5}{48\pi^3} r_1^3 \sqrt{w^2-1}\{[(w-r_1)f_{V_1} + (w^2-1)(f_{V_3} + r_1 f_{V_2})]^2$$

$$+2(1-2r_1w+r_1^2)[f_{V_1}^2+(w^2-1)f_A^2]\}$$

$$\frac{\mathrm{d}\Gamma}{\mathrm{d}w}(\bar{\mathrm{B}}\to\mathrm{D}_2^*\mathrm{e}\bar{\nu}_\mathrm{e})=\frac{G_\mathrm{F}^2|V_\mathrm{cb}|^2m_\mathrm{B}^5}{48\pi^3}r_2^3(w^2-1)^{3/2}\Big\{\frac{2}{3}[(w-r_2)k_{A_1}$$
$$+(w^2-1)(k_{A_3}+r_2k_{A_2})]^2+[1-2r_2w+r_2^2][k_{A_1}^2+(w^2-1)k_V^2]\Big\}$$

其中，作为 $w=v\cdot v'$ 函数的形状因子是由第 7 题定义的。

9\. 论证对于 $\mathrm{B}\to\mathrm{D}_1$ 和 $\mathrm{B}\to\mathrm{D}_2^*$ 的矩阵元，重夸克自旋对称性意味着人们能使用

$$\bar{c}_{v'}\Gamma b_v=\tau(w)\mathrm{Tr}\{v_\sigma\bar{F}_{v'}^\sigma\Gamma H_v^{(\mathrm{b})}\}$$

其中，$\tau(w)$ 是一个 w 的函数，而 F_v^μ 由第 6 题定义。推导下面的形状因子表达式

$$\begin{aligned}
\sqrt{6}f_A&=-(w+1)\tau, & k_V&=-\tau\\
\sqrt{6}f_{V_1}&=-(1-w^2)\tau, & k_{A_1}&=-(1+w)\tau\\
\sqrt{6}f_{V_2}&=-3\tau, & k_{A_2}&=0\\
\sqrt{6}f_{V_3}&=(w-2)\tau, & k_{A_3}&=0
\end{aligned}$$

只有形状因子 $f_{V_1}(1)$ 能够对零反冲，$w=1$ 的弱矩阵元有贡献。注意，对任意 $\tau(1)$ 的值，$f_{V_1}(1)=0$。是否存在一个来自重夸克味对称性的关于 $\tau(1)$ 的归一化条件？

10\. 具有两个奇异夸克和一个重夸克的基态重子弱衰变，$\Omega_\mathrm{b}\to\Omega_\mathrm{c}^{(*)}\mathrm{e}\bar{\nu}_\mathrm{e}$。它们发生在 $s_l=1$ 的二重态，且自旋 1/2 和自旋 3/2 的成员分别用 Ω_Q 和 Ω_Q^* 表示。证明场

$$S_{\nu\mu}^{(\mathrm{Q})}=\left[\frac{1}{\sqrt{3}}(\gamma_\mu+v_\mu)\gamma_5\Omega_v^{(\mathrm{Q})}+\Omega_{v\mu}^{*(\mathrm{Q})}\right]$$

在重夸克自旋对称性下，按照

$$S_{v\mu}^{(\mathrm{Q})}\to D(R)_\mathrm{Q}S_{v\mu}^{(\mathrm{Q})}$$

变换。这里 $\Omega_v^{(\mathrm{Q})}$ 是一个自旋 1/2 场，它消灭一个振幅为 $u(v,s)$ 的 Ω_Q 态，而 $\Omega_{\mu\nu}^{*(\mathrm{Q})}$ 是一个自旋 3/2 的场，它消灭一个振幅为 $u_\mu(v,s)$ 的 Ω_Q^* 态。这里，$u_\mu(v,s)$ 是 Rarita-Schwinger 旋量，它满足 $\not{v}u_\mu(v,s)=u_\mu(v,s),v^\mu u_\mu(v,s)=\gamma^\mu u_\mu(v,s)=0$。论证对 $\Omega_\mathrm{Q}\to\Omega_\mathrm{Q}^{(*)}$ 矩阵元来说，重夸克对称性意味着

$$\bar{c}_{v'}\Gamma b_v=\mathrm{Tr}\bar{S}_{v'\mu}^{(\mathrm{c})}\Gamma S_{v\nu}^{(\mathrm{b})}[-g^{\mu\nu}\lambda_1(w)+v^\mu v'^\nu\lambda_2(w)]$$

证明：重夸克味对称性要求在零反冲时的归一化条件为

$$\lambda_1(1)=1$$

2.13 参考文献

零反冲的 $\bar{\mathrm{B}} \to \mathrm{D}^{(*)}$ 半轻子过程在下述文章中研究过:

Nussinov S, Wetzel W. Phys. Rev. D36, 1987:130.

Voloshin M B, Shifman M A. Sov. J. Nucl. Phys. 47, 1988:511(Yad. Fiz. 47, 1988:801).

These papers use the physics behind quark symmetry to deduce the matrix elements at zero recoil.

重夸克对称性的早期应用出现在:

Isgur N, Wise M B. Phys. Lett. B232,1989:113, B237,1990:527.

重夸克对称性对谱的影响在下述文章中被研究过:

Isgur N, Wise M B. Phys. Rev. Lett. 66, 1991:1130.

利用非相对论组分夸克模型的重介子激发态谱见:

Rosner J, Comm. Nucl. Part. Phys. 16, 1986:109.

Eichten E, Hill C T, Quigg C. Phys. Rev. Lett. 71, 1993:4116.

在下面的文章中给出有效场论的公式表示:

Grinstein B. Nucl. Phys. B339, 1990:253.

Eichten E, Hill B. Phys. Lett. B234, 1990:511.

Isgur N, Wise M B. Nucl. Phys. B348, 1991:276.

Georgi H. Phys. Lett. B240, 1990:447.

还可见:

Korner J G, Thompson G. Phys. Lett. B264,1991:185.

Mannel T, Roberts W, Ryzak Z. Nucl. Phys. B368,1992:204.

H 场形式体系在下述文章中引入:

Bjorken J D. Invited talk at Les Rencontre de la Valle d'Aoste, La Thuile, Italy, 1990.

Falk A F, Georgi H, Grinstein B, et al. Nucl. Phys. B343, 1990.

并在下面的文章中扩展到具有任意自旋的强子:

Falk A F. Nucl. Phys. B378, 1992:79.

使用螺旋度形式体系计算独立振幅数的工作可参见:

Politzer H D. Phys. Lett. B250, 1990:128.

重强子的碎裂在下面的文章中研究过:

Falk A F, Peskin M E. Phys. Rev. D49, 1994:3320.

Jaffe R L, Randall L. Nucl. Phys. B412, 1994:79.

重子衰变在下述文章中研究过:

Mannel T, Roberts W, Ryzak Z. Nucl. Phys. B355, 1991:38.

Hussain F, Korner J G, Kramer M, et al. Z. Phys. C51, 1991:321.

Hussain F, Liu D S, Kramer M, et al. Nucl. Phys. B370, 1992:2596.

Georgi H. Nucl. Phys. B348, 1991:293.

重-轻形状因子的重夸克对称性关系在下面的文章中被考虑过:

Isgur N, Wise M B. Phys. Rev. D42, 1990:2388.

$\bar{\mathrm{B}}$ 半轻衰变到激发的粲介子在下面的文章中考虑过:

Isgur N, Wise M B. Phys. Rev. D43, 1991:819.

第3章　辐射修正

前面一章导出了在忽略 $1/m_{\mathrm{Q}}$ 修正和辐射修正时重夸克对称性的一些简单结果。本章讨论如何把辐射修正系统地包括在 HQET 的计算中。两个重要的问题是如何在 QCD 和 HQET 相匹配时计算辐射修正以及有效理论中算符的重整化。首先考虑有效理论中的重整化，因为这是计算对相匹配条件修正前必须要了解的。$1/m_{\mathrm{Q}}$ 修正将在下一章中讨论。

3.1　HQET 中的重整化

在式（2.49）中 HQET 拉格朗日密度涉及的场和耦合系数都是裸量，

$$\mathcal{L}_{\text{有效}} = \mathrm{i}\bar{Q}_v^{(0)} v^\mu [\partial_\mu + \mathrm{i}g^{(0)} A_\mu^{(0)}] Q_v^{(0)} \tag{3.1}$$

上式中，上标“(0)”表示裸量。定义具有有限格林函数的重整化场对以后的讨论是很方便的。重整化后的重夸克场与裸场通过下列波函数重整化相关联，

$$Q_v = \frac{1}{\sqrt{Z_h}} Q_v^{(0)} \tag{3.2}$$

耦合常数 $g^{(0)}$ 和规范场 $A_\mu^{(0)}$ 也通过多重重整化与重整的耦合常数和规范场联系起来。在背景场规范下，gA_μ 不是重整的，那么 $g^{(0)} A_\mu^{(0)} = g\mu^{\epsilon/2} A_\mu$，其中 $n = 4 - \epsilon$ 是时-空维数。

用重整化的量，HQET 的拉氏量变成

$$\mathcal{L}_{\text{有效}} = \mathrm{i}Z_h \bar{Q}_v v^\mu (\partial_\mu + \mathrm{i}g\mu^{\epsilon/2} A_\mu) Q_v$$

$$
= \mathrm{i}\bar{Q}_v v^{\mu}(\partial_{\mu} + \mathrm{i}g\mu^{\epsilon/2}A_{\mu})Q_v + \text{抵消项} \tag{3.3}
$$

公式（3.3）是在 $n=4-\epsilon$ 维写出的，其中 μ 是维数正规化的维数标度参数。

重夸克不影响轻夸克场、胶子场和强耦合的重整化常数 Z_{q}，Z_{A} 和 Z_{g}，这是因为在有效理论中重夸克圈消失了。从式（2.41）中的传播子很明显看到那样的圈不会存在。在静止参照系中 $v=v_r$，传播子 $\mathrm{i}/(k\cdot v+\mathrm{i}\epsilon)$ 在实轴下 $k^0=-\mathrm{i}\epsilon$ 处有一个极点。如图 3.1 所示，闭合的重夸克圈图包含一个对圈动量的积分。两个重夸克传播子都具有实轴下的极点，于是对 k_0 的积分可以在上半平面闭合，使圈积分为零。HQET 场湮灭一个重夸克，但并不产生一个相应的反夸克。

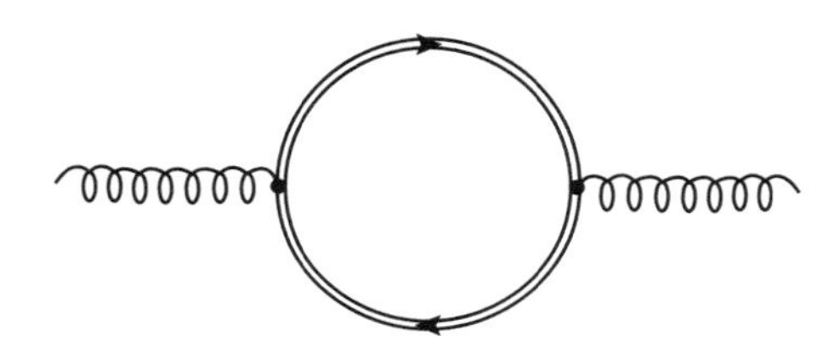

图 3.1　重夸克圈图，在有效理论中它是零。重夸克传播子用双线表示

在 QCD 完整的理论中，用 $\overline{\mathrm{MS}}$ 方案时，轻夸克波函数重整化 Z_{q} 是与夸克质量无关的。即使 $\mu \ll m_{\mathrm{Q}}$，质量为 m_{Q} 的重夸克对 QCD 的 β 函数也有贡献。乍一看，这似乎意味重粒子效应在低能时并不退耦。这个不退耦是 $\overline{\mathrm{MS}}$ 方案导致的。圈图的有限部分对夸克质量有对数依赖性，并且当 $\mu \ll m_{\mathrm{Q}}$ 时变大。我们能证明有限部分的对数依赖性精确地抵消重夸克对重整化群方程的对数贡献，这样重夸克的总贡献在 $\mu \ll m_{\mathrm{Q}}$ 时消失。能有这个抵消就表明了当构造一个 $\mu < m_{\mathrm{Q}}$ 重夸克被积掉的有效理论时，存在一个没有重夸克的分支。这样的有效理论在第 1 章的 1.5 节中讨论过。相似的，在 HQET 中，当我们在 $\mu = m_{\mathrm{Q}}$ 处匹配到一个新理论时，重夸克的狄拉克传播子要用公式（2.41）给出的 HQET 传播子替代。这样做的结果改变了对重夸克的重整化方案，以至于对重夸克的 Z_h 是和轻夸克的 Z_q 不同的。

Z_h 可以通过研究图 3.2 所示的对重夸克传播子的单圈修正来计算。用费曼规范，此图是

$$
\begin{aligned}
&\int \frac{\mathrm{d}^n q}{(2\pi)^n}(-\mathrm{i}gT^A\mu^{\epsilon/2})v_{\lambda}\frac{\mathrm{i}}{(q+p)\cdot v}(-\mathrm{i}gT^A\mu^{\epsilon/2})v^{\lambda}\frac{(-\mathrm{i})}{q^2} \\
&= -\left(\frac{4}{3}\right)g^2\mu^{\epsilon}\int \frac{\mathrm{d}^n q}{(2\pi)^n}\frac{1}{q^2 v\cdot(q+p)}
\end{aligned} \tag{3.4}
$$

其中，p 是残留（residual）动量，q 是圈动量，这里我们对 SU（3）的三重态利用了恒等式 $T^AT^A=(4/2)\,\mathrm{II}$。一圈的波函数重整化是由式（3.4）中的紫外发散

部分给出的。如果我们做 $v \cdot p$ 展开，式（3.4）也是红外发散的，通过给予胶子一个质量 m 并且在计算最终结果中让它趋于零，就可以很方便地控制红外发散。红外规整子（regulator）能让我们在计算积分的 $1/\epsilon$ 项时把紫外发散分离出来。要计算的正规化的积分是

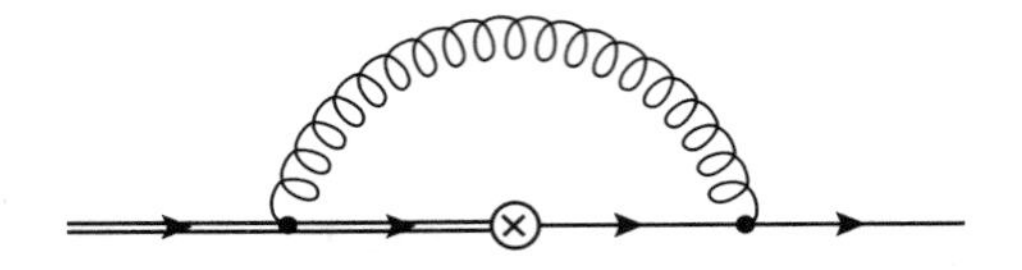

图 3.2 重-轻算符 $\bar{q}\Gamma Q_v$ 的单圈重整化。重夸克用双线表示，轻夸克用单线表示，而用 $\otimes$ 表示算符插入

$$-\left(\frac{4}{3}\right)g^2\mu^\epsilon \int \frac{\mathrm{d}^n q}{(2\pi)^n}\frac{1}{(q^2-m^2)[v\cdot(q+p)]} \tag{3.5}$$

其中，m 是胶子质量。由于式（3.5）中的积分是一个对计算 HQET 圈图非常有用的典型技巧的例子，我们将详细地计算它。它的那些分母可以用下面的恒等式组合起来:

$$\frac{1}{a^r b^s} = 2^s \frac{\Gamma(r+s)}{\Gamma(r)\Gamma(s)}\int_0^\infty \mathrm{d}\lambda \frac{\lambda^{s-1}}{(a+2b\lambda)^{r+s}} \tag{3.6}$$

因此式（3.5）可以写为

$$-\left(\frac{8}{3}\right)g^2\mu^\epsilon \int_0^\infty \mathrm{d}\lambda \int \frac{\mathrm{d}^n q}{(2\pi)^n}\frac{1}{[q^2-m^2+2\lambda v\cdot(q+p)]^2} \tag{3.7}$$

让我们用 $q \to p - \lambda v$ 移动积分动量, 就得到

$$-\left(\frac{8}{3}\right)g^2\mu^\epsilon \int_0^\infty \mathrm{d}\lambda \int \frac{\mathrm{d}^n q}{(2\pi)^n}\frac{1}{(q^2-m^2-\lambda^2+2\lambda v\cdot p)^2} \tag{3.8}$$

利用式（1.44）给出的标准维数正规化公式，对式（3.8）的计算得到

$$-\left(\frac{8}{3}\right)g^2\mu^\epsilon \int_0^\infty \mathrm{d}\lambda \frac{\mathrm{i}}{(4\pi)^{2-\epsilon/2}}\Gamma(\epsilon/2)[\lambda^2-2\lambda v\cdot p+m^2]^{-\epsilon/2} \tag{3.9}$$

对 λ 的积分可以用递推关系来计算:

$$\begin{aligned} I(a,b,c) &\equiv \int_0^\infty \mathrm{d}\lambda(\lambda^2+2b\lambda+c)^a \\ &= \frac{1}{1+2a}\left[(\lambda^2+2b\lambda+c)^a(\lambda+b)\Big|_0^\infty + 2a(c-b^2)I(a-1,b,c)\right] \end{aligned} \tag{3.10}$$

得到的结果转换成在 $\epsilon = 0$ 时收敛的形式:

$$\int_0^\infty \mathrm{d}\lambda[\lambda^2-2\lambda v\cdot p+m^2]^{-\epsilon/2}$$

$$
\begin{aligned}
&= \frac{1}{1-\epsilon}\left\{(\lambda^2-2\lambda v\cdot p+m^2)^{-\epsilon/2}(\lambda-v\cdot p)\Big|_0^\infty\right.\\
&\quad\left.-\epsilon[m^2-(v\cdot p)^2]\int_0^\infty \mathrm{d}\lambda(\lambda^2-2\lambda v\cdot p+m^2)^{-1-\epsilon/2}\right\}
\end{aligned} \tag{3.11}
$$

在单圈维数正规化积分中的 Γ 函数最多只能具有一个极点。由于式（3.11）中最后一项要乘以 ϵ，我们可以在被积函数中把 ϵ 设为零。注意到在维数正规化中

$$
\lim_{\lambda\to\infty}\lambda^z = 0 \tag{3.12}
$$

只要 z 以一种允许我们将 z 解析延拓到负值的方式依赖于 ϵ，式 (3.11) 中其他项就可以计算了。对于式（3.9），我们得到

$$
\begin{aligned}
&-\mathrm{i}\frac{g^2}{6\pi^2}(4\pi\mu^2)^{\epsilon/2}\Gamma(\epsilon/2)\frac{1}{1-\epsilon}\left\{(m^2)^{-\epsilon/2}(v\cdot p)\right.\\
&\quad\left.-\epsilon[m^2-(v\cdot p)^2]\int_0^\infty \mathrm{d}\lambda(\lambda^2-2\lambda v\cdot p+m^2)^{-1}\right\}\\
&= -\mathrm{i}\frac{g^2}{3\pi^2\epsilon}v\cdot p+\text{有限项}
\end{aligned} \tag{3.13}
$$

还有一项来自抵消项的树图层次上的贡献

$$
\mathrm{i}v\cdot p(Z_h-1) \tag{3.14}
$$

式（3.14）和式（3.13）之和当 $\epsilon\to 0$ 时必须是有限的，从而在 $\overline{\mathrm{MS}}$ 方案中，

$$
Z_h = 1+\frac{g^2}{3\pi^2\epsilon} \tag{3.15}
$$

要注意 Z_h 和式 (1.86) 中给出的轻夸克场的波函数重整化是不同的。重夸克场的反常量纲是

$$
\gamma_h = \frac{1}{2}\frac{\mu}{Z_h}\frac{\mathrm{d}Z_h}{\mathrm{d}\mu} = -\frac{g^2}{6\pi^2} \tag{3.16}
$$

复合算符要求超越波函数重整化的额外减除。考虑到重-轻裸算符

$$
O_\Gamma^{(0)} = \bar{q}^{(0)}\Gamma Q_v^{(0)} = \sqrt{Z_q Z_h}\,\bar{q}\Gamma Q_v \tag{3.17}
$$

其中，Γ 是狄拉克矩阵。重整化的算符是由下式定义:

$$
\begin{aligned}
O_\Gamma &= \frac{1}{Z_O}O_\Gamma^{(0)} = \frac{\sqrt{Z_q Z_h}}{Z_O}\bar{q}\Gamma Q_v\\
&= \bar{q}\Gamma Q_v+\text{抵消项}
\end{aligned} \tag{3.18}
$$

其中，附加的算符重整化因子 Z_O 可以由计算插入了 O_Γ 的格林函数得到。例如，Z_O 可以通过考虑 $q,\bar{Q}_v$ 和 O_Γ 的单粒子不可约格林函数来确定。式（3.18）中的抵消项对编时乘积贡献

$$\left(\frac{\sqrt{Z_q Z_h}}{Z_O}-1\right)\Gamma \tag{3.19}$$

图 3.3 的单圈图也给出对编时乘积的一个发散贡献。忽略外动量（算符 O_Γ 不包含微商）和利用费曼规范，此图给出

$$\begin{aligned}&\int\frac{\mathrm{d}^n q}{(2\pi)^n}(-\mathrm{i}g\mu^{\epsilon/2}T^A)\gamma^\lambda\frac{\mathrm{i}\not{q}}{q^2}\Gamma\frac{\mathrm{i}}{v\cdot q}(-\mathrm{i}g\mu^{\epsilon/2}T^A)v_\lambda\frac{(-\mathrm{i})}{q^2}\\&=-\mathrm{i}\frac{4}{3}g^2\mu^\epsilon\int\frac{\mathrm{d}^n q}{(2\pi)^n}\frac{\not{v}\not{q}\Gamma}{q^4 v\cdot q}\end{aligned} \tag{3.20}$$

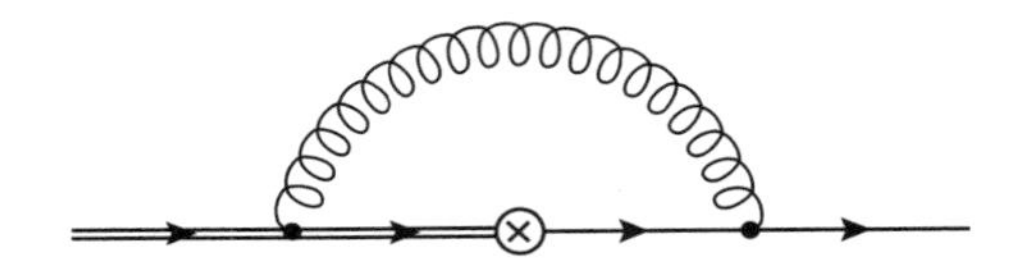

图 3.3　重-轻算符 $\bar{q}\Gamma Q_v$ 的单圈重整化。重夸克用双线表示，轻夸克用单线表示，而用 $\otimes$ 表示算符插入

利用式（3.6）处理分母，引入胶子质量 m 使红外发散正规化，并且改变积分变量 $q\to q-\lambda v$，我们得到

$$-\mathrm{i}\frac{16}{3}g^2\mu^\epsilon\int\mathrm{d}\lambda\int\frac{\mathrm{d}^n q}{(2\pi)^n}\frac{\not{v}(\not{q}-\lambda\not{v})\Gamma}{(q^2-\lambda^2-m^2)^3} \tag{3.21}$$

其中，与 $\not{q}$ 成正比的项对 q 是奇次的，因而积分后消失。恒等式 $\not{v}\not{v}=1$ 使这个积分约化成与乘以式（3.8）对 $v\cdot p$ 在 $v\cdot p=0$ 处的微商相同。于是，图 3.3 给出

$$\frac{g^2\Gamma}{6\pi^2\epsilon} \tag{3.22}$$

至多差一些在 $\epsilon\to 0$ 时不发散的项。式（3.19）和式（3.22）之和在 $\epsilon\to 0$ 时必须是有限的。运用 $\sqrt{Z_h}$ 和 $\sqrt{Z_q}$ 在式（3.15）和式（1.86）中的表达式，我们得到

$$Z_O=1+\frac{g^2}{4\pi^2\epsilon} \tag{3.23}$$

和反常量纲

$$\gamma_O=-\frac{g^2}{4\pi^2} \tag{3.24}$$

注意 O_Γ 的重整化与算符中的 γ（gamma）矩阵无关。这是重夸克自旋对称性和轻夸克的手征对称性的后果，它完全不同于 QCD 完整理论中的情况。例如，在完整理论中算符 $\bar{q}_i q_j$ 要求重整化，但算符 $\bar{q}_i\gamma_\mu q_j$ 就不需要。

作为算符重整化的最后一个例子，让我们考虑一个复合算符，它包含速度分别为 v 和 v' 的两个重夸克场，

$$T_\Gamma^{(0)} = \bar{Q}_{v'}^{(0)}\Gamma Q_v^{(0)} = Z_h\bar{Q}_{v'}\Gamma Q_v \tag{3.25}$$

重整化的算符是通过

$$\begin{aligned}T_\Gamma &= \frac{1}{Z_T}T_\Gamma^{(0)}\\ &= \frac{Z_h}{Z_T}\bar{Q}_{v'}\Gamma Q_v = \bar{Q}_{v'}\Gamma Q_v + \text{抵消项}\end{aligned} \tag{3.26}$$

与裸量关联起来。人们总可以选择 $v = v_r$ 或 $v' = v_r$ 的参考系，但是一般说来，不可能找到一个让两个重夸克都静止的参考系。因此 T_Γ 依赖于 $w = v\cdot v'$，并且我们可以期待它的重整化也依赖这个变量。重夸克的自旋对称性预示着 T_Γ 的重整化与 Γ 无关。算符重整化因子 Z_T 可以由 $Q_{v'},\bar{Q}_v$ 和 T_Γ 的编时乘积确定。抵消项贡献

$$\left(\frac{Z_h}{Z_T} - 1\right)\Gamma \tag{3.27}$$

在图 3.4 中的单圈费曼图对三点函数给出的贡献是（忽略外动量）

$$\begin{aligned}&\int \frac{\mathrm{d}^n q}{(2\pi)^n}(-\mathrm{i}gT^A\mu^{\epsilon/2})v'_\lambda(-\mathrm{i}gT^A\mu^{\epsilon/2})v^\lambda\frac{\mathrm{i}}{v'\cdot q}\Gamma\frac{\mathrm{i}}{v\cdot q}\frac{(-\mathrm{i})}{q^2}\\ &= -\mathrm{i}g^2\mu^\epsilon\left(\frac{4}{3}\right)w\int\frac{\mathrm{d}^n q}{(2\pi)^n}\frac{\Gamma}{q^2(q\cdot v)(q\cdot v')}\end{aligned} \tag{3.28}$$

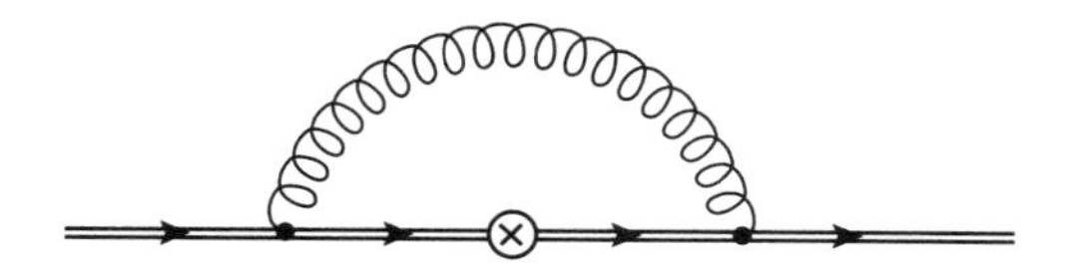

图 3.4　重夸克算符 $\bar{Q}_{v'}\Gamma Q_v$ 的单圈重整化。重夸克用双线表示，用 $\otimes$ 表示算符插入

利用费曼技巧先将 $q\cdot v$ 和 $q\cdot v'$ 组合起来，然后用式（3.6），我们得到

$$-\mathrm{i}g^2\left(\frac{32}{3}\right)\mu^\epsilon\Gamma w\int_0^\infty \mathrm{d}\lambda\int_0^1 \mathrm{d}x$$

$$\times \int \frac{\mathrm{d}^n q}{(2\pi)^n} \frac{\lambda}{\{q^2+2\lambda[xv+(1-x)v']\cdot q-m^2\}^3} \tag{3.29}$$

其中，引入 m 来控制红外发散。通过将分母完全配方，我们移动 q 变量进行积分并且扔掉有限项，得到

$$-\frac{g^2}{3\pi^2}\mu^\epsilon w\Gamma \int_0^\infty \mathrm{d}\lambda \int_0^1 \mathrm{d}x \frac{\lambda}{\{\lambda^2[1+2x(1-x)(w-1)]+m^2\}^{1+\epsilon/2}} \tag{3.30}$$

其中，$w=v\cdot v'$。对 λ 的积分可以精确地进行，结果为

$$-\frac{16}{3}\frac{g^2}{16\pi^2\epsilon}w\Gamma(m^2)^{-\epsilon/2}\int_0^1 \mathrm{d}x \frac{1}{[1+2x(1-x)(w-1)]} \tag{3.31}$$

对 x 做积分给出正比于 $1/\epsilon$ 的部分:

$$-\left(\frac{16}{3}\right)\frac{g^2}{16\pi^2\epsilon}wr(w)\Gamma \tag{3.32}$$

其中

$$r(w)=\frac{1}{\sqrt{w^2-1}}\ln(w+\sqrt{w^2-1}) \tag{3.33}$$

要求当 $\epsilon\to 0$ 时式（3.27）与式（3.32）之和为有限决定了算符重整化因子 Z_T。利用式（3.15），我们得到

$$Z_T=1-\frac{g^2}{3\pi^2\epsilon}[wr(w)-1] \tag{3.34}$$

和算符反常量纲为

$$\gamma_T=\frac{g^2}{3\pi^2}[wr(w)-1] \tag{3.35}$$

要注意，$T_\Gamma=\bar{Q}_{v'}\Gamma Q_v$ 的重整化依赖于 4 速度的点积 $w=v'\cdot v$。这是很合理的，因为 Q_v 对每个 4 速度的值来说都是不同的场。在零反冲点 $w=1$，算符 $\bar{Q}_v\gamma_\mu Q_v$ 是一个与重夸克味对称性相关的守恒流，因此不被重整。在接近 $w=1$ 时，反常量纲 γ_T 可以具有展开式

$$\gamma_T=\frac{g^2}{\pi^2}\left[\frac{2}{9}(w-1)-\frac{1}{15}(w-1)^2+\cdots\right] \tag{3.36}$$

并且在 $w=1$ 时消失。

3.2 QCD 和 HQET 的匹配

要想用 HQET 来计算 QCD 的物理量就要求将 QCD 的算符与 HQET 的算符关联起来，这称为“匹配”（matching）。考虑 QCD 的矢量流算符

$$V_\nu = \bar{q}\gamma_\nu Q \tag{3.37}$$

它包括一个重夸克场 Q 和一个轻夸克场 q。对诸如 $\bar{\mathrm{B}} \to \pi \mathrm{e}\bar{\nu}_\mathrm{e}$ 和 $\mathrm{D} \to \pi \bar{\mathrm{e}}\nu_\mathrm{e}$ 的半轻子衰变，这个算符的矩阵元是非常重要的。在 QCD 中这个算符不被重整，这是由于在夸克（轻的和重的）质量消失的极限下，它是守恒的。夸克质量项是量纲为 3 的算符，因而不影响反常量纲。完整 QCD 的矢量流在物理态间的矩阵元包含夸克质量 m_Q 除以 Λ_QCD 量级的典型强子动量的一些很大的对数。这些对数项可以用 HQET 重求和。HQET 中在 μ 点重整化算符的矩阵元只包含 Λ_QCD/μ 的对数。由于 HQET 使理论与大动量标度 m_Q 无关，故不会存在 m_Q/μ 的对数项。m_Q/μ 的对数是在 m_Q 和 μ 之间标度 HQET 算符时用上节中计算的反常量纲得到的。

计算 V_ν 矩阵元的第一步是将 QCD 的算符与 HQET 的算符建立起关系。我们可以通过计算在 μ 标度时 QCD 算符在夸克间的矩阵元，并且计算在同一点重整化的 HQET 算符的矩阵元来完成。这两个计算都可以用微扰论做，并且一般说来，它们都是红外发散的。然而，匹配条件依赖于 QCD 和 HQET 中计算结果之差。由于 HQET 是构造来重新产生 QCD 的低动量动力学，那么红外发散就在匹配条件中抵消掉了。因此我们可以用任意方便的红外正规子（regulator）来计算匹配条件。重要的是匹配条件不依赖红外效应，否则它们就要依赖非微扰标度 Λ_QCD，从而不能用微扰论来计算。两种通常使用正规红外发散的方法是加入一个胶子质量和使用维数正规化。在本章中，我们将采用维数正规化。如果把标度选在重夸克质量 m_Q 的量级上，计算完整和有效理论之间的匹配就是不含大对数的对 $\alpha_\mathrm{s}(\mu)$ 的展开。作为一个重 → 轻矢量流的具体例子，这个展开具有下面的形式:

$$V^\lambda = C_1^{(V)}\left[\frac{m_\mathrm{Q}}{\mu}, \alpha_\mathrm{s}(\mu)\right]\bar{q}\gamma^\lambda Q_v + C_2^{(V)}\left[\frac{m_\mathrm{Q}}{\mu}, \alpha_\mathrm{s}(\mu)\right]\bar{q}v^\lambda Q_v \tag{3.38}$$

式 (3.38) 的右端包括所有维数为 3 并具有和矢量流 V^λ 同样量子数的算符。高维算符被 $1/m_\mathrm{Q}$ 的幂次压低。它们也可以用系统的展开来计算，以决定 $1/m_\mathrm{Q}$

的修正，在第 4 章中我们再讨论。其他的维数为 3 的算符可以用上面给出的两个算符重写。例如，$\bar{q}i\sigma^{\mu\nu}v_\nu Q_v = -(1/2)\bar{q}(\gamma^\mu \not{v} - \not{v}\gamma^\mu)Q_v = -\bar{q}\gamma^\mu Q_v + v^\mu \bar{q}Q_v$，这样一来，它就不是一个线性无关的算符了。

在标度 m_{Q} 处做 QCD 和 HQET 匹配的计算确定 $C_i^{(V)}[1,\alpha_{\mathrm{s}}(m_{\mathrm{Q}})]$。对 α_{s} 的低阶项（树图），匹配条件是非常简单的:

$$\begin{aligned}C_1^{(V)}[1,\alpha_{\mathrm{s}}(m_{\mathrm{Q}})] &= 1+\mathcal{O}[\alpha_{\mathrm{s}}(m_{\mathrm{Q}})]\\C_2^{(V)}[1,\alpha_{\mathrm{s}}(m_{\mathrm{Q}})] &= \mathcal{O}[\alpha_{\mathrm{s}}(m_{\mathrm{Q}})]\end{aligned} \tag{3.39}$$

这是由于在树图阶，直到 $1/m_{\mathrm{Q}}$ 阶修正，场 Q 可以被 Q_v 代替。$C_i^{(V)}$ 的单圈修正将在 3.3 节中计算。

在一般的情况下，我们有在 m_{Q} 标度时重整化的 QCD 算符 O_{QCD}，它能用在 μ 标度下重整化的 HQET 算符 O_i 的线性组合表示:

$$O_{\mathrm{QCD}}(m_{\mathrm{Q}}) = \sum_i C_i\Big[\frac{m_{\mathrm{Q}}}{\mu},\alpha_{\mathrm{s}}(\mu)\Big]O_i(\mu) \tag{3.40}$$

其中，系数 $C_i[1,\alpha_{\mathrm{s}}(\mu)]$ 是在 $\mu = m_{\mathrm{Q}}$ 标度时进行微扰匹配条件计算得到的。然后，采取我们在 1.6 节中对弱哈密顿所做的同样的步骤，我们可以用有效理论中的重整化群标度律得到在较低标度 $\mu < m_{\mathrm{Q}}$ 时的系数 $C_i[m_{\mathrm{Q}}/\mu,\alpha_{\mathrm{s}}(\mu)]$。算符 O_i 满足式（1.129）所给出的重整化群方程。由于式（3.40）的左端是和 μ 无关的，这意味着这些系数满足式 (1.133) 所显示的重整化群方程，并且由式（1.134）给出解。

式（1.134）的重整化群方程的解能在当单个算符是乘法式重整的情况下被明确地写出来，使得 γ 就是一个数字，而不是矩阵。反常量纲，β 函数和匹配系数都具有微扰展开式

$$\begin{aligned}\gamma(g) &= \gamma_0\frac{g^2}{4\pi} + \gamma_1\Big(\frac{g^2}{4\pi}\Big)^2 + \cdots\\\beta(g) &= -\beta_0\frac{g^3}{4\pi} - \beta_1\frac{g^5}{(4\pi)^2} + \cdots\\C[1,\alpha_{\mathrm{s}}(m_{\mathrm{Q}})] &= C_0 + C_1\alpha_{\mathrm{s}}(m_{\mathrm{Q}}) + \cdots\end{aligned} \tag{3.41}$$

将式（1.134）积分得到

$$\begin{aligned}C\Big[\frac{m_{\mathrm{Q}}}{\mu},\alpha_{\mathrm{s}}(m_{\mathrm{Q}})\Big] &= [C_0 + C_1\alpha_{\mathrm{s}}(m_{\mathrm{Q}}) + \cdots]\\&\quad\times\Big\{\exp\int_{g(\mu)}^{g(m_{\mathrm{Q}})}\frac{\mathrm{d}g}{g}\Big[\frac{\gamma_0}{\beta_0} + \Big(\frac{\gamma_1}{\beta_0} - \frac{\gamma_0\beta_1}{\beta_0^2}\Big)\frac{g^2}{4\pi} + \cdots\Big]\Big\}\\&= \Big[\frac{\alpha_{\mathrm{s}}(\mu)}{\alpha_{\mathrm{s}}(m_{\mathrm{Q}})}\Big]^{-\gamma_0/(2\beta_0)}\end{aligned}$$

$$\times\left\{C_0+C_0\left(\frac{\gamma_1}{2\beta_0}-\frac{\gamma_0\beta_1}{2\beta_0^2}\right)[\alpha_{\rm s}(m_{\rm Q})-\alpha_{\rm s}(\mu)]+C_1\alpha_{\rm s}(m_{\rm Q})+\cdots\right\} \tag{3.42}$$

在这个方程中明确展示的各项是将具有 $\alpha_{\rm s}^{n+1}\ln^n(m_{\rm Q}/\mu)$ 形式的所有次领头阶对数项都加起来了。计算次领头阶对数项要求了解双圈反常量纲和 β 函数，以及单圈的匹配系数 C_1。双圈的 β 函数是与重整化方案无关的，但是 C_1 和 γ_1 一般说来都是依赖于重整化方案的。只保留单圈的反常量纲 γ_0 和单圈的 β 函数 β_0 就把所有的领头阶对数项 $\alpha_{\rm s}^n\ln^n(m_{\rm Q}/\mu)$ 都加起来了。

将反常量纲矩阵 γ_0 对角化, 然后利用式 (3.42)，在算符混合的情况下，领头阶的对数项可以被求和。但具有算符混合的双圈方程不能用同样的方式简化，这是因为一般说来 γ_0 和 γ_1 不能同时对角化，而且这方程必须数值积分。

现在应该清楚如何解释 2.8~2.11节中做出的关于重介子的衰变常数和形式因子的预言。对于衰变常数，系数 a 是依赖于减除点的，并且只有当 a 是在 $\mu=m_{\rm Q}$ 处计算的时候，式（2.62）对微扰匹配修正成立。a 对 μ 的依赖性是由式（3.24）中的反常量纲决定的。这情况很像那些出现在 $\bar{\rm B}\to{\rm D}^{(*)}{\rm e}\bar{\nu}_{\rm e}$ 和 $\Lambda_{\rm b}\to\Lambda_{\rm c}{\rm e}\bar{\nu}_{\rm e}$ 衰变中的 Isgur-Wise 函数。Isgur-Wise 函数是 HQET 算符的矩阵元，并且由于（3.35）中给出的反常量纲，它也依赖于减除点 μ。如果 Isgur-Wise 函数是在 $m_{\rm c,b}$ 附近的减除点，也就是 $\mu=\sqrt{m_{\rm c}m_{\rm b}}$ 附近计算的，那么用 Isgur-Wise 函数得到的那些形式因子的表达式直到微扰匹配修正都是正确的。但是注意，反常量纲 γ_T 当 $w=1$ 时消失，因此式（2.93）和式（2.109）中的归一化条件 $\xi(1)=1$ 和 $\zeta(1)=1$ 都是与 μ 无关的。

3.3　重-轻流

重 $\to$ 轻的流的树图阶匹配条件已在式（3.39）中给出。对此结果的单圈修正可以用如下方式来决定：在完整的 QCD 理论中计算式（3.38）左端的矩阵元直到 $\alpha_{\rm s}$ 阶，让它等于用 HQET 计算的式（3.38）右端的相应的矩阵元。一个方便的矩阵元是以 4 动量为 $p=m_{\rm Q}v$ 的在壳重夸克作为初态和一个 4 动量为零的无质量的在壳夸克作为末态之间的矩阵元。由于强相互作用禁闭，它们不是物理态。但是式（3.38）在算符层次上成立，并且这样一来这些非物理态可以用来决定匹配系数 $C_1^{(V)}$ 和 $C_2^{(V)}$。

QCD 理论中 α_s 阶的矩阵元包含单圈顶角修正，也包含对重和轻夸克场的传播子的单圈修正。夸克传播子在极点 $p^2=m_Q^2$ 和 $p^2=0$ 附近分别具有 (解析部分 + $\mathrm{i}R^{(Q)}/(\not{p}-m_Q)$) 和 (解析部分 + $\mathrm{i}R^{(q)}/\not{p}$) 的形式。留数 $R^{(Q)}$ 和 $R^{(q)}$ 具有微扰展开

$$R^{(Q)}=1+R_1^{(Q)}\alpha_s(\mu)+\cdots \tag{3.43}$$

和

$$R^{(q)}=1+R_1^{(q)}\alpha_s(\mu)+\cdots \tag{3.44}$$

在完整 QCD 中所要的矩阵元可以用 LSZ 约化公式得到:

$$\langle q(0,s')|V^\lambda|Q(p,s)\rangle=[R^{(Q)}R^{(q)}]^{1/2}\bar{u}(0,s')[\gamma^\lambda+V_1^\lambda\alpha_s(\mu)]u(p,s) \tag{3.45}$$

其中，γ^λ 是树图顶角，而 $\alpha_s V_1^\lambda$ 是图 1.4 所示的对顶角的单圈修正。顶角的单圈修正有如下的展开式（$p=m_Q v$）:

$$V_1^\lambda=V_1^{(1)}\gamma^\lambda+V_1^{(2)}v^\lambda \tag{3.46}$$

它将在后面的式（3.65）中显示出。

在 HQET 理论中相似矩阵元的表达式为

$$\langle q(0,s')|\bar{q}\Gamma Q_v|Q(v,s)\rangle=[R^{(h)}R^{(q)}]^{1/2}\bar{u}(0,s')[1+V_1^{\text{有效}}\alpha_s(\mu)]\Gamma u(0,s) \tag{3.47}$$

其中，$R^{(h)}$ 是重夸克传播子在它的极点 $\mathrm{i}R^{(h)}/p\cdot v+$ 解析部分附近的留数，$\alpha_s V_1^{\text{有效}}\Gamma$ 是图 3.3 中的单圈顶点修正，它是和算符 $\bar{q}\Gamma Q_v$ 中的 Γ 矩阵结构无关的。

比较式（3.45）—（3.47）与式（3.38），得出

$$\begin{aligned}C_1^{(V)}\left[\frac{m_Q}{\mu},\alpha_s(\mu)\right]&=1+\left\{\frac{1}{2}[R_1^{(Q)}-R_1^{(h)}]+V_1^{(1)}-V_1^{\text{有效}}\right\}\alpha_s(\mu)+\cdots\\ C_2^{(V)}\left[\frac{m_Q}{\mu},\alpha_s(\mu)\right]&=V_1^{(2)}\alpha_s(\mu)+\cdots\end{aligned} \tag{3.48}$$

其中，“$\cdots$”表示 $\alpha_s(\mu)$ 的高阶项。$R_1^{(h)}$ 不出现在式（3.48）中，这是因为在 HQET 和完整 QCD 的矩阵元计算中它是共有的。R_1 和 V_1 当 $\epsilon\to 0$ 时是紫外有限的，但它们具有红外发散，因而在计算这些量之前要对之正规化。系数 $C_1^{(V)}$ 和 $C_2^{(V)}$ 不是红外发散的，于是红外发散在匹配条件下抵消，在完整和有效的理论中，匹配条件包括了差值 $R_1^{(Q)}-R_1^{(h)}$ 和 $V_1^{(1)}-V_1^{\text{有效}}$。在计算匹配条件时要用同样的红外正规子（regulator），这是很重要的。

在本节中，维数正规化将用来正规紫外和红外发散。所有的图都在 $4-\epsilon$ 维进行计算，在计算结束后取 $\epsilon\to 0$ 的极限。那些图具有源于紫外和红外发散的一些 $1/\epsilon$ 极点。只有紫外发散的 $1/\epsilon$ 能被抵消项消除。作为一个简单的例子，考虑积分

$$\int \frac{\mathrm{d}^n q}{(2\pi)^n}\frac{1}{q^4}=0 \tag{3.49}$$

这个积分既是紫外发散的又是红外发散的，但是当用维数正规化来计算时，它是零。红外发散可以通过引入一个质量来正规化，得到

$$\int \frac{\mathrm{d}^n q}{(2\pi)^n}\frac{1}{(q^2-m^2)^2}=\frac{\mathrm{i}}{8\pi^2\epsilon}+\text{有限部分} \tag{3.50}$$

原来的积分可以写成

$$\int \frac{\mathrm{d}^n q}{(2\pi)^n}\frac{1}{q^4}=\frac{\mathrm{i}}{8\pi^2\epsilon}-\frac{\mathrm{i}}{8\pi^2\epsilon} \tag{3.51}$$

其中，第一项是紫外发散，第二项是红外发散。抵消项对积分的贡献是 $-\mathrm{i}/(8\pi^2\epsilon)$，它消除了紫外发散，但留下了

$$\int \frac{\mathrm{d}^n q}{(2\pi)^n}\frac{1}{q^4}+\text{抵消项}=-\frac{\mathrm{i}}{8\pi^2\epsilon} \tag{3.52}$$

它的右端仅仅具有红外发散。

3.3.1 QCD 计算

在完全 QCD 理论中重整化重夸克场的两点函数在 α_{s} 阶有两个贡献。一个来自于图 1.2 的单圈，我们用脚标 fd 表示，另一个是消除 $1/\epsilon$ 的抵消项的树图矩阵元，用脚标 ct 表示。用费曼规范，图 1.2 的单圈贡献给出夸克的自能 Σ_{fd}，

$$\begin{aligned}-\mathrm{i}\Sigma_{fd}&=\int\frac{\mathrm{d}^n q}{(2\pi)^n}(-\mathrm{i}gT^A\mu^{\epsilon/2})\gamma^\alpha\frac{\mathrm{i}(\not{p}+\not{q}+m_{\mathrm{Q}})}{[(p+q)^2-m_{\mathrm{Q}}^2]}(-\mathrm{i}gT^A\mu^{\epsilon/2})\gamma_\alpha\frac{(-\mathrm{i})}{q^2}\\&=-g^2\left(\frac{4}{3}\right)\mu^\epsilon\int\frac{\mathrm{d}^n q}{(2\pi)^n}\frac{\gamma^\alpha(\not{q}+\not{p})\gamma_\alpha+nm_{\mathrm{Q}}}{q^2[(q+p)^2-m_{\mathrm{Q}}^2]}\end{aligned} \tag{3.53}$$

利用恒等式 $\gamma^\alpha\gamma_\mu\gamma_\alpha=2\gamma_\mu-\gamma^\alpha\gamma_\alpha\gamma_\mu=(2-n)\gamma_\mu$ 并且组合分母就得到

$$\begin{aligned}-\mathrm{i}\Sigma_{fd}&=-g^2\left(\frac{4}{3}\right)\mu^\epsilon\int_0^1\mathrm{d}x\int\frac{\mathrm{d}^n q}{(2\pi)^n}\frac{(2-n)(\not{q}+\not{p})+nm_{\mathrm{Q}}}{[q^2+2q\cdot px-m_{\mathrm{Q}}^2x+p^2x]^2}\\&=-g^2\left(\frac{4}{3}\right)\mu^\epsilon\int_0^1\mathrm{d}x\int\frac{\mathrm{d}^n q}{(2\pi)^n}\frac{(2-n)(1-x)\not{p}+nm_{\mathrm{Q}}}{[q^2+p^2x(1-x)-m_{\mathrm{Q}}^2x]^2}\end{aligned} \tag{3.54}$$

自能有如下形式

$$\Sigma(p)=A(p^2)m_Q+B(p^2)\not{p} \tag{3.55}$$

由于全传播子是 $i/[\not{p}-m_Q-\Sigma(p)]$, 很容易看到在极点附近的留数是

$$R_1^{(Q)}\alpha_s(\mu)=B(m_Q^2)+2m_Q^2\frac{d(A+B)}{dp^2}\Big|_{p^2=m_Q^2} \tag{3.56}$$

对式（3.54）做 d^nq 积分，得到下面 A 和 B 的展开式:

$$\begin{aligned}A_{fd}(p^2)&=\frac{g^2}{12\pi^2}(4\pi\mu^2)^{\epsilon/2}\Gamma(\epsilon/2)(4-\epsilon)\int_0^1 dx[m_Q^2x-p^2x(1-x)]^{-\epsilon/2}\\B_{fd}(p^2)&=-\frac{g^2}{12\pi^2}(4\pi\mu^2)^{\epsilon/2}\Gamma(\epsilon/2)(2-\epsilon)\\&\quad\times\int_0^1 dx(1-x)[m_Q^2x-p^2x(1-x)]^{-\epsilon/2}\end{aligned} \tag{3.57}$$

式（3.56）中在壳重整化因子可以通过代换 A 和 B，并对 x 积分得到，还要用恒等式

$$\int_0^1 x^\alpha(1-x)^b dx=\frac{\Gamma(1+a)\Gamma(1+b)}{\Gamma(2+a+b)} \tag{3.58}$$

在 $\epsilon=0$ 附近展开得到

$$R_{1,fd}\alpha_s=-\frac{g^2}{12\pi^2}\left(\frac{6}{\epsilon}+4-3\gamma+3\ln\frac{4\pi\mu^2}{m_Q^2}\right) \tag{3.59}$$

$1/\epsilon$ 项既包含红外又包含紫外发散。抵消项的贡献是 $-i\Sigma_{ct}=i(Z_q-1)\not{p}-i(Z_m-1)m$，也就是 $A_{ct}=(Z_m-1)$ 和 $B_{ct}=-(Z_q-1)$，它们给出对 $-(Z_q-1)$ 中 $R_{1,ct}\alpha_s$ 的抵消项的贡献。把这个（从式（1.86））和 $R_{1,fd}\alpha_s$ 加起来，并且重新标度 $4\pi\mu^2\to\mu^2e^\gamma$ 以转换到 $\overline{\text{MS}}$ 减除方案，得到最后结果

$$R_1^{(Q)}\alpha_s=-\frac{g^2}{12\pi^2}\left(\frac{4}{\epsilon}+4+3\ln\frac{\mu^2}{m_Q^2}\right) \tag{3.60}$$

其中，$1/\epsilon$ 发散仅仅是红外发散。

下面，让我们考虑在完整 QCD 中对图 1.4 所示的单粒子不可约顶角的 α_s 阶贡献。在费曼规范下，此图给出

$$\int\frac{d^nq}{(2\pi)^n}(-ig\mu^{\epsilon/2}T^A)\gamma_\alpha\frac{i\not{q}}{q^2}\gamma^\lambda i\frac{(\not{p}+\not{q}+m_Q)}{[(p+q)^2-m_Q^2]}(-ig\mu^{\epsilon/2}T^A)\gamma^\alpha\frac{(-i)}{q^2} \tag{3.61}$$

把分母组合后，移动积分变量 $q\to q-px$，并且用 $p^2=m_Q^2$，就得到

$$-ig^2\mu^\epsilon\left(\frac{8}{3}\right)\int_0^1 dx(1-x)\int\frac{d^nq}{(2\pi)^n}\frac{1}{(q^2-m_Q^2x^2)^3}$$

$$\times\{\gamma_\alpha(\not{q}-\not{p}x)\gamma^\lambda[\not{q}+\not{p}(1-x)]\gamma^\alpha+m_{\mathrm{Q}}\gamma_\alpha(\not{q}-\not{p}x)\gamma^\lambda\gamma^\alpha\} \tag{3.62}$$

分子能够用关系 $\gamma_\alpha\not{a}\not{b}\not{c}\gamma^\alpha=-2\not{c}\not{b}\not{a}-(n-4)\not{a}\not{b}\not{c}$ 和 $\gamma_\alpha\not{a}\not{b}\gamma^\alpha=4a\cdot b+(n-4)\not{a}\not{b}$ 来简化。q 奇次幂的项积分后消失。包含 $\not{p}$ 的项可以让 $\not{p}$ 反对易地通过任意 γ 矩阵直到它移到最右边，这样，当它作用在重夸克旋量上时，我们用 $\not{p}=m_{\mathrm{Q}}$ 就可以把它消除了。最终表达式为

$$\begin{aligned}&-\mathrm{i}g^2\mu^\epsilon\left(\frac{8}{3}\right)\int_0^1\mathrm{d}x(1-x)\int\frac{\mathrm{d}^nq}{(2\pi)^n}\frac{1}{(q^2-m_{\mathrm{Q}}^2x^2)^3}\\&\times\left\{\frac{q^2}{n}(2-n)^2\gamma^\lambda-2m_{\mathrm{Q}}p^\lambda(n-2)x^2+m_{\mathrm{Q}}^2\gamma^\lambda x[x(n-2)-2]\right\}\end{aligned} \tag{3.63}$$

利用 $p=m_{\mathrm{Q}}v$，计算对 q 的积分，得到

$$\begin{aligned}&\frac{g^2}{12\pi^2}(4\pi\mu^2)^{\epsilon/2}\int_0^1\mathrm{d}x(1-x)(m_{\mathrm{Q}}^2x^2)^{-\epsilon/2}\left\{\frac{1}{2}\Gamma(\epsilon/2)(2-\epsilon)^2\gamma^\lambda\right.\\&\left.+2\Gamma(1+\epsilon/2)v^\lambda(2-\epsilon)-\Gamma(1+\epsilon/2)\gamma^\lambda\frac{1}{x}[x(2-\epsilon)-2]\right\}\end{aligned} \tag{3.64}$$

对 x 积分并用 ϵ 展开得到

$$\frac{g^2}{12\pi^2}(-2\gamma^\lambda+2v^\lambda) \tag{3.65}$$

抵消项的贡献是由在 QCD 中对流 $\bar{q}\gamma^\lambda Q$ 重整化确定的。由于这是一个部分守恒流（也就是说，在质量消失的极限下守恒），它不被重整。最后从式（1.86）看到，唯一剩下的抵消项贡献是 QCD 波函数重整化 $Z_q-1=-2\alpha_{\mathrm{s}}/(3\pi\epsilon)$ 到 $V_1^{(1)}\alpha_{\mathrm{s}}$ 阶。把这个加到式（3.65），得到

$$\begin{aligned}V_1^{(1)}\alpha_{\mathrm{s}}&=-\frac{2\alpha_{\mathrm{s}}}{3\pi}\left(\frac{1}{\epsilon}+1\right)\\V_1^{(2)}\alpha_{\mathrm{s}}&=\frac{2\alpha_{\mathrm{s}}}{3\pi}\end{aligned} \tag{3.66}$$

3.3.2 HQET 计算

现在我们已经在完整 QCD 中计算了出现在描述 $C_1^{(V)}$ 和 $C_2^{(V)}$ 的式（3.48）中的所有物理量。剩下是要计算 HQET 的量。在费曼规范下，HQET 由图 3.2 中所示的费曼图得到的重夸克自能为

$$-\mathrm{i}\Sigma_{fd}(p)=-\left(\frac{4}{3}\right)g^2\mu^\varepsilon\int\frac{\mathrm{d}^nq}{(2\pi)^n}\frac{1}{q^2v\cdot(p+q)} \tag{3.67}$$

在极点处的留数是

$$R_1^{(\mathrm{h})}\alpha_{\mathrm{s}}=v^{\alpha}\frac{\partial\Sigma}{\partial p^{\alpha}}\bigg|_{p\cdot v=0} \tag{3.68}$$

通过将其分母组合计算式（3.67），进行对 q 的积分给出

$$\begin{aligned}-\mathrm{i}\Sigma_{fd}&=-\mathrm{i}\frac{g^2}{6\pi^2}(4\pi\mu^2)^{\epsilon/2}\Gamma(\epsilon/2)\int_0^{\infty}\mathrm{d}\lambda(\lambda^2-2\lambda p\cdot v)^{-\epsilon/2}\\&=-\mathrm{i}\frac{g^2}{6\pi^2}(4\pi\mu^2)^{\epsilon/2}(-p\cdot v)^{1-\epsilon}\frac{\Gamma(\epsilon/2)\Gamma(1-\epsilon/2)\Gamma(-1/2+\epsilon/2)}{2\sqrt{\pi}}\end{aligned} \tag{3.69}$$

由于 $\lim_{p\to 0}(-p\cdot v)^{-\epsilon}=0$, 它给出 $R_{1,fd}^{(\mathrm{h})}=0$。对 $R_1^{(\mathrm{h})}$ 唯一的贡献来自于抵消项，它是式（3.14）的 $-(Z_h-1)$,

$$R_1^{(\mathrm{h})}\alpha_{\mathrm{s}}=R_{1,ct}^{(\mathrm{h})}\alpha_{\mathrm{s}}=-\frac{4\alpha_{\mathrm{s}}}{3\pi\epsilon} \tag{3.70}$$

在 HQET 中顶角的计算也比在完整 QCD 中简单得多。图 3.3 中的费曼图给出

$$-\mathrm{i}g^2\mu^{\epsilon}\left(\frac{4}{3}\right)\int\frac{\mathrm{d}^n q}{(2\pi)^n}\frac{\not{v}\not{q}\Gamma}{(q^2)^2 v\cdot q} \tag{3.71}$$

组合它的分母，进行对 q 的积分，得到

$$\frac{g^2}{6\pi^2}\Gamma(4\pi\mu^2)^{\epsilon/2}\Gamma(1+\epsilon/2)\int_0^{\infty}\mathrm{d}\lambda\lambda^{-1-\epsilon} \tag{3.72}$$

它在维数正规化下为零。唯一的贡献来自抵消项，是式（3.22）的反号，它意味着

$$V_1^{\text{有效}}\alpha_{\mathrm{s}}=-\frac{2\alpha_{\mathrm{s}}}{3\pi\epsilon} \tag{3.73}$$

将匹配计算的式（3.48）、式（3.60）、式（3.66）、式（3.70）和式（3.73）中所有项放在一起就给出

$$\begin{aligned}C_1^{(V)}\left[\frac{m_{\mathrm{Q}}}{\mu},\alpha_{\mathrm{s}}(\mu)\right]&=1+\frac{\alpha_{\mathrm{s}}(\mu)}{\pi}\left[\ln(m_{\mathrm{Q}}/\mu)-\frac{4}{3}\right]\\C_2^{(V)}\left[\frac{m_{\mathrm{Q}}}{\mu},\alpha_{\mathrm{s}}(\mu)\right]&=\frac{2}{3}\frac{\alpha_{\mathrm{s}}(\mu)}{\pi}\end{aligned} \tag{3.74}$$

所有 $1/\epsilon$ 红外发散在匹配条件下全都抵消掉了。注意，在 $C_1^{(V)}$ 中存在 m_{Q}/μ 的对数。这就是为什么在 $C^{(V)}$ 的初始条件中取了 $\mu=m_{\mathrm{Q}}$。如果 μ 选了和 m_{Q} 相差甚远的值，这个大对数将妨碍对 $C^{(V)}$ 初始值的微扰计算。当然，我们并不必须精确地取 $\mu=m_{\mathrm{Q}}$。例如，我们也可以用 $\mu=m_{\mathrm{Q}}/2$ 或 $\mu=2m_{\mathrm{Q}}$。系数 $C_i^{(V)}$

的 μ 依赖性是和 HQET 算符 $\bar{q}v^{\lambda}Q_v$ 的反常量纲相关联的。这里，$\mu[\mathrm{d}C_1^{(V)}/\mathrm{d}\mu]$ 是式（3.24）中 γ_O 的反常量纲。在 $C_2^{(V)}$ 中没有对数项明确指出 $\bar{q}\gamma^{\lambda}Q_v$ 不和 $\bar{q}v^{\lambda}Q_v$ 混合，这与我们根据自旋和手征对称性所期望的一致。

相似的匹配条件对轴矢量流 $A^{\mu}=\bar{q}\gamma^{\mu}\gamma_5 Q$ 也成立，

$$A^{\mu}=C_1^{(A)}\left[\frac{m_{\mathrm{Q}}}{\mu},\alpha_{\mathrm{s}}(\mu)\right]\bar{q}\gamma^{\mu}\gamma_5 Q_v+C_2^{(A)}\left[\frac{m_{\mathrm{Q}}}{\mu},\alpha_{\mathrm{s}}(\mu)\right]\bar{q}v^{\mu}\gamma_5 Q_v \tag{3.75}$$

学会了我们关于 $C_j^{(V)}$ 的计算，推导 $C_j^{(A)}$ 就很简单了。把轴矢流改写为 $A^{\mu}=-\bar{q}\gamma_5\gamma^{\mu}Q$。$\gamma_5$ 作用在无质量的夸克上给出 ± 号，这依赖于夸克的手征性。手征性在胶子顶点处守恒，因而匹配条件的计算就和矢量流的情况一样地进行，除了在各处 $\bar{q}$ 要被 $\bar{q}\gamma_5$ 替代。在计算之末，γ_5 还要移回到 Q_v 前面，对 $\gamma^{\mu}\gamma_5$ 产生一个补偿的负号，但不影响 $v^{\mu}\gamma_5$。这样

$$C_1^{(A)}\left[\frac{m_{\mathrm{Q}}}{\mu},\alpha_{\mathrm{s}}(\mu)\right]=C_1^{(V)}\left[\frac{m_{\mathrm{Q}}}{\mu},\alpha_{\mathrm{s}}(\mu)\right] \tag{3.76}$$

$$C_2^{(A)}\left[\frac{m_{\mathrm{Q}}}{\mu},\alpha_{\mathrm{s}}(\mu)\right]=-C_2^{(V)}\left[\frac{m_{\mathrm{Q}}}{\mu},\alpha_{\mathrm{s}}(\mu)\right] \tag{3.77}$$

本节的结果可以用来计算 2.8 节中给出的赝标介子和矢量介子衰变常数关系的 α_{s} 修正。可以让 QCD 矢量以及轴矢量流算符与式（3.38）和式（3.75）给定的 HQET 算符的线性组合相匹配。如式（2.63）那样，计算 HQET 算符 $\bar{q}\Gamma^{\mu}Q_v$(在 μ 处重整) 的矩阵元，得到

$$a(\mu)\times\begin{cases}-\mathrm{i}v^{\mu}P_v^{(\mathrm{Q})}, & \Gamma^{\mu}=\gamma^{\mu}\gamma_5\\ \mathrm{i}v^{\mu}P_v^{(\mathrm{Q})}, & \Gamma^{\mu}=v^{\mu}\gamma_5\\ P_v^{*(\mathrm{Q})\mu}, & \Gamma^{\mu}=\gamma^{\mu}\\ 0, & \Gamma^{\mu}=v^{\mu}\end{cases} \tag{3.78}$$

将之与匹配条件相结合，得到

$$\begin{aligned}f_{P*}&=\sqrt{m_{P*}}a(\mu)C_1^{(V)}(\mu)\\ f_P&=\frac{1}{\sqrt{m_P}}a(\mu)[C_1^{(A)}(\mu)-C_2^{(A)}(\mu)]\end{aligned} \tag{3.79}$$

矩阵元 $a(\mu)$ 的 μ 依赖性是由重-轻算符的反常量纲式（3.24）给出的，

$$\mu\frac{\mathrm{d}a}{\mathrm{d}\mu}=-\gamma_O a=\frac{\alpha_{\mathrm{s}}}{\pi}a \tag{3.80}$$

这个 μ 依赖性被系数 $C_i^{(V,A)}$ 的 μ 依赖性抵消，于是可测量的物理量 $f_{P,P*}$ 的完

整结果是与 μ 无关的。例如，

$$\begin{aligned}\sqrt{m_P}\mu\frac{\mathrm{d}f_P}{\mathrm{d}\mu}&=\mu\frac{\mathrm{d}a}{\mathrm{d}\mu}[C_1^{(A)}-C_2^{(A)}]+a\mu\frac{\mathrm{d}}{\mathrm{d}\mu}[C_1^{(A)}-C_2^{(A)}]\\&=\frac{\alpha_\mathrm{s}}{\pi}a[C_1^{(A)}-C_2^{(A)}]+a\left(-\frac{\alpha_\mathrm{s}}{\pi}+0\right)\\&=0+\mathcal{O}(\alpha_\mathrm{s}^2)\end{aligned}\tag{3.81}$$

式（3.79）给出对赝标量介子和矢量介子衰变常数比值的 α_s 修正，

$$\frac{f_{P*}}{f_P}=\sqrt{m_{P*}m_P}\left[\frac{C_1^{(V)}}{C_1^{(A)}-C_2^{(A)}}\right]=\sqrt{m_{P*}m_P}\left[1-\frac{2}{3}\frac{\alpha_\mathrm{s}(m_\mathrm{Q})}{\pi}\right]\tag{3.82}$$

对 D 和 B 赝标介子的衰变常数比的 α_s 修正也可以被确定。重夸克味对称性意味着在有效理论中的矩阵元 $a(\mu)$ 与夸克质量无关。从 QCD 到有效理论的匹配，对 $\bar{\mathrm{B}}$ 介子是在标度 $m_\mathrm{Q}=m_\mathrm{b}$ 进行的，而对 D 介子，是在 $m_\mathrm{Q}=m_\mathrm{c}$。这确定了

$$\begin{aligned}\frac{f_B\sqrt{m_B}}{f_D\sqrt{m_D}}&=\left[\frac{a(m_\mathrm{b})}{a(m_\mathrm{c})}\right]\frac{C_1^{(A)}[1,\alpha_\mathrm{s}(m_\mathrm{b})]-C_2^{(A)}[1,\alpha_\mathrm{s}(m_\mathrm{b})]}{C_1^{(A)}[1,\alpha_\mathrm{s}(m_\mathrm{c})]-C_2^{(A)}[1,\alpha_\mathrm{s}(m_\mathrm{c})]}\\&=\left[\frac{\alpha_\mathrm{s}(m_\mathrm{b})}{\alpha_\mathrm{s}(m_\mathrm{c})}\right]^{-6/25}\times\Big\{1+[\alpha_\mathrm{s}(m_\mathrm{b})-\alpha_\mathrm{s}(m_\mathrm{c})]\\&\qquad\times\left[-\frac{2}{3\pi}+\left(\frac{\gamma_{1O}}{2\beta_0}-\frac{\gamma_{0O}\beta_1}{2\beta_0^2}\right)\right]\Big\}\end{aligned}\tag{3.83}$$

要完成对于 B 和 D 衰变常数比值的预言，对 O_Γ,γ_{1O} 的反常量纲的双圈修正以及对 β 函数的双圈修正 β_1 是需要的，这可以在文献中找到。对 B 和 D 介子衰变常数之比的领头阶对数预言值是

$$\frac{f_B\sqrt{m_B}}{f_D\sqrt{m_D}}=\left[\frac{\alpha_\mathrm{s}(m_\mathrm{b})}{\alpha_\mathrm{s}(m_\mathrm{c})}\right]^{-6/25}\tag{3.84}$$

本节中在计算匹配条件时我们保留了 $1/\epsilon$ 的一些红外发散量，然后明确地证明在匹配系数中这些发散被抵消了。这个抵消对计算是否正确提供了一个有用的验证。如果我们愿意放弃这个验证，匹配条件可以很简单地计算出来。人们只要简单地计算在完整和有效理论中维数正规后的图的有限部分就可以计算匹配条件。$1/\epsilon$ 紫外发散被抵消项消除，而 $1/\epsilon$ 红外发散将在匹配条件中抵消，因而都不需要保留。我们也不需要计算有效理论中的任何费曼图，这是因为在有效理论中所有的在壳图都在维数正规化时消失。在式（3.69）和式（3.72）中我们明确地看到了这一点。原因是那些不包含量纲参数的图在维数正规化中消失。

由于 $m_{\mathrm{b}}/m_{\mathrm{c}}$ 不是很大，没有理由对 $m_{\mathrm{b}}/m_{\mathrm{c}}$ 的领头阶对数求和。如果我们要在 μ 标度下将 b 和 c 夸克同时匹配到 HQET，那么式（3.74）、式（3.76）和式（3.77）意味着

$$\frac{f_{\mathrm{B}}\sqrt{m_{\mathrm{B}}}}{f_{\mathrm{D}}\sqrt{m_{\mathrm{D}}}}=1+\frac{\alpha_{\mathrm{s}}(\mu)}{\pi}\ln\left(\frac{m_{\mathrm{b}}}{m_{\mathrm{c}}}\right) \tag{3.85}$$

式（3.85）也可以通过将式（3.84）展开到 α_{s} 阶导出。

3.4　重-重流

$\bar{\mathrm{B}}\to \mathrm{D}^{(*)}\mathrm{e}\bar{\nu}_{\mathrm{e}}$ 和 $\Lambda_{\mathrm{b}}\to\Lambda_{\mathrm{c}}\mathrm{e}\bar{\nu}_{\mathrm{e}}$ 的衰变率是由矢量流 $\bar{c}\gamma_\mu b$ 和轴矢量流 $\bar{c}\gamma_\mu\gamma_5 b$ 的矩阵元决定的。在完整 QCD 理论中的这些流匹配到 HQET 中的算符具有形式为

$$\begin{aligned}\bar{c}\gamma_\mu b=&\,C_1^{(V)}\left[\frac{m_{\mathrm{b}}}{\mu},\frac{m_{\mathrm{c}}}{\mu},\alpha_{\mathrm{s}}(\mu),w\right]\bar{c}_{v'}\gamma_\mu b_v\\&+C_2^{(V)}\left[\frac{m_{\mathrm{b}}}{\mu},\frac{m_{\mathrm{c}}}{\mu},\alpha_{\mathrm{s}}(\mu),w\right]\bar{c}_{v'}v_\mu b_v\\&+C_3^{(V)}\left[\frac{m_{\mathrm{b}}}{\mu},\frac{m_{\mathrm{c}}}{\mu},\alpha_{\mathrm{s}}(\mu),w\right]\bar{c}_{v'}v'_\mu b_v\end{aligned} \tag{3.86}$$

和

$$\begin{aligned}\bar{c}\gamma_\mu\gamma_5 b=&\,C_1^{(A)}\left[\frac{m_{\mathrm{b}}}{\mu},\frac{m_{\mathrm{c}}}{\mu},\alpha_{\mathrm{s}}(\mu),w\right]\bar{c}_{v'}\gamma_\mu\gamma_5 b_v\\&+C_2^{(A)}\left[\frac{m_{\mathrm{b}}}{\mu},\frac{m_{\mathrm{c}}}{\mu},\alpha_{\mathrm{s}}(\mu),w\right]\bar{c}_{v'}v_\mu\gamma_5 b_v\\&+C_3^{(A)}\left[\frac{m_{\mathrm{b}}}{\mu},\frac{m_{\mathrm{c}}}{\mu},\alpha_{\mathrm{s}}(\mu),w\right]\bar{c}_{v'}v'_\mu\gamma_5 b_v\end{aligned} \tag{3.87}$$

与左端一样，它的右端包含了所有相同量子数的维数为 3 的算符。高维算符引起一些被 $(\Lambda_{\mathrm{QCD}}/m_{\mathrm{c,b}})$ 的幂次压低的效应，我们在下一章再讨论它。在式（3.86）和式（3.87）的匹配条件中到 HQET 的转换是同时对两个夸克做的。通常，我们选择减除点，$\mu=\bar{m}=\sqrt{m_{\mathrm{b}}m_{\mathrm{c}}}$，它是介于底夸克和粲夸克质量之间的，以作为对 C_j 的初始值，然后它会按照 HQET 重整化方程跑动到更低的 μ 值。在 α_{s} 阶，匹配条件包含 $\alpha_{\mathrm{s}}(\bar{m})\ln(m_{\mathrm{b}}/m_{\mathrm{c}})$ 阶的项，但是由于这个对数不是很大，就没

必要把所有 $\alpha_s(\bar{m})^n \ln^n(m_c/m_b)$ 的项都加起来。在处的树图匹配给出

$$\begin{aligned}
C_1^{(V,A)}\left[\frac{m_b}{\bar{m}},\frac{m_c}{\bar{m}},\alpha_s(\bar{m}),w\right] &= 1+\mathcal{O}[\alpha_s(\bar{m})] \\
C_2^{(V,A)}\left[\frac{m_b}{\bar{m}},\frac{m_c}{\bar{m}},\alpha_s(\bar{m}),w\right] &= 0+\mathcal{O}[\alpha_s(\bar{m})] \\
C_3^{(V,A)}\left[\frac{m_b}{\bar{m}},\frac{m_c}{\bar{m}},\alpha_s(\bar{m}),w\right] &= 0+\mathcal{O}[\alpha_s(\bar{m})]
\end{aligned} \tag{3.88}$$

单圈诱导出的附加算符 $\bar{c}_{v'}v^\mu b_v$ 和 $\bar{c}_{v'}v'^\mu b_v$ 不会让我们丧失计算衰变率的预言能力。在 HQET 中具有 $\bar{c}_{v'}\Gamma b_v$（Γ 是在旋量空间的 4×4 矩阵）形式任意算符对 $\bar{B}\to D^{(*)}$ 有贡献的矩阵元都能用 Isgur-Wise 函数表示出来，这样新算符的矩阵元就可以与旧算符的矩阵元关联起来。这也是式（3.48）给出的重-轻矩阵元的情形。

在 α_s 阶 $C_j^{(V,A)}$ 的计算是直接的，但有些麻烦，这是因为这些系数不仅依赖于底和粲夸克的质量而且依赖 4 速度的标积 $w=v\cdot v'$。本章中我们要仔细计算在零反冲运动学点 $w=1$ 处的匹配条件。这儿匹配条件由于 $\bar{c}_v\gamma_5 b_v=0$ 和 $\bar{c}_v\gamma_\mu b_v=\bar{c}_v v_\mu b_v$ 而简单化了。因而，我们能把匹配条件写成

$$\begin{aligned}
\bar{c}\gamma_\mu b &= \eta_V \bar{c}_v\gamma_\mu b_v \\
\bar{c}\gamma_\mu\gamma_5 b &= \eta_A \bar{c}_v\gamma_\mu\gamma_5 b_v
\end{aligned} \tag{3.89}$$

正如重-轻的情形那样，系数 η_V 和 η_A 可以通过让这些流的完整 QCD 矩阵元与 HQET 中相应的矩阵元相等来决定。我们所选的是带有 4 动量 $p_b=m_b v$ 在壳 b 夸克态与带有 4 动量 $p_c=m_c v$ 在壳 c 夸克态之间的矩阵元。由于 $\bar{c}_v\gamma_\mu b_v$ 是与重夸克味相关联的守恒流，而 $\bar{c}_v\gamma_\mu\gamma_5 b_v$ 与这个流通过重夸克自旋对称性相关联，所以我们知道这些流的矩阵元。对强相互作用所有阶，

$$\langle c(v,s')|\bar{c}_v\Gamma b_v|b(v,s)\rangle=\bar{u}(v,s')\Gamma u(v,s) \tag{3.90}$$

其中，Γ 是旋量空间的任意矩阵（包括 γ_μ 或 $\gamma_\mu\gamma_5$），并且它的右端是用重夸克对称性绝对地归一化了。这个关系与减除点无关，因而 $\eta_{(V,A)}$ 是 μ 无关的：

$$\mu\frac{\mathrm{d}}{\mathrm{d}\mu}\eta_{(V,A)}=0 \tag{3.91}$$

匹配条件可以用前面一节末尾概述的程序计算，这样只有维数正规化图中的有限部分会被计算。在 QCD 中，矢量流矩阵元是

$$\begin{aligned}
&\langle c(p_c,s')|\bar{c}\gamma^\lambda b|b(p_b,s)\rangle \\
&=\bar{u}(p_c,s')\left\{1+\frac{1}{2}[R_1^{(c)}+R_1^{(b)}]\alpha_s(\mu)+V_1\alpha_s(\mu)\right\}\gamma^\lambda u(p_b,s)+\cdots
\end{aligned} \tag{3.92}$$

其中，$p_{\rm c}=m_{\rm c}v, p_{\rm b}=m_{\rm b}v$，“$\cdots$” 表示 $\alpha_{\rm s}$ 的高阶项。这里，$R_1^{(\rm Q)}$ 已经算过，那么还留下的任务只是计算 $\alpha_{\rm s}$ 阶的单粒子不可约顶角。这由图 1.4 中的费曼图给出。用费曼规范，图 1.4 给出

$$-\mathrm{i}g^2\mu^\varepsilon\left(\frac{4}{3}\right)\int\frac{\mathrm{d}^n q}{(2\pi)^n}\frac{\gamma_\alpha(\not q+\not p_{\rm c}+m_{\rm c})\gamma^\lambda(\not q+\not p_{\rm b}+m_{\rm b})\gamma^\alpha}{(q^2+2p_{\rm c}\cdot q)(q^2+2p_{\rm b}\cdot q)q^2} \tag{3.93}$$

粲夸克和底夸克具有同样的 4 速度，于是在最左边和最右边的因子 $\not p_{\rm c,b}$ 可以用 $m_{\rm c,b}$ 来替换。于是式 (3.93) 可以写为

$$\begin{aligned}&-\mathrm{i}g^2\mu^\varepsilon\left(\frac{4}{3}\right)\int\frac{\mathrm{d}^n}{(2\pi)^n}\frac{(2m_{\rm c}v_\alpha+\gamma_\alpha\not q)\gamma^\lambda(2m_{\rm b}v^\alpha+\not q\gamma^\alpha)}{(q^2+2q\cdot p_{\rm c})(q^2+2q\cdot p_{\rm b})q^2}\\&\quad=-\mathrm{i}g^2\mu^\varepsilon\left(\frac{4}{3}\right)\int\frac{\mathrm{d}^n q}{(2\pi)^n}\\&\quad\quad\times\left[\frac{4m_{\rm c}m_{\rm b}\gamma^\lambda+2m_{\rm c}\gamma^\lambda\not q+2m_{\rm b}\not q\gamma^\lambda+(2-n)\not q\gamma^\lambda\not q}{(q^2+2q\cdot p_{\rm c})(q^2+2q\cdot p_{\rm b})q^2}\right]\end{aligned} \tag{3.94}$$

我们可以很方便地先用费曼参数 x 将两个夸克传播子的分母组合起来，然后用 y 将结果与胶子传播子的分母规整组合起来。移动积分变量 $q\to q-y[m_{\rm c}x+m_{\rm b}(1-x)]v$ 并对 $\mathrm{d}^n q$ 积分，得到

$$\begin{aligned}&\frac{g^2}{12\pi^2}\gamma^\lambda(4\pi\mu^2)^{\epsilon/2}\int_0^1\mathrm{d}x\int_0^1 y\mathrm{d}y(m_x^2y^2)^{-\epsilon/2}\left\{\frac{1}{2}(2-\epsilon)^2\Gamma(\epsilon/2)\right.\\&\quad\left.-\Gamma(1+\epsilon/2)\left[\frac{4m_{\rm c}m_{\rm b}}{m_x^2y^2}-2\frac{m_{\rm c}+m_{\rm b}}{m_xy}-(2-\epsilon)\right]\right\}\end{aligned} \tag{3.95}$$

其中

$$m_x=m_{\rm c}x+m_{\rm b}(1-x)$$

对 y 求积分，对 ϵ 展开，并将 μ 重新标度到 $\overline{\rm MS}$ 方案就得到

$$\frac{g^2}{6\pi^2}\gamma^\lambda\int_0^1\mathrm{d}x\left[\left(1+\frac{2m_{\rm b}m_{\rm c}}{m_x^2}\right)\frac{1}{\epsilon}+\frac{m_{\rm b}+m_{\rm c}}{m_x}-\left(1+\frac{2m_{\rm b}m_{\rm c}}{m_x^2}\right)\ln\left(\frac{m_x}{\mu}\right)\right] \tag{3.96}$$

对 x 积分并保留有限部分，得到

$$V_1\alpha_{\rm s}=-\frac{g^2}{6\pi^2}\left[1+3\frac{m_{\rm b}\ln(m_{\rm c}/\mu)-m_{\rm c}\ln(m_{\rm b}/\mu)}{m_{\rm b}-m_{\rm c}}\right] \tag{3.97}$$

式（3.90）和式（3.92）意味着该匹配系数是

$$\eta_V=1+\alpha_{\rm s}(\mu)\left[\frac{R_1^{(\rm b)}}{2}+\frac{R_1^{(\rm c)}}{2}+V_1\right]+\cdots \tag{3.98}$$

其中，“$\cdots$”表示 α_s^2 阶和更高阶的项。利用式（3.97）和式（3.60）的有限部分，我们在 α_s 阶看到

$$\eta_V = 1 + \frac{\alpha_s(\mu)}{\pi}\left[-2 + \left(\frac{m_b + m_c}{m_b - m_c}\right)\ln\left(\frac{m_b}{m_c}\right)\right] \tag{3.99}$$

注意 $\alpha_s(\mu)$ 的系数是与 μ 无关的。这是式（3.91）的结果，它说明 η_V 是与减除点 μ 无关的。∂_s 的高阶项补偿了式（3.99）中 α_s 对 μ 的依赖性。通常在数值计算 $\eta_{(V,A)}$ 时，我们用 $\mu = \sqrt{m_b m_c} = \bar{m}$。

在 $m_b = m_c$ 的情况下，矢量流 $\bar{c}\gamma^\lambda b$ 在 QCD 中是守恒流，并且对 α_s 的所有阶，它的在壳矩阵元是 $\langle c(p_c, s')|\bar{c}\gamma^\lambda b|b(p_b, s)\rangle = \bar{u}(p_c, s')\gamma^\lambda u(p_b, s)$①。因而式（3.99）中 ∂_s 的系数在 $m_b = m_c$ 极限下消失。

轴矢量流的匹配条件几乎和矢量的情形一样。在计算单粒子不可约顶角时，式（3.94）要被下式代换:

$$\begin{aligned} &-\mathrm{i}g^2\mu^\varepsilon\left(\frac{4}{3}\right)\int\frac{\mathrm{d}^n q}{(2\pi)^n}\frac{1}{(q^2+2q\cdot p_c)(q^2+2q\cdot p_b)q^2} \\ &\quad\times[4m_c m_b\gamma^\lambda\gamma_5 + 2m_c\gamma^\lambda\gamma_5\not{q} + 2m_b\not{q}\gamma^\lambda\gamma_5 + (2-n)\not{q}\gamma^\lambda\not{q}\gamma_5] \end{aligned} \tag{3.100}$$

那时我们可以把分母组合起来并改变积分变量，就像计算 η_V 那样。η_V 和 η_A 间唯一的区别在于对 η_V，在移动积分变量时 $(2-n)\not{q}\gamma^\lambda\not{q}$ 产生 $(2-n)m_x^2y^2\gamma^\lambda$ 项，而对 η_A，$(2-n)\not{q}\gamma^\lambda\not{q}\gamma_5$ 产生 $-(2-n)m_x^2y^2\gamma^\lambda\gamma_5$。这样

$$\begin{aligned} \eta_A &= \eta_V + \mathrm{i}g^2\left(\frac{4}{3}\right)2(2-n)\int_0^1\mathrm{d}x\int_0^1 2y\mathrm{d}y\int\frac{\mathrm{d}^n q}{(2\pi)^n}\frac{m_x^2y^2}{(q^2-m_x^2y^2)^3} \\ &= \eta_V - \frac{2}{3\pi}\alpha_s(\mu) \\ &= 1 + \frac{\alpha_s(\mu)}{\pi}\left[-\frac{8}{3} + \frac{(m_b+m_c)}{(m_b-m_c)}\ln\left(\frac{m_b}{m_c}\right)\right] \end{aligned} \tag{3.101}$$

这里，$\eta_{(V,A)}$ 对 $B \to D^* e\bar{\nu}_e$ 在邻近 $w = v\cdot v' = 1$ 的微分衰变率是很重要的，也就是说 $\mathcal{F}_{D^*}(1) = \eta_A$ 和 $\mathcal{F}_D(1) = \eta_V$ 精确到 m_Q 幂次压低修正。

---

① 译者注：该式右边有一明显打印错误，现已纠正。

3.5　习　　题

1. 对于 B^0-$\bar{\mathrm{B}}^0$ 混合的有效哈密顿量正比于算符

$$(\bar{d}\gamma_\mu P_\mathrm{L} b)(\bar{d}\gamma^\mu P_\mathrm{L} b)$$

在变换到 HQET 后，它成为

$$O^{\Delta S=2} = (\bar{d}\gamma_\mu P_\mathrm{L} b_v)(\bar{d}\gamma^\mu P_\mathrm{L} b_v)$$

计算 $O^{\Delta S=2}$ 在单圈阶的反常量纲。

2. 对匹配系数 $C_j^{(V)}$ 和 $C_j^{(A)}$ 的解析表达式可以在 $w=1$ 邻域展开中找到。

(a) 证明：如果在共同的标度 $\mu = \bar{m} = \sqrt{m_\mathrm{c} m_\mathrm{b}}$ 下，c 和 b 夸克被匹配到 HQET 的场 $c_{v'}$ 和 b_v，那么 $C_j^{V,A}(w) = 1 + (\alpha_\mathrm{s}(\bar{m})/\pi)\delta C_j^{V,A}(w)$，其中

$$\delta C_1^{(V)}(1) = -\frac{4}{3} - \frac{1+z}{1-z}$$

$$\delta C_2^{(V)}(1) = -\frac{2(1-z+z\ln z)}{3(1-z)^2}$$

$$\delta C_3^{(V)}(1) = \frac{2z(1-z+\ln z)}{3(1-z)^2}$$

$$\delta C_1^{(A)}(1) = -\frac{8}{3} - \frac{1+z}{1-z}\ln z$$

$$\delta C_2^{(A)}(1) = -\frac{2[3-2z-z^2+(5-z)z\ln z]}{3(1-z)^3}$$

$$\delta C_3^{(A)}(1) = \frac{2z[1+2z-3z^2+(5z-1)\ln z]}{3(1-z)^3}$$

其中，$z = m_\mathrm{c}/m_\mathrm{b}$。

(b) 证明:

$$\delta C_1'^{(V)}(1) = -\frac{2[13-9z+9z^2-13z^3+3(2+3z+3z^2+2z^3)\ln z]}{27(1-z)^3}$$

$$\delta C_2'^{(V)}(1) = \frac{2(2+3z-6z^2+z^3+6z\ln z)}{9(1-z)^4}$$

$$\delta C_3'^{(V)}(1) = \frac{2z(1-6z+3z^2+2z^3-6z^2\ln z)}{9(1-z)^4}$$

$$\delta C_1^{\prime(A)}(1) = -\frac{2[7+9z-9z^2-7z^3+3(2+3z+3z^2+2z^3)\ln z]}{27(1-z)^3}$$

$$\delta C_2^{\prime(A)}(1) = \frac{2[2-33z+9z^2+25z^3-3z^4-6z(1+7z)\ln z]}{9(1-z)^5}$$

$$\delta C_3^{\prime(A)}(1) = -\frac{2z[3-25z-9z^2+33z^3-2z^4-6z^2(7+z)\ln z]}{9(1-z)^5}$$

其中，“′”表示对 w 的微商。

(c) 用 $m_{\mathrm{c}} = 1.4$ GeV 和 $m_{\mathrm{b}} = 4.8$ GeV，计算对在第 2 章中定义的形式因子 $R_1(1)$ 与 $R_2(1)$ 之比的微扰 QCD 修正。

3. 证明恒等式（3.6）。

4. 计算算符

$$O_1 = \bar{c}_{v'}\Gamma\mathrm{i}D_\mu b_v$$
$$O_2 = \bar{c}_{v'}\Gamma\mathrm{i}\overleftarrow{D}_\mu b_v$$
$$O_3 = \bar{c}_{v'}\Gamma\mathrm{i}(v'\cdot D)b_v v_\mu$$
$$O_4 = \bar{c}_{v'}\Gamma\mathrm{i}(v'\cdot D)b_v v'_\mu$$
$$O_5 = \bar{c}_{v'}\Gamma\mathrm{i}(v\cdot \overleftarrow{D})b_v v_\mu$$
$$O_6 = \bar{c}_{v'}\Gamma\mathrm{i}(v\cdot \overleftarrow{D})b_v v'_\mu$$

的重整化并利用它计算 $O_1 - O_6$ 的反常量纲矩阵。

5. 考虑 $\Lambda_{\mathrm{b}} \to \Lambda_{\mathrm{c}}\mathrm{e}\bar{\nu}_{\mathrm{e}}$ 衰变的形式因子之比 $r_f(w) = f_2(w)/f_1(x)$。展示当 $m_{\mathrm{b}} \to \infty$ 极限时，微扰 α_{s} 修正给出

$$r_f(w) = -\frac{2\alpha_{\mathrm{s}}(m_{\mathrm{c}})}{3\pi}r(w)$$

其中，$r(w)$ 是在式（3.33）中定义的。

3.6 参考文献

在 $m_{\mathrm{Q}} \to \infty$ 极限下，QCD 重整化 Z 因子和它们对于重夸克物理的应用，在下述文献中讨论：

Shifman M A, Voloshin M B. Sov. J. Nucl. Phys. 45, 1987: 292.

还请见：

Politzer H D, Wise M B. Phys. Lett. B206, 1988: 681, B208, 1988: 504.

QCD 和 HQET 的匹配在下文中被发展了：

Falk A F, Georgi H, Grinstein B, et al. Nucl. Phys. B343, 1990.

重夸克流的匹配在下文中讨论：

Falk A F, Grinstein B. Phys. Lett. B247, 1990: 406.

Neubert M. Phys. Rev. D46, 1992: 2212.

一些双圈匹配和反常量纲的工作请见：

Ji X, Musolf M J. Phys. Lett. B257, 1991: 409.

Broadhurst D J, Grozin A G. Phys. Lett. B267, 1991: 105, Phys. Rev. D52, 1995: 4082.

Kilian W, Manakos P, Mannel T. Phys. Rev. D48, 1993: 1321.

Neubert M. Phys. Lett. B341, 1995: 367.

Czarnecki A. Phys. Rev. Lett. 76, 1996: 4124.

Amoros G, Bencke M, Neubert M. Phys. Lett. B401, 1997: 81.

还请见：

Korchemsky G P, Radyushkin A V. Nucl. Phys. B283, 1987: 343. Phys. Lett. B279, 1992: 359.

在 $1/m_Q$ 阶重-轻流的微扰匹配在下文中被考虑：

Falk A F, Grinstein B. Phys. Lett. B247, 1990: 406.

Neubert M. Phys. Rev. D46, 1992: 1076.

微扰修正的非常好的评述请见：

Neubert M. Phys. Rep. 245, 1994: 259.

第 4 章　非微扰修正

重夸克的有效拉氏量要对 $\alpha_s(m_Q)$ 和 $1/m_Q$ 做幂次展开。我们已经在前面一章中讨论过 α_s 修正，在本章中要讨论 $1/m_Q$ 修正。用量纲分析，这些修正与 Λ_{QCD}/m_Q 成比例，必定要包含强子标度，从根本上说，是非微扰的。利用有效拉氏量，我们能在计算含有重夸克强子参与的过程时系统地包括非微扰修正。

4.1　$1/m_Q$ 展开

按照 2.6 节中给出的方法, 包含 $1/m_Q$ 修正的 HQET 拉氏量可以从 QCD 的拉氏量导出。将式（2.43）代入到 QCD 的拉氏量中得到:

$$\mathcal{L} = \bar{Q}_v(\mathrm{i}v\cdot D)Q_v - \bar{\mathfrak{Q}}_v(\mathrm{i}v\cdot D + 2m_Q)\mathfrak{Q}_v + \bar{Q}_v\mathrm{i}\not{D}\mathfrak{Q}_v + \bar{\mathfrak{Q}}_v\mathrm{i}\not{D}Q_v \tag{4.1}$$

其中，我们用了 $\not{v}Q_v = Q_v$ 和 $\not{v}\mathfrak{Q}_v = -\mathfrak{Q}_v$。将四矢量投影到与速度 v 的平行和垂直方向是很方便的方法。任意的四矢量 X 的垂直分量定义如下:

$$X_\perp^\mu \equiv X^\mu - X\cdot v v^\mu \tag{4.2}$$

由于 $\bar{Q}_v\not{v}\mathfrak{Q}_v = 0$, 在式 (4.1) 中的 $\mathrm{i}\not{D}$ 因子可以用 $\mathrm{i}\not{D}_\perp$ 代换。

场 $\mathfrak{Q}_v$ 对应质量为 $2m_Q$ 的激发态，这是产生重夸克-反夸克所需要的能量。对于可以证明 HQET 适用的物理情况，$\mathfrak{Q}_v$ 可以被积分掉。这可以在树图阶通过解 $\mathfrak{Q}_v$ 的运动方程来实现,

$$(\mathrm{i}v\cdot D + 2m_Q)\mathfrak{Q}_v = \mathrm{i}\not{D}_\perp Q_v \tag{4.3}$$

并且把解代回到式 (4.1) 的拉氏函数中去, 得到

$$
\begin{aligned}
\mathcal{L} &= \bar{Q}_v\Big(\mathrm{i}v\cdot D+\mathrm{i}\not{D}_\perp\frac{1}{2m_{\mathrm{Q}}+\mathrm{i}v\cdot D}\mathrm{i}\not{D}_\perp\Big)Q_v \\
&= \bar{Q}_v\Big(\mathrm{i}v\cdot D-\frac{1}{2m_{\mathrm{Q}}}\not{D}_\perp\not{D}_\perp\Big)Q_v+\cdots
\end{aligned}
\tag{4.4}
$$

其中, “$\cdots$” 表示 $1/m_{\mathrm{Q}}$ 展开中的高阶项。我们可以很方便地将此被 $1/m_{\mathrm{Q}}$ 压低的项表示为两项之和, 一项破坏了重夸克自旋对称性, 另一项不破坏。特别是

$$
\not{D}_\perp\not{D}_\perp=\gamma_\mu\gamma_\nu \mathrm{D}_\perp^\mu \mathrm{D}_\perp^\nu = D_\perp^2+\frac{1}{2}[\gamma_\mu,\gamma_\nu]D_\perp^\mu D_\perp^\nu \tag{4.5}
$$

利用恒等式 $[D^\mu,D^\nu]=\mathrm{i}gG^{\mu\nu}$ 和定义 $\sigma_{\mu\nu}=\mathrm{i}[\gamma_\mu,\gamma_\nu]/2$, 该式变成

$$
\not{D}_\perp\not{D}_\perp=D_\perp^2+\frac{g}{2}\sigma_{\mu\nu}G^{\mu\nu} \tag{4.6}
$$

并不需要在 $\sigma_{\mu\nu}$ 项的 μ 和 ν 指标上添加标号 $\perp$，这是因为 $\bar{Q}_v\sigma_{\mu\nu}v^\mu Q_v=0$。将式（4.6）代入到式（4.4），得到

$$
\mathcal{L}=\mathcal{L}_0+\mathcal{L}_1+\cdots \tag{4.7}
$$

其中，$\mathcal{L}_0$ 是拉氏函数式（2.45）的最低阶, 并且

$$
\mathcal{L}_1=-\bar{Q}_v\frac{D_\perp^2}{2m_{\mathrm{Q}}}Q_v-g\bar{Q}_v\frac{\sigma_{\mu\nu}G^{\mu\nu}}{4m_{\mathrm{Q}}}Q_v \tag{4.8}
$$

在非相对论的组分夸克模型中，$\bar{Q}_v(D_\perp^2/2m_{\mathrm{Q}})Q_v$ 项是重夸克动能 $\boldsymbol{p}_{\mathrm{Q}}^2/2m_{\mathrm{Q}}$。由于它明显依赖于 m_{Q}, 因此破坏了重夸克的味对称性, 但是它不破坏重夸克的自旋对称性。磁矩作用项 $-\mathrm{i}g\bar{Q}_v(\sigma_{\mu\nu}G^{\mu\nu}/4m_{\mathrm{Q}})Q_v$ 既破坏重夸克味对称性，又破坏重夸克自旋对称性。

式（4.8）是在树图上导出的。包含了圈图修正使拉氏函数变为

$$
\mathcal{L}_1=-\bar{Q}_v\frac{D_\perp^2}{2m_{\mathrm{Q}}}Q_v-a(\mu)g\bar{Q}_v\frac{\sigma_{\mu\nu}G^{\mu\nu}}{4m_{\mathrm{Q}}}Q_v \tag{4.9}
$$

式 (4.8) 的树图匹配计算意味着

$$
a(m_{\mathrm{Q}})=1+\mathcal{O}[\alpha_{\mathrm{s}}(m_{\mathrm{Q}})] \tag{4.10}
$$

磁矩算符的 μ 依赖性被 $a(\mu)$ 的 μ 依赖性抵消了。在领头阶对数近似下,

$$
a(\mu)=\left[\frac{\alpha_{\mathrm{s}}(m_{\mathrm{Q}})}{\alpha_{\mathrm{s}}(\mu)}\right]^{9/(33-2N_{\mathrm{q}})} \tag{4.11}
$$

其中, N_{q} 是轻夸克味的数目。圈图效应不改变重夸克动能项的系数。下节中, 我们证明这是有效拉氏量重参数化不变性的结果。

4.2 重参数化不变性

重夸克动量 p_{Q} 可以写成

$$P_{\mathrm{Q}}=m_{\mathrm{Q}}v+k \tag{4.12}$$

其中，v 是重夸克四速度，k 是残留动量。P_{Q} 到 v 和 k 的分解不是唯一的。典型地，k 是在 Λ_{QCD} 的量级，远远小于 m_{Q}。四速度在 $\Lambda_{\mathrm{QCD}}/m_{\mathrm{Q}}$ 量级上的小的改变能被残留动量的改变所补偿：

$$\begin{aligned} v &\to v+\varepsilon/m_{\mathrm{Q}} \\ k &\to k-\varepsilon \end{aligned} \tag{4.13}$$

由于四速度满足 $v^2=1$, 参数 ε 必须满足

$$v\cdot\varepsilon=0 \tag{4.14}$$

这里，我们忽略了 $(\varepsilon/m_{\mathrm{Q}})^2$ 项。除了式（4.13）中 v 和 k 的改变之外，重夸克旋量 Q_v 也必须做相应改变以保证 $\not{v}Q_v=Q_v$ 的限制不变。因此，如果

$$Q_v\to Q_v+\delta Q_v \tag{4.15}$$

δQ_v 满足

$$\left(\not{v}+\frac{\not{\varepsilon}}{m_{\mathrm{Q}}}\right)(Q_v+\delta Q_v)=Q_v+\delta Q_v \tag{4.16}$$

在 $\varepsilon/m_{\mathrm{Q}}$ 的线性阶，有

$$(1-\not{v})\delta Q_v=\frac{\not{\varepsilon}}{m_{\mathrm{Q}}}Q_v \tag{4.17}$$

因此对 Q_v 改变的一个恰当的选择是

$$\delta Q_v=\frac{\not{\varepsilon}}{2m_{\mathrm{Q}}}Q_v \tag{4.18}$$

因为 $v\cdot\varepsilon=0$，它满足 $\not{v}\delta Q_v=-\delta Q_v$，这使得式（4.17）成立。式（4.17）的解不是唯一的，我们选择那个能保证 $\mathrm{i}v\cdot D$ 项重整的解。其他的选择和上述的选择是等价的，只要通过一个简单对场的重新定义即可。

综上所述，式（4.7）中的拉氏密度在组合变换

$$\begin{aligned} &v \to v+\varepsilon/m_{\mathrm{Q}} \\ &Q_v \to \mathrm{e}^{\mathrm{i}\varepsilon\cdot x}\left(1+\frac{\not{\varepsilon}}{2m_{\mathrm{Q}}}\right)Q_v \end{aligned} \tag{4.19}$$

下是不变的，其中括号前的因子 $\mathrm{e}^{\mathrm{i}\varepsilon\cdot x}$ 使残留动量产生移动 $k\to k-\varepsilon$。在式（4.19）给出的变换下，

$$\begin{aligned} &\mathcal{L}_0 \to \mathcal{L}_0+\frac{1}{m_{\mathrm{Q}}}\bar{Q}_v(\mathrm{i}\varepsilon\cdot D)Q_v \\ &\mathcal{L}_1 \to \mathcal{L}_1-\frac{1}{m_{\mathrm{Q}}}\bar{Q}_v(\mathrm{i}\varepsilon\cdot D)Q_v \end{aligned} \tag{4.20}$$

因此拉氏量 $\mathcal{L}_0+\mathcal{L}_1$ 是重参数化不变的。但如果动能的系数偏离 1 的话，就不是这么回事了。只要整个理论是以某种形式正规化以保证重参数不变，动能算符的系数就不会受到任何修正。根据本节中关于在 n 维所做的讨论，维数正规化就是这样的规整子。

重参数化不变性的一个重要特性是由于式（4.19）中的变换明显包含了 m_{Q}，重参数化不变性将 $1/m_{\mathrm{Q}}$ 展开中的不同阶联系起来。这样，我们可以利用从 $1/m_{\mathrm{Q}}$ 的较低阶得到的信息来确定一些 $1/m_{\mathrm{Q}}$ 修正的形式，就像我们对动能项所做的那样。

4.3　质　　量

重夸克对称性可以用来得到强子质量间的关系。根据式（2.43）中对场的重新定义，重夸克质量 m_{Q} 已经从总能量中减除掉了，故在有效理论中强子质量是 $m_{\mathrm{H}}-m_{\mathrm{Q}}$。在 m_{Q} 阶，所有包含 Q 的重强子都是简并的，具有相同的质量 m_{Q}。在单位阶[①]，强子质量得到贡献

$$\frac{1}{2}\langle H^{(\mathrm{Q})}|\mathcal{H}_0|H^{(\mathrm{Q})}\rangle \equiv \bar{\Lambda} \tag{4.21}$$

其中，$\mathcal{H}_0$ 是在 HQET 中从拉氏量中的项 $\bar{Q}_v(\mathrm{i}v\cdot D)Q_v$，以及那些包含轻夸克和胶子的项，而得到的哈密顿量的 $1/m_{\mathrm{Q}}^0$ 阶项。在本节中，强子态 $|H^{(\mathrm{Q})}\rangle$ 存在

① 译者注：零阶。

于 $v=v_r=(1,0)$ 的有效理论中。因子 1/2 来源于 2.7 节中引入的归一化。这里，$\bar{\Lambda}$ 是 HQET 的一个参数，它对在一个自旋-味多重态中的所有粒子具有同样的数值。这个值对 B,B*,D 和 D* 用 $\bar{\Lambda}$ 表示，而对 $\Lambda_{\rm b}$ 和 $\Lambda_{\rm c}$，用 $\bar{\Lambda}_\Lambda$ 表示；对 $\Sigma_{\rm b},\Sigma_{\rm b}^*,\Sigma_{\rm c}$ 和 $\Sigma_{\rm c}^*$ 用 $\bar{\Lambda}_\Sigma$ 来表示。在 SU（3）极限下，$\bar{\Lambda}$ 不依赖轻夸克味。但如果考虑 SU（3）破缺，对 $\rm B_{u,d}$ 以及 $\rm B_s$ 介子 $\bar{\Lambda}$ 是不同的，将分别用 $\bar{\Lambda}_{\rm u,d}$ 和 $\bar{\Lambda}_{\rm s}$ 来表示。

在 $1/m_{\rm Q}$ 阶对强子质量存在一个附加的贡献，它来源于对哈密顿量的 $1/m_{\rm Q}$ 修正的期望值：

$$\mathcal{H}_1=-\mathcal{L}_1=\bar{Q}_v\frac{D_\perp^2}{2m_{\rm Q}}Q_v+a(\mu)g\bar{Q}_v\frac{\sigma_{\alpha\beta}G^{\alpha\beta}}{4m_{\rm Q}}Q_v \tag{4.22}$$

式（4.22）中两项的矩阵元定义了两个非微扰参数 λ_1 和 λ_2：

$$\begin{aligned}&2\lambda_1=-\langle H^{(\rm Q)}|\bar{Q}_{v_r}D_\perp^2Q_{v_r}|H^{(\rm Q)}\rangle\\&16(\boldsymbol{S}_Q\cdot\boldsymbol{S}_l)\lambda_2(m_{\rm Q})=a(\mu)\langle H^{(\rm Q)}|\bar{Q}_{v_r}g\sigma_{\alpha\beta}G^{\alpha\beta}Q_{v_r}|H^{(\rm Q)}\rangle\end{aligned} \tag{4.23}$$

其中，λ_1 与 $m_{\rm Q}$ 无关，λ_2 通过式（4.11）中 $a(\mu)$ 的 $m_{\rm Q}$ 对数依赖性与 $m_{\rm Q}$ 相关；对给定的自旋 -味多重态中的所有态 $\lambda_{1,2}$ 都有相同的值，并且可以预期它们是在 $\Lambda_{\rm QCD}^2$ 量级。重夸克动能是正的这种很自然的预期就确定 λ_1 应该是负的。由于 $\bar{Q}_{v_r}\sigma_{\alpha\beta}G^{\alpha\beta}Q_{v_r}$ 的变换特性，λ_2 矩阵元就像自旋对称性下的 $\boldsymbol{S}_Q\cdot\boldsymbol{S}_l$ 那样变换。因为 $\gamma^0Q_{v_r}=Q_{v_r}$，故只有 Q_{v_r} 的上面两个分量不为零，并且 $\bar{Q}_{v_r}\sigma_{\alpha\beta}G^{\alpha\beta}Q_{v_r}$ 退化成 $\bar{Q}_{v_r}\boldsymbol{\sigma}\cdot\boldsymbol{B}Q_{v_r}$，其中，$\boldsymbol{B}$ 是色磁场。算符 $\bar{Q}_{v_r}\boldsymbol{\sigma}Q_{v_r}$ 是重夸克自旋，$\boldsymbol{B}$ 在强子内的矩阵元一定正比于轻自由度的自旋，根据旋转对称性和时间反演不变性，使得色磁算符贡献就正比于 $\boldsymbol{S}_Q\cdot\boldsymbol{S}_l$。利用 $\boldsymbol{S}_Q\cdot\boldsymbol{S}_l=(\boldsymbol{J}^2-\boldsymbol{S}_Q^2-\boldsymbol{S}_l^2)/2$，我们得到

$$\begin{aligned}m_{\rm B}&=m_{\rm b}+\bar{\Lambda}-\frac{\lambda_1}{2m_{\rm b}}-\frac{3\lambda_2(m_{\rm b})}{2m_{\rm b}}\\m_{\rm B^*}&=m_{\rm b}+\bar{\Lambda}-\frac{\lambda_1}{2m_{\rm b}}+\frac{\lambda_2(m_{\rm b})}{2m_{\rm b}}\\m_{\Lambda_{\rm b}}&=m_{\rm b}+\bar{\Lambda}_\Lambda-\frac{\lambda_{\Lambda,1}}{2m_{\rm b}}\\m_{\Sigma_b}&=m_{\rm b}+\bar{\Lambda}_\Sigma-\frac{\lambda_{\Sigma,1}}{2m_{\rm b}}-\frac{2\lambda_{\Sigma,2}(m_{\rm b})}{m_{\rm b}}\\m_{\Sigma_b^*}&=m_{\rm b}+\bar{\Lambda}_\Sigma-\frac{\lambda_{\Sigma,1}}{2m_{\rm b}}+\frac{\lambda_{\Sigma,2}(m_{\rm b})}{m_{\rm b}}\\m_{\rm D}&=m_{\rm c}+\bar{\Lambda}-\frac{\lambda_1}{2m_{\rm c}}-\frac{3\lambda_2(m_{\rm c})}{2m_{\rm c}}\\m_{\rm D^*}&=m_{\rm c}+\bar{\Lambda}-\frac{\lambda_1}{2m_{\rm c}}+\frac{\lambda_2(m_{\rm c})}{2m_{\rm c}}\end{aligned} \tag{4.24}$$

$$m_{\Lambda_c} = m_c + \bar{\Lambda}_\Lambda - \frac{\lambda_{\Lambda,1}}{2m_c}$$
$$m_{\Sigma_c} = m_c + \bar{\Lambda}_\Sigma - \frac{\lambda_{\Sigma,1}}{2m_c} - \frac{2\lambda_{\Sigma,2}(m_c)}{m_c}$$
$$m_{\Sigma_c^*} = m_c + \bar{\Lambda}_\Sigma - \frac{\lambda_{\Sigma,1}}{2m_c} + \frac{\lambda_{\Sigma,2}(m_c)}{m_c}$$

重夸克自旋对称性多重态的平均质量，也就是对介子多重态的平均质量 $(3m_{P*} + m_P)/4$，不依赖 λ_2。磁作用 λ_2 决定 B^*-B 和 D^*-D 的劈裂。观测到的 B^*-B 质量差的数值给出 $\lambda_2(m_b) \approx 0.12\ \text{GeV}^2$。

式（4.24）给出介子质量间的关系

$$0.49\ \text{GeV}^2 \approx m_{B^*}^2 - m_B^2 \approx 4\lambda_2 \approx m_{D*}^2 - m_D^2 \approx 0.55\ \text{GeV}^2 \tag{4.25}$$

到 $1/m_{b,c}$ 阶修正，并忽略了 m_Q 对 λ_2 的弱依赖性。类似地，我们看到

$$\begin{aligned} 90 \pm 3\ \text{MeV} &= m_{B_s} - m_{B_d} = \bar{\Lambda}_s - \bar{\Lambda}_{u,d} = m_{D_s} - m_{D_d} = 99 \pm 1\ \text{MeV} \\ 345 \pm 9\ \text{MeV} &= m_{B_{\Lambda_b}} - m_B = \bar{\Lambda}_\Lambda - \bar{\Lambda}_{u,d} = m_{\Lambda_c} - m_D = 416 \pm 1\ \text{MeV} \end{aligned} \tag{4.26}$$

参数 λ_1 和 λ_2 都是 QCD 的非微扰参数，还没有从第一原理计算过。利用基于 $\bar{\Lambda}$，λ_1 和 λ_2 得到的强子质量式（4.24），可以获得不太多的知识。但是，同样的强子矩阵元也出现在其他物理量中，诸如形式因子和衰变率。那时，我们就可以不做任何模型相关的假设，仅用拟合强子质量获得的 $\bar{\Lambda}$，λ_1 和 λ_2 的值来计算形式因子和衰变率。这方面的一个例子在习题 2.12 中给出。

4.4　$\Lambda_b \to \Lambda_c e\bar{\nu}_e$ 衰变

HQET 对 $\Lambda_b \to \Lambda_c$ 形式因子的预言早先在 2.11 节中讨论过。让我们回顾一下，最一般的形式因子是

$$\begin{aligned} \langle \Lambda_c(p',s')|\bar{c}\gamma^\nu b|\Lambda_b(p,s)\rangle &= \bar{u}(p',s')[f_1\gamma^\nu + f_2 v^\nu + f_3 v'^\nu]u(p,s) \\ \langle \Lambda_c(p',s')|\bar{c}\gamma^\nu\gamma_5 b|\Lambda_b(p,s)\rangle &= \bar{u}(p',s')[g_1\gamma^\nu + g_2 v^\nu + g_3 v'^\nu]\gamma_5 u(p,s) \end{aligned} \tag{4.27}$$

其中，$p' = m_{\Lambda_c} v'$ 和 $p = m_{\Lambda_b} v$。在 HQET 分析中可以很方便地将形状因子 f_j 和 g_j 考虑成无量纲变量 $w = v \cdot v'$ 的函数。重夸克对称性意味

$$\langle \Lambda_c(v',s')|\bar{c}_{v'}\Gamma b_v|\Lambda_b(v,s)\rangle = \zeta(w)\bar{u}(v',s')\Gamma u(v,s) \tag{4.28}$$

其中，$\zeta(1)=1$。这样，几个形式因子是

$$f_1=g_1=\xi(w),\quad f_2=f_3=g_2=g_3=0 \tag{4.29}$$

在 3.4 节中我们计算了对重夸克流匹配的微扰 QCD 修正。对于矢量流，具有 $v^\mu\bar{c}_v,b_v$ 和 $v'^\mu\bar{c}_v,b_v$ 形式的新算符被诱导出来，它们的系数是可算的。这些附加项并不代表预言能力的任何丧失，这是因为式（4.28）就用同样的 Isgur-Wise 函数给出了这些新算符的矩阵元。

本节中我们考虑被 $\Lambda_{\mathrm{QCD}}/m_{\mathrm{b,c}}$ 压低的非微扰修正。这些修正有两个来源。在具有重夸克流的拉氏量中存在 $1/m_{\mathrm{Q}}$ 的编时乘积项。这些项可以看作在 $1/m_{\mathrm{Q}}$ 阶修正 HQET 的强子态，或者等价地，也可以看作对流产生一个 $1/m_{\mathrm{Q}}$ 的修正，但保持态不变。例如，对拉式函数的色磁修正给出对 $\bar{c}_{v'}\Gamma b_v$ 流的修正为

$$-\mathrm{i}\frac{a(\mu)}{2}\int \mathrm{d}^4xT\left(g\bar{c}_{v'}\frac{\sigma^{\mu\nu}G_{\mu\nu}}{2m_{\mathrm{c}}}c_{v'}\Big|_x\bar{c}_{v'}\Gamma b_v\Big|_0\right) \tag{4.30}$$

自旋对称性意味着对于 $\Lambda_{\mathrm{b}}\to\Lambda_{\mathrm{c}}$ 在 HQET 中的矩阵元，上述夸克-胶子算符等价于强子算符

$$\bar{\Lambda}^{(\mathrm{c})}(v',s')\sigma_{\mu\nu}\frac{(1+\not{v}')}{2}\Gamma\Lambda^{(\mathrm{b})}(v,s)\frac{X^{\mu\nu}}{m_{\mathrm{c}}} \tag{4.31}$$

其中，$X_{\mu\nu}$ 依赖于 v 和 v'，并且对指标 μ 和 ν 是反对称的。$\sigma_{\mu\nu}$ 矩阵必须紧挨着 $\bar{\Lambda}^{(\mathrm{c})}(v',s')$，而矩阵 Γ 要紧挨着 $\Lambda^{(\mathrm{b})}(v,s)$，这是因为在式（4.30）中这些矩阵紧挨着 $\bar{c}_{v'}$ 和 b_v。投影算符 $(1+\not{v}')/2$ 的出现是由于在式（4.31）中 $\sigma_{\mu\nu}$ 和 Γ 要分别右乘和左乘以 $c_{v'}$ 和 $\bar{c}_{v'}$。唯一可能的 X 是 $X_{\mu\nu}\propto v_\mu v'_\nu-v_\nu v'_\mu$，比例常数是 w 的函数。根据 $X_{\mu\nu}$ 的形式，并且由于 $(1+\not{v}')\sigma^{\mu\nu}(1+\not{v}')v'_\mu=0$，式（4.31）为零。这样，对拉式函数中粲夸克部分的 $1/m_{\mathrm{c}}$ 阶色磁修正对 $\Lambda_{\mathrm{b}}\to\Lambda_{\mathrm{c}}\mathrm{e}\bar{\nu}_{\mathrm{e}}$ 的形式因子没有影响。显然，同样的结论对于拉式函数中底夸克部分的 $1/m_{\mathrm{b}}$ 阶色磁修正也成立。

底和粲夸克的动能不破坏重夸克自旋对称性，因而它们保持了 $f_2=f_3=g_2=g_3=0$，并且可以被吸收到对 Isgur-Wise 函数 $\zeta(w)$ 的重新定义中去。重要的是要知道这个对 ζ 的修正是否保持了归一化条件，在零反冲时 $\zeta(1)=1$。根据相似于证明 Ademollo-Gatto 定理时做的论证，我们可以证明归一化被保持下来。在拉氏密度的 $1/m_{\mathrm{Q}}$ 动能项将 HQET 中的 $|\Lambda_{\mathrm{Q}}(v,s)\rangle$ 态改变为 $|\Lambda_{\mathrm{Q}}(v,s)\rangle+(\varepsilon/m_{\mathrm{Q}})|S_{\mathrm{Q}}(v,s)\rangle+\cdots$，其中，$|S_{\mathrm{Q}}(v,s)\rangle$ 是一个和 $|\Lambda_{\mathrm{Q}}(v,s)\rangle$ 正交的态，ε 具有 Λ_{QCD} 的量级，“$\cdots$”代表被更高阶 $1/m_{\mathrm{Q}}$ 压低的项。在零反冲点，$\bar{c}_v\Gamma b_v$ 是重夸克自旋-味对称性的荷，因而它将 $|\Lambda_{\mathrm{b}}(v,s)\rangle$ 带到 $|\Lambda_{\mathrm{c}}(v,s)\rangle$ 态，它是和 $|S_{\mathrm{c}}(v,s)\rangle$ 正交的。于是，在 $1/m_{\mathrm{Q}}$ 阶重夸克动能保证了式（4.29），并且不

改变零反冲时 ζ 的归一化。等价地，我们可以利用类似关于色磁算符所做的分析。编时乘积

$$-\mathrm{i}\int \mathrm{d}^4 x T\Big(g\bar{c}_{v'}\frac{D_\perp^2}{2m_\mathrm{c}}c_{v'}\Big|_x \bar{c}_{v'}\varGamma b_v\Big|_0\Big) \tag{4.32}$$

等价于强子算符

$$\bar{\varLambda}^{(\mathrm{c})}(v',s')\frac{(1+\not{v}')}{2}\varGamma\varLambda^{(\mathrm{b})}(v,s)\frac{\chi_1}{m_\mathrm{c}} \tag{4.33}$$

其中，χ_1 是 w 的一个任意函数。类似的，b 夸克动能给出修正项

$$\bar{\varLambda}^{(\mathrm{c})}(v',s')\varGamma\frac{(1+\not{v}')}{2}\varLambda^{(\mathrm{b})}(v,s)\frac{\chi_1}{m_\mathrm{b}} \tag{4.34}$$

这两个 χ_1 是一样的（见本章习题 4），这是因为我们可以通过交换 $v\leftrightarrow v'$ 和 $\mathrm{c}\leftrightarrow\mathrm{b}$ 将两个可能的编时乘积矩阵元的形式关联起来。式（4.33）和式（4.34）对形式因子给出下面的修正项：

$$\begin{aligned}\delta f_1 &= \chi_1\Big(\frac{1}{m_\mathrm{c}}+\frac{1}{m_\mathrm{b}}\Big)\\ \delta g_1 &= \chi_1\Big(\frac{1}{m_\mathrm{c}}+\frac{1}{m_\mathrm{b}}\Big)\\ \delta f_2 &= \delta f_3 = \delta g_2 = \delta g_3 = 0\end{aligned} \tag{4.35}$$

这对应着重新定义 Isgur-Wise 函数：

$$\zeta(w)\to\zeta(w)+\chi_1(w)\Big(\frac{1}{m_\mathrm{c}}+\frac{1}{m_\mathrm{b}}\Big) \tag{4.36}$$

在零反冲时，对于 $m_\mathrm{b}=m_\mathrm{c}$，矢量流矩阵元是归一化的，这是由于它是完整 QCD 理论的对称生成元（generator）。由于 $\zeta(1)=1$，这意味着 $\chi_1(1)=0$。它的后果是，χ_1 的效应可以被重吸收到式（4.36）内对 ζ 的重新定义中，这不会影响在零反冲时的归一化。

除了加到拉式密度中的 $1/m_Q$ 修正，还有修正完整 QCD 和 HQET 的流之间关系的 $1/m_Q$ 阶项。这些项是由于我们在 QCD 和 HQET 中夸克场关系中包括了 $1/m_Q$ 修正。在树图层次，

$$Q=\mathrm{e}^{-\mathrm{i}m_Q v\cdot x}\Big(1+\mathrm{i}\frac{\not{D}}{2m_Q}\Big)Q_v \tag{4.37}$$

其中，我们用了式（2.43）中的关系和式（4.3）中对 $\mathfrak{Q}_v$ 的解。我们还是可以同样地把脚标“⊥”加到协变微商上。对式（4.37）来说，这两个形式是等价的，

这是由于运动方程 $(v\cdot D)Q_v=0$，它们之差消失。利用式（4.37），得到精确到 $1/m_{\mathrm{Q}}$ 阶时 QCD 流和 HQET 算符间关系为

$$
\begin{aligned}
\bar{c}\gamma^\nu b &= \bar{c}_{v'}\left(\gamma^\nu - \frac{\mathrm{i}\overleftarrow{D}_\mu}{2m_{\mathrm{c}}}\gamma^\mu\gamma^\nu + \gamma^\nu\gamma^\mu\frac{\mathrm{i}D_\mu}{2m_{\mathrm{b}}}\right)b_v \\
\bar{c}\gamma^\nu\gamma_5 b &= \bar{c}_{v'}\left(\gamma^\nu\gamma_5 - \frac{\mathrm{i}\overleftarrow{D}_\mu}{2m_{\mathrm{c}}}\gamma^\mu\gamma^\nu\gamma_5 + \gamma^\nu\gamma_5\gamma^\mu\frac{\mathrm{i}D_\mu}{2m_{\mathrm{b}}}\right)b_v
\end{aligned}
\tag{4.38}
$$

重夸克自旋对称性意味着，对于 HQET 中 $\Lambda_b\to\Lambda_{\mathrm{c}}$ 矩阵元我们可以用

$$
\bar{c}_{v'}\mathrm{i}\overleftarrow{D}_\mu\Gamma b_v = \bar{\Lambda}^{(\mathrm{c})}(v',s')\Gamma\Lambda^{(\mathrm{b})}(v,s)[Av_\mu + Bv'_\mu] \tag{4.39}
$$

其中，A 和 B 是 w 的函数。运动方程 $(\mathrm{i}v'\cdot D)c_{v'}=0$ 意味着用 v'^μ 收缩上式结果为零，于是我们有

$$
B=-Aw \tag{4.40}
$$

函数 A 可以用 $\bar{\Lambda}_\Lambda$ 和 Isgur-Wise 函数 ζ 表示出来。要证明这一点，需注意到

$$
\begin{aligned}
&\langle\Lambda_{\mathrm{c}}(v',s')|\mathrm{i}\partial_\mu(\bar{c}_{v'}\Gamma b_v)|\Lambda_{\mathrm{b}}(v,s)\rangle \\
&=[(m_{\Lambda_{\mathrm{b}}}-m_{\mathrm{b}})v_\mu-(m_{\Lambda_{\mathrm{c}}}-m_{\mathrm{c}})v'_\mu]\langle\Lambda_{\mathrm{c}}(v',s')|\bar{c}_{v'}\Gamma b_v|\Lambda_{\mathrm{b}}(v,s)\rangle \\
&=\bar{\Lambda}_\Lambda(v-v')_\mu\zeta\bar{u}(v',s')\Gamma u(v,s)
\end{aligned}
\tag{4.41}
$$

因此，HQET 中对 $\Lambda_{\mathrm{b}}\to\Lambda_{\mathrm{c}}$ 的矩阵元

$$
\begin{aligned}
\mathrm{i}\partial_\mu(\bar{c}_{v'}\Gamma b_v) &= \bar{c}_{v'}\mathrm{i}\overleftarrow{D}_\mu\Gamma b_v + \bar{c}_{v'}\Gamma\mathrm{i}D_\mu b_v \\
&= \bar{\Lambda}_\Lambda(v-v')_\mu\xi\bar{\Lambda}^{(\mathrm{c})}(v',s')\Gamma\Lambda^{(\mathrm{b})}(v,s)
\end{aligned}
\tag{4.42}
$$

用 v'^μ 收缩此式，并且用运动方程 $(\mathrm{i}v^\mu D_\mu)b_v=0$, 则预示了

$$
A(1-w^2)=\bar{\Lambda}_\Lambda\xi(1-w) \tag{4.43}
$$

并给出

$$
A=\frac{\bar{\Lambda}_\Lambda\zeta(w)}{1+w} \tag{4.44}
$$

概括地讲，将所有项放在一起得到

$$
\bar{c}_{v'}\mathrm{i}\overleftarrow{D}_\mu\Gamma b_v = \frac{\bar{\Lambda}_\Lambda\zeta}{1+w}\bar{\Lambda}^{(\mathrm{c})}(v',s')\Gamma\Lambda^{(\mathrm{b})}(v,s)(v_\mu - wv'_\mu) \tag{4.45}
$$

对于那些对底夸克微商的算符，我们用

$$
\begin{aligned}
\bar{c}_{v'}\Gamma\mathrm{i}D_\mu b_v &= -(\bar{b}_v\mathrm{i}\overleftarrow{D}_\mu\bar{\Gamma}c_{v'})^\dagger \\
&= -\frac{\bar{\Lambda}_\Lambda\zeta}{1+w}\bar{\Lambda}^{(\mathrm{c})}(v',s')\Gamma\Lambda^{(\mathrm{b})}(v,s)(v'_\mu - wv_\mu)
\end{aligned}
\tag{4.46}
$$

应用这些结果以及 $\Gamma=\gamma^{\mu}\gamma^{\nu}$，等等，在考虑到 $1/m_{\rm Q}$ 对拉式量修正的效应可以被吸收到 ζ 的重新定义中，我们就能得到 $\Lambda_{\rm b}\to\Lambda_{\rm c}{\rm e}\bar{\nu}_{\rm e}$ 形式因子在 $1/m_{\rm Q}$ 阶的表达式

$$
\begin{aligned}
f_1&=\left[1+\left(\frac{\bar{\Lambda}_{\Lambda}}{2m_{\rm c}}+\frac{\bar{\Lambda}_{\Lambda}}{2m_{\rm b}}\right)\right]\zeta(w)\\
f_2&=-\frac{\bar{\Lambda}_{\Lambda}}{m_{\rm c}}\left(\frac{1}{1+w}\right)\zeta(w)\\
f_3&=-\frac{\bar{\Lambda}_{\Lambda}}{m_{\rm b}}\left(\frac{1}{1+w}\right)\zeta(w)\\
g_1&=\left[1-\left(\frac{\bar{\Lambda}_{\Lambda}}{2m_{\rm c}}+\frac{\bar{\Lambda}_{\Lambda}}{2m_{\rm b}}\right)\left(\frac{1-w}{1+w}\right)\right]\zeta(w)\\
g_2&=-\frac{\bar{\Lambda}_{\Lambda}}{m_{\rm c}}\left(\frac{1}{1+w}\right)\zeta(w)\\
g_3&=\frac{\bar{\Lambda}_{\Lambda}}{m_{\rm b}}\left(\frac{1}{1+w}\right)\zeta(w)
\end{aligned}
\tag{4.47}
$$

对式（4.29）给出的形式因子的领头阶预言只包括单个未知函数 $\zeta(w)$。包括 $1/m_{\rm Q}$ 修正的结果既含有单个未知函数，也含有非微扰常数 $\bar{\Lambda}_{\Lambda}$。纵使在 $\Lambda_{\rm b}$ 的衰变形式因子中包含了 $1/m_{\rm Q}$ 修正，许多领头阶的关系也还都存在。下一节中，我们将看到对包含 $1/m_{\rm Q}$ 修正的介子衰变，只有不多的关系还成立，但一些重要的关系即使在这一阶仍继续成立。$\Lambda_{\rm QCD}/m_{\rm Q}$ 修正数值上应该是小的，大概在 10%—20% 量级。

在零反冲点 $w=1$，在 $\Lambda_{\rm b}$ 衰变中的矢量和轴矢量流的矩阵元变成

$$
\begin{aligned}
\langle\Lambda_{\rm c}(p',s')|\bar{c}\gamma^{\nu}b|\Lambda_{\rm b}(p,s)\rangle&=[f_1+f_2+f_3]v^{\nu}u(p',s')u(p,s)\\
\langle\Lambda_{\rm c}(p',s')|\bar{c}\gamma^{\nu}\gamma_5 b|\Lambda_{\rm b}(p,s)\rangle&=g_1\bar{u}(p',s')\gamma^{\nu}\gamma_5u(p,s)
\end{aligned}
\tag{4.48}
$$

我们能从式（4.47）看到，在 $w=1$ 处，$f_1+f_2+f_3$ 和 g_1 都没有获得任何非微扰 $1/m_{\rm Q}$ 修正，以至在零反冲点衰变矩阵元没有 $1/m_{\rm Q}$ 修正，这个结果通常成为 Luke 定理。注意，单个的形式因子在零反冲时可以有 $1/m_{\rm Q}$ 修正，但是矩阵元没有。在下节中我们证明对 B 衰变有类似的结果。

4.5 $\bar{\mathrm{B}} \to \mathrm{D}^{(*)}\mathrm{e}\bar{\nu}_{\mathrm{e}}$ 衰变和 Luke 定理

对 $\bar{\mathrm{B}} \to \mathrm{D}^{(*)}$ 的半轻子衰变我们可以重复对 $\Lambda_{\mathrm{b}} \to \Lambda_{\mathrm{c}}$ 半轻子衰变所做的关于 $1/m_{\mathrm{Q}}$ 修正的分析。要用式（4.38）中的弱流确定 $1/m_{\mathrm{Q}}$ 修正，我们需要 $1/m_{\mathrm{Q}}$ 领头阶的 $\bar{c}_{v'}\mathrm{i}D_\mu \Gamma b_v$ 和 $\bar{c}_{v'}\Gamma \mathrm{i}D_\mu b_v$ 在 $\bar{\mathrm{B}}$ 和 $\mathrm{D}^{(*)}$ 态间的矩阵元。为此，我们可以用

$$\begin{aligned}\bar{c}_{v'}\mathrm{i}\overleftarrow{D}_\mu \Gamma b_v &= \mathrm{Tr}\bar{H}_{v'}^{(\mathrm{c})}\Gamma H_v^{(\mathrm{b})} M_\mu(v,v')\\ \bar{c}_{v'}\Gamma \mathrm{i}D_\mu b_v &= -(\bar{b}_v \mathrm{i}\overleftarrow{D}_\mu \bar{\Gamma} c_{v'})^\dagger = -\mathrm{Tr}\bar{H}_{v'}^{(\mathrm{c})}\Gamma H_v^{(\mathrm{b})}\bar{M}_\mu(v',v)\end{aligned} \tag{4.49}$$

其中

$$M_\mu(v,v') = \xi_+(v+v')_\mu + \xi_-(v-v')_\mu - \xi_3\gamma_\mu \tag{4.50}$$

是由 v 和 v' 构成的最一般的双旋量。不存在与 $\epsilon_{\mu\alpha\beta\nu}v^\alpha v'^\beta\gamma^\nu\gamma_5$ 成正比的项，因为它可以如下消去：利用式（1.119）中给出的 3-γ 矩阵恒等式可以把它写成

$$-\mathrm{i}\epsilon_{\mu\alpha\beta\nu}v^\alpha v'^\beta\gamma^\nu\gamma_5 = \gamma_\mu \not{v}\not{v}' - v_\mu\not{v}' - w\gamma_\mu + v'_\mu\not{v} \tag{4.51}$$

然后利用 $H_v^{(\mathrm{b})}\not{v} = -H_v^{(\mathrm{b})}$ 和 $\not{v}'\bar{H}_{v'}^{(\mathrm{c})} = -\bar{H}_{v'}^{(\mathrm{c})}$，它们可以被吸收到其他项中去。运动方程 $(\mathrm{i}v'\cdot D)c_{v'} = 0$ 意味着

$$\xi_+(w+1) - \xi_-(w-1) + \xi_3 = 0 \tag{4.52}$$

用推导式（4.41）相似的讨论，对于 $\bar{\mathrm{B}} \to \mathrm{D}^{(*)}$ 的矩阵元，我们发现

$$\begin{aligned}\mathrm{i}\partial_\mu(c_{v'}\Gamma b_v) &= \bar{c}_{v'}\mathrm{i}\overleftarrow{D}_\mu\Gamma b_v + c_{v'}\Gamma\mathrm{i}D_\mu b_v\\ &= -\bar{\Lambda}(v-v')_\mu\xi\mathrm{Tr}\bar{H}_{v'}^{(\mathrm{c})}\Gamma H_v^{(\mathrm{b})}\end{aligned} \tag{4.53}$$

用式（4.49）和式（4.50），上式暗示

$$\xi_-(w) = \frac{1}{2}\bar{\Lambda}\xi(w) \tag{4.54}$$

当与式（4.52）结合，它给出

$$\xi_+(w) = \frac{w-1}{2(w+1)}\bar{\Lambda}\xi(w) - \frac{\xi_3(w)}{w+1} \tag{4.55}$$

对式（2.84）中定义的 $\bar{\mathrm{B}}\to\mathrm{D}^{(*)}$ 形式因子的 $1/m_\mathrm{Q}$ 修正，从式（4.38）给出的流中的 $1/m_\mathrm{Q}$ 阶的项得到

$$\begin{aligned}
\delta h_+ &= [(1+w]\xi_+ + \xi_3]\left(\frac{1}{2m_\mathrm{c}}+\frac{1}{2m_\mathrm{b}}\right) - (w-1)\xi_-\left(\frac{1}{2m_\mathrm{c}}+\frac{1}{2m_\mathrm{b}}\right)\\
\delta h_- &= [(1+w]\xi_+ + 3\xi_3]\left(\frac{1}{2m_\mathrm{c}}-\frac{1}{2m_\mathrm{b}}\right) - (w+1)\xi_-\left(\frac{1}{2m_\mathrm{c}}-\frac{1}{2m_\mathrm{b}}\right)\\
\delta h_V &= \xi_-\left(\frac{1}{m_\mathrm{c}}+\frac{1}{m_\mathrm{b}}\right) - \xi_3\left(\frac{1}{m_\mathrm{b}}\right)\\
\delta h_{A_1} &= \xi_+\left(\frac{1}{m_\mathrm{c}}+\frac{1}{m_\mathrm{b}}\right) + \frac{\xi_3}{1+w}\left(\frac{1}{m_\mathrm{c}}+\frac{2-w}{m_\mathrm{b}}\right)\\
\delta h_{A_2} &= (\xi_+ - \xi_-)\left(\frac{1}{m_\mathrm{c}}\right)\\
\delta h_{A_3} &= -\xi_3\left(\frac{1}{m_\mathrm{b}}\right) + \xi_-\left(\frac{1}{m_\mathrm{b}}\right) + \xi_+\left(\frac{1}{m_\mathrm{c}}\right)
\end{aligned} \tag{4.56}$$

其中，ξ_+ 和 ξ_- 在式（4.54）和式（4.55）中给出。

我们还需要从拉氏量中计算 $1/m_\mathrm{Q}$ 修正。c 夸克色磁算符与弱流的编时乘积，即式（4.30）能写成

$$\mathrm{Tr}\bar{H}_{v'}^{(\mathrm{c})}\sigma_{\mu\nu}\frac{(1+\not{v}')}{2}\Gamma H_v^{(\mathrm{b})}\frac{X^{\mu\nu}}{2m_\mathrm{c}} \tag{4.57}$$

这正像 $\Lambda_\mathrm{b}\to\Lambda_\mathrm{c}$ 的情况。唯一的区别是现在 $X_{\mu\nu}$ 是双旋量并且对 μ 和 ν 是反对称的。贡献不为零的 $X_{\mu\nu}$ 最一般的形式是

$$X_{\mu\nu} = \mathrm{i}\chi_2(v_\mu\gamma_\nu - v_\nu\gamma_\mu) - 2\chi_3\sigma_{\mu\nu} \tag{4.58}$$

类似的结果对 b 夸克的色磁矩也成立。c 夸克的动能项给出编时乘积贡献

$$-\mathrm{Tr}\bar{H}_{v'}^{(\mathrm{c})}\frac{(1+\not{v}')}{2}\Gamma H_v^{(\mathrm{b})}\frac{\chi_1}{m_\mathrm{c}} \tag{4.59}$$

同样地，对 b 夸克动能也有类似的表达式。这些放在一起给出:

$$\begin{aligned}
\delta h_+ &= \chi_1\left(\frac{1}{m_\mathrm{c}}+\frac{1}{m_\mathrm{b}}\right) - 2(w-1)\chi_2\left(\frac{1}{m_\mathrm{c}}+\frac{1}{m_\mathrm{b}}\right) + 6\chi_3\left(\frac{1}{m_\mathrm{c}}+\frac{1}{m_\mathrm{b}}\right)\\
\delta h_- &= 0\\
\delta h_V &= \chi_1\left(\frac{1}{m_\mathrm{c}}+\frac{1}{m_\mathrm{b}}\right) - 2(w-1)\chi_2\left(\frac{1}{m_\mathrm{b}}\right) - 2\chi_3\left(\frac{1}{m_\mathrm{c}}-\frac{3}{m_\mathrm{b}}\right)\\
\delta h_{A_1} &= \chi_1\left(\frac{1}{m_\mathrm{c}}+\frac{1}{m_\mathrm{b}}\right) - 2(w-1)\chi_2\left(\frac{1}{m_\mathrm{b}}\right) - 2\chi_3\left(\frac{1}{m_\mathrm{c}}-\frac{3}{m_\mathrm{b}}\right)\\
\delta h_{A_2} &= 2\chi_2\left(\frac{1}{m_\mathrm{c}}\right)\\
\delta h_{A_3} &= \chi_1\left(\frac{1}{m_\mathrm{c}}+\frac{1}{m_\mathrm{b}}\right) - 2\chi_3\left(\frac{1}{m_\mathrm{c}}-\frac{3}{m_\mathrm{b}}\right) - 2\chi_2\left(\frac{1}{m_\mathrm{c}}+\frac{w-1}{m_\mathrm{b}}\right)
\end{aligned} \tag{4.60}$$

形式因子的表达式可以通过将式（4.56）和式 (4.60) 加到式（2.95）中得到。此外，还有第 3 章讨论过的一些微扰修正。我们下节中将看到，这两类貌似非常不同的项之间存在一种联系。

对形式因子的 $1/m_{\rm Q}$ 修正用一个未知常数 $\bar{\Lambda}$ 以及四个未知函数 ξ_3, χ_{1-3} 来参数化，这样在 $1/m_{\rm Q}$ 阶介子衰变的形状因子的表达式中存在几个新函数。在零反冲点并假定 $m_{\rm b}=m_{\rm c}$ 时，矢量流的 $\bar{\rm B}\to{\rm D}$ 的矩阵元是归一的。于是给出了约束：$\chi_1(1)+6\chi_3(1)=0$。还有一个约束来自于当 $w=1$ 和 $m_{\rm b}=m_{\rm c}$ 时，$\bar{\rm B}^*\to{\rm D}^*$ 矩阵元是绝对归一的。我们还没有计算这个矩阵元，因为它和 B 衰变唯象学无关。然而非常简单的是，在零反冲时计算这个矩阵元并且证明这个约束是 $\chi_1(1)-2\chi_3(1)=0$，以至于

$$\chi_1(1)=\chi_3(1)=0 \tag{4.61}$$

利用这些关系就能推导出在没有 $1/m_{\rm Q}$ 对零反冲弱流矩阵元的修正时 Luke 的结果。矢量流的 $\bar{\rm B}\to{\rm D}$ 介子矩阵元在零反冲时正比于 $h_+(1)$，轴矢量流的 $\bar{\rm B}\to{\rm D}^*$ 矩阵元在零反冲时正比于 $h_{A_1}(1)$。利用上面导出的结果很容易看出 $\delta h_+(1)=\delta h_{A_1}(1)=0$。

在零反冲时没有对弱流矩阵元的 $1/m_{\rm Q}$ 修正，这允许我们从 B 的半轻子衰变的实验数据中精确地决定 $|V_{\rm cb}|$。将 ${\rm d}\Gamma(\bar{\rm B}\to{\rm D}^*{\rm e}\bar{\nu}_{\rm e})/{\rm d}w$ 的实验值向 $w=1$ 外推，得到

$$|V_{\rm cb}||\mathcal{F}_{D^*}(1)|=(35.2\pm1.4)\times10^{-3} \tag{4.62}$$

其中，$\mathcal{F}_{D^*}(w)$ 在式（2.87）中被定义。在零反冲时，$\mathcal{F}_{D^*}(w)$ 的表达式简化得到 $\mathcal{F}_{D^*}(1)=h_{A_1}(1)$。在 $m_{\rm Q}\to\infty$ 极限下，$\mathcal{F}_{D^*}(1)=1$；但是存在微扰和非微扰修正

$$\mathcal{F}_{D^*}(1)=\eta_A+0+\delta_{1/m^2}+\cdots \tag{4.63}$$

其中，η_A 是轴矢量流的匹配系数，它在 $\alpha_{\rm s}$ 阶的表示式已经在第 3 章中确定。它曾被计算到 $\alpha_{\rm s}^2$ 阶，并且数值上 $\eta_A\approx0.96$。式（4.63）中的 0 指出不存在 $1/m_{\rm b,c}$ 阶的非微扰修正，而 $\delta_{1/m^2}+\cdots$ 对应 $1/m_{\rm Q}^2$ 和更高阶的非微扰修正。利用诸如组分夸克模型那样的唯象模型对这些修正进行估算得到期望值为 $\delta_{1/m^2}+\cdots\approx-0.05$。把这些结果放在一起并且对非微扰效应的模型依赖的估计给予 100% 的不确定性，得到理论预言为

$$\mathcal{F}_{D^*}(1)=0.91\pm0.05 \tag{4.64}$$

将之与式（4.62）中的实验值相结合，对于 $\rm b\to c$ 的 CKM 矩阵元，可以给出

$$|V_{\rm cb}|=[38.6\pm1.5\ (\text{实验})\ \pm2.0\ (\text{理论})\ ]\times10^{-3} \tag{4.65}$$

式（4.64）的理论误差在一定程度上是有一定的任意性的（ad hoc）。我们有足够的信心，对 $V_{\rm cb}$ 值的理论不确定性的确只有 5%，并且再尝试进一步减少它，就需要用不同的方法另外高精度地确定 $|V_{\rm cb}|$。幸运的是，在第 6 章中我们将看到 $V_{\rm cb}$ 也可以用 B 的单举（inclusive）衰变来确定。

零反冲时 $\bar{\rm B}\to{\rm D}$ 的矢量流矩阵元也没有 $\Lambda_{\rm QCD}/m_{\rm Q}$ 阶的修正，也就是 $h_+(1)=1+\mathcal{O}(\Lambda_{\rm QCD}^2/m_{\rm Q}^2)$。然而对确定 $V_{\rm cb}$，$\bar{\rm B}\to{\rm De}\bar{\nu}_{\rm e}$ 没有 $\bar{\rm B}\to{\rm D^*e}\bar{\nu}_{\rm e}$ 那么有用。对此有两个原因。第一，在 $w\to 1$ 时，$\bar{\rm B}\to{\rm De}\bar{\nu}_{\rm e}$ 的微分衰变率比 $\bar{\rm B}\to{\rm D^*e}\bar{\nu}_{\rm e}$ 的微分衰变率消失得更快些。这使得向零反冲的外延变得比较困难。其次，$\mathcal{F}_D(1)$ 依赖于 $h_+(1)$ 和 $h_-(1)$ 两者，而 $h_{(1)}$ 没有 $\mathcal{O}(\Lambda_{\rm QCD}/m_{\rm Q})$ 修正。

4.6 重整子 (renormalons)

假定用 QCD 微扰论将某个量 f 表示成 $\alpha_{\rm s}$ 的幂级数:

$$f(\alpha_{\rm s})=f(0)+\sum_{n=0}^{\infty}f_n\alpha_{\rm s}^{n+1} \tag{4.66}$$

典型地，对 f 的这个微扰级数是一个渐近级数，其收敛半径为零。它的收敛性可以通过定义 f 的 Borel 变换来改善:

$$B[f](t)=f(0)\delta(t)+\sum_{n=0}^{\infty}\frac{f_n}{n!}t^n \tag{4.67}$$

它比原始展开的式（4.66）收敛性要好。原始的 $f(\alpha_{\rm s})$ 级数可以通过 Borel 逆变换从 Borel 变换函数 $B[f](t)$ 得到:

$$f(\alpha_{\rm s})=\int_0^{\infty}{\rm d}t\ {\rm e}^{-t/\alpha_{\rm s}}B[f](t) \tag{4.68}$$

如果式（4.68）的积分存在，则式（4.66）中对 $f(\alpha_{\rm s})$ 的微扰级数是 Borel 可求和的，式（4.68）给出这个级数和的定义。同时这也提供了对式（4.66）中级数求和的一个定义，但这不意味着它给出的完整的非微扰的数值。例如，$\exp(-1/\alpha_{\rm s})$ 具有幂级数展开:

$$\exp(-1/\alpha_{\rm s})=0+0\alpha_{\rm s}+0\alpha_{\rm s}^2+\cdots \tag{4.69}$$

它的和为零。如果沿积分路径，$B[f](t)$ 中有奇点，那么 f 的 Borel 和是不明确的。Borel 逆变换必须定义在一个偏离奇点的变形的积分回路上，因而一般说来，这个 Borel 逆变换依赖于所取的形变。

在 Borel 变换 $B[f](t)$ 中，奇点起源于微扰论中高阶系数 f_n 的阶乘增长。例如，假定对于大 n，f_n 具有阶

$$f_n \sim a w^n (n+k)! \tag{4.70}$$

那么 Borel 变换在 $t=1/w$ 处有 $k+1$ 阶奇点：

$$B[f](t) \sim \frac{ak!}{(1-wt)^{k+1}} + \text{较弱的奇异项} \tag{4.71}$$

在 QCD 中，$B[f]$ 的一个奇点源就是红外重整子（renormalon）。红外重整子是微扰论中的意义含混之处，它来源于这样的事实：对软胶子来说，胶子的耦合变得很强。在系数 f_n 中红外重整子产生的阶乘增长在 Borel 变换 $B[f]$ 中造成一些极点。重整子的不确定性对动量转移 Q^2 有幂次依赖性。例如，在 $B[f]$ 中 $t=t_0$ 处的一个单极点导致 f 中的不确定性，这依赖于积分回路是从重整子极点上面还是下面绕过去的。两种选择的区别正比于

$$\delta f \sim \oint_C \mathrm{d}t\ \mathrm{e}^{-t/\alpha_{\mathrm{s}}(Q)} B[f](t) \sim \left(\frac{\Lambda_{\mathrm{QCD}}}{Q}\right)^{2\beta_0 t_0} \tag{4.72}$$

其中式（1.90）中定义的 β_0 正比于 QCD β 函数的领头阶，它决定了 QCD 耦合常数的高能行为，并且积分回路 C 把 t_0 包围在内。用变量 $u=\beta_0 t$ 来写 Borel 变换 $B[f](t)$ 是很有用的。在式（4.72）中的重整子奇点的形式暗示在 u_0 处重整子在 f 中产生具有 $(\Lambda_{\mathrm{QCD}}/Q)^{2\mu_0}$ 阶的不确定性。这种不确定性会被诸如高维算符矩阵元中的非微扰效应中对应的不确定性所抵消。

显然，我们不可能将整个 QCD 级数求和以决定重整子奇点。典型地，我们将图 4.1 中给出形式的泡链求和。我们可以考虑这种泡链和为领头项的形式极限。我们取具有 N_f 种味，且让 $N_f \to \infty$ 同时保证 $a=N_f\alpha_{\mathrm{s}}$ 不变的 QCD。费曼图计算到 α_{s} 的领头阶，而不是到 a 的所有阶。在具有任意多个泡的图 4.1 中泡求和里面的那些项在此极限下都是同等重要的，这是由于每个增加的费米子圈都贡献一个不小的 $\alpha_{\mathrm{s}}N_f$ 因子。QCD 在 $N_f \to \infty$ 极限下不是一个渐近自由的理论，因而使用的程序是将 Borel 变换写成 u 的函数，但只研究 u 为正数时的重整子。u 中的奇点就被作为渐近自由的 QCD 的重整子。这种程序是做泡链求和同时忽略其他图贡献的一种正式方法。

包括单泡链费曼图之和的 Borel 变换可以很容易地通过在做最后圈积分之前

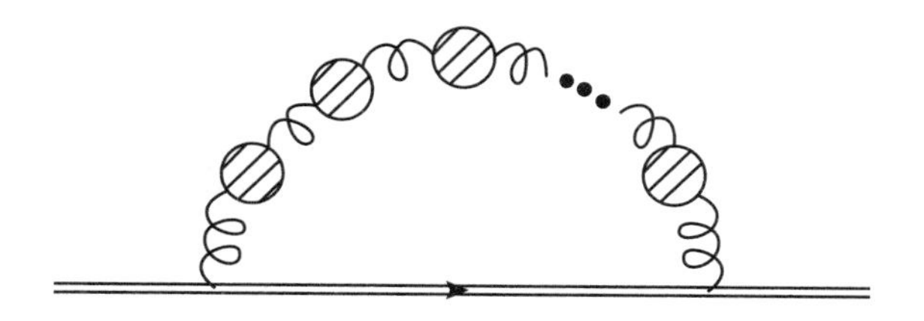

图 4.1　泡链求和。泡是胶子单圈真空极化

就做 Borel 变换得到。用 Landau 规范，此泡链和是

$$G(\alpha_{\rm s},k)=\sum_{n=0}^{\infty}\frac{\rm i}{k^2}\left(\frac{k_\mu k_\nu}{k^2}-g_{\mu\nu}\right)(-\beta_0\alpha_{\rm s}N_f)^n[\ln(-k^2/\mu^2)+C]^n \tag{4.73}$$

其中，k 是流过规范玻色传播子的动量，C 是依赖于特定减除方案的一个常数，而 $\beta_0=-1/(6\pi)$ 是单个费米子对 β 函数的贡献。用 $\overline{\rm MS}$ 方案，$C=-5/3$。式（4.73）对 $\alpha_{\rm s}N_f$ 的 Borel 变换为

$$\begin{aligned}B[G](u,k)&=\frac{1}{\alpha_{\rm s}N_f}\sum_{n=0}^{\infty}\frac{\rm i}{k^2}\left(\frac{k_\mu k_\nu}{k^2}-g_{\mu\nu}\right)\frac{(-u)^n}{n!}[\ln(-k^2/\mu^2)+C]^n\\&=\frac{1}{\alpha_{\rm s}N_f}\frac{\rm i}{k^2}\left(\frac{k_\mu k_\nu}{k^2}-g_{\mu\nu}\right)\exp[-u\ln(-k^2e^C/\mu^2)]\\&=\frac{1}{\alpha_{\rm s}N_f}\left(\frac{\mu^2}{e^C}\right)^u\frac{\rm i}{(-k^2)^{2+u}}(k_\mu k_\nu-k^2g_{\mu\nu})\end{aligned} \tag{4.74}$$

$1/\alpha_{\rm s}$ 在做 Borel 变换之前已经因子化提出去了，因为它将被胶子耦合到外费米子线的 g^2 因子抵消。Borel 变换的圈图可以用式（4.74）中的传播子来计算，而不用朗道规范中的玻色传播子：

$$(k_\mu k_\nu-k^2g_{\mu\nu})\frac{\rm i}{(k^2)^2} \tag{4.75}$$

按照构建方案，HQET 具有和完整 QCD 一样的红外物理。但是，由于这两种理论的紫外物理（在两种理论相匹配的能标 $m_{\rm Q}$ 之上）不同，有效理论中算符的系数必须在 $\alpha_{\rm s}(m_{\rm Q})$ 的每一阶做修正以保证在这两种理论中物理预言值是相同的。这样的匹配修正在第 3 章中就曾考虑过。

由于这两种理论在红外是相符的，这些匹配条件一般说来只依赖紫外物理，并且一定是独立于任何红外物理的，其中包括红外重整子。然而，在与质量无关的重整化方案中，例如用 $\overline{\rm MS}$ 减除方案的维数正规化，如此将标度完全分开是不可能做到的。很容易明白为什么红外的重整子会在匹配条件中出现。考虑一个类似的情况：把 W 玻色子积掉以匹配到四费米子相互作用。单圈阶的匹配条件

包括让利用完整和有效理论计算的单圈散射振幅相减，如图 4.2 所示，其中 C_0 是四费米算符的最低阶系数，C_1 是 α_s 修正。为了简单起见，忽略所有外动量和粒子质量，并且只考虑涉及软胶子的圈积分区域。当 $k=0$ 时，这两个理论是全同的，并且在两个理论中图也是完全相同的。这是一个众所周知的命题：在匹配条件中红外发散抵消。然而，对于有限（但很小）的 k，当我们在有效理论中只保留最低维数算符时，这两种理论在 $O(k^2/M_W^2)$ 阶就不同了。因此，匹配条件在这一阶时对软胶子很敏感，故而一点都不奇怪，由此得到的微扰级数不是可 Borel 求和的，并且从 $O(\Lambda_{QCD}^2/M_W^2)$ 开始，就有了重整子的不确定性。

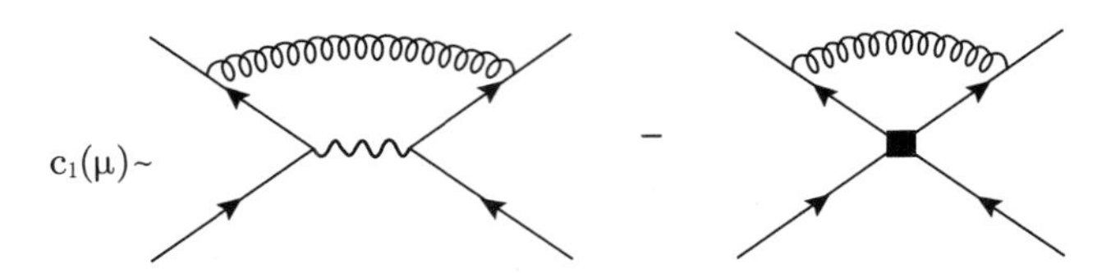

图 4.2 四费米子算符的匹配条件

然而这个不确定性完全不是真的，因而并不意味着有效理论没有很好定义。由于该理论仅仅被定义到一个固定阶，所以 $1/M_W$ 高阶的不确定性与其没有关系。重整子的不确定性对应于这两种理论对红外的区别在 $O(k^2/M_W^2)$ 量级。当被 $1/M_W^2$ 的更高阶所压低的算符也被恰当地考虑进去后，这两种理论一直到红外 $O(k^4/M_W^4)$ 阶都是一致的，那时任何不确定性都被推到 $O(\Lambda_{QCD}^6/M_W^4)$ 阶。如果自洽地包括 $1/M_W^4$ 压低的算符，就可以将重整子推到 $O(\Lambda_{QCD}^6/M_W^6)$ 阶，如此等等。一般说来，在 $u=u_0$ 维数为 D 的算符系数函数中的重整子要精确地被维数为 $D+2u_0$ 算符的矩阵元中相应的不确定性抵消，这样物理量是没有不确定性的。这个抵消是所有有效场论所共有的特征，因而也存在于 HQET 中（重夸克有效理论）。

HQET 的拉氏量可以按重夸克质量的倒数幂次来展开，它可以形式上写为

$$
\begin{aligned}
\mathcal{L} &= \mathcal{L}_0 + \mathcal{L}_1 + \mathcal{L}_2 + \cdots + \mathcal{L}_{\text{轻}} \\
\mathcal{L}_0 &= Q_v(\mathrm{i}D\cdot v)Q_v - \delta m \bar{Q}_v Q_v
\end{aligned}
\tag{4.76}
$$

其中，从重夸克场中用标度方法除去了相因子 $\exp(-\mathrm{i}m_0 v\cdot x)$。这里，$m_0$ 是一个可能不同于 m_Q 的质量，与之相差一个 Λ_{QCD} 量级的量，$\mathcal{L}_{\text{轻}}$ 是轻夸克和胶子的 QCD 拉氏量，Q_v 是重夸克场，$\mathcal{L}_k$ 是在重夸克的有效拉氏量中 $1/m_0^k$ 阶的项。在式（4.76）中对重夸克有两个质量参数，HQET 展开参数 m_0 和剩余质量项 δ_m。这两个参数不是彼此独立的；我们可以重新定义 $m_0\to m_0+\Delta m, \delta m\to \delta m-\Delta m$。一个特别方便的选择是调整 m_0 使得剩余质量项 δm 消失。大多数

HQET 的计算都是这样选择 m_0 的，这也是我们在本书中一直使用的选择，但是也很容易证明当选择不同的 m_0 时，我们得到一样的结果。在文献中，$\delta m = 0$ 时的 HQET 质量 m_0 经常被称作极点质量（pole mass） m_Q，我们也将遵循此提法。

正如所有的有效拉氏量，HQET 拉氏量是不可重整的，因而一个特殊的正规化方案必须作为有效理论定义的一个组成部分被包括进来。一个有效场论是基于对一个小参数的系统展开来计算物理量的，因而这个有效拉氏量也是用这个小参数展开的。HQET 的展开参数是 Λ_QCD/m_0。我们可以用“幂计数”（power counting）来决定在有效理论中哪些项是与 $1/m_0$ 展开中给定阶相关的。例如，对于 $1/m_0$ 展开的第二阶，我们需要研究 $\mathcal{L}_2$ 的第一阶和 $\mathcal{L}_1$ 的第二阶所对应的过程。应用一个可以保持幂计数的重整化方式会是非常有用的。我们选择应用维数正规化及 $\overline{\mathrm{MS}}$，并且相应的非微扰矩阵元也必须根据此方案来理解。矩阵元的非微扰计算，例如，利用格点 Monte-Carlo 方法，可以通过微扰匹配程序转换到 $\overline{\mathrm{MS}}$。

在短程的重整化质量（诸如 $\overline{\mathrm{MS}}$ 质量 m_Q）和在 $u = 1/2$ 处重夸克的极点质量（pole mass）之间的关系中存在一个重整子，它会在极点质量和 $\overline{\mathrm{MS}}$ 质量的关系中产生一个 Λ_QCD 阶的不确定性。在 HQET 中的重夸克质量和在短程的 $\overline{\mathrm{MS}}$ 质量都是拉氏量中必须由实验决定的参数。任何一种重整化方案都能用来计算物理过程，然而对一个特别的计算，某种方案可能更有优越性。短程的 $\overline{\mathrm{MS}}$ 质量更适用于计算高能过程。但是在 HQET 中用”短程”质量（诸如跑动的 $\overline{\mathrm{MS}}$ 质量）是没有什么好处的。事实上，从 HQET 的观点，这是很不方便的。在式 (4.76) 中的有效拉氏量是按 m_0 倒数的幂次来展开的。在有效理论中 $1/m_0$ 的幂计数仅当 δm 在 m_0 展开中是 1 的量级（或更小）才是对的，也就是说，仅在 $m_0 \to \infty$ 的无限质量极限下 δm 保持有限时才对。当把 m_0 选作 $\overline{\mathrm{MS}}$ 质量时，剩余质量项 δm 是在 m_0 量级（可以差一个对数项）。这破坏了 HQET 的 $1/m_0$ 的幂计数，将 α_s 和 $1/m_0$ 的展开混起来了，并且破坏了重味对称性。例如，将 m_0 作为在 $\mu = m_0$ 处的 $\overline{\mathrm{MS}}$ 质量，在单圈阶我们会发现

$$\delta m = \frac{4}{3\pi}\alpha_\mathrm{s} m_0 \tag{4.77}$$

在 $\mathrm{b} \to \mathrm{c}$ 衰变中，重 c 夸克拉氏量中包括剩余质量项会导致 $1/m_\mathrm{c}$ 算符，诸如 $\bar{c}_{v'} \overleftarrow{\not{D}} \Gamma b_v / m_\mathrm{c}$，它产生被 α_s 压低而不是被 $\Lambda_\mathrm{QCD}/m_\mathrm{c}$ 压低的效应。尽管用此方式计算的物理量必须和用极点质量计算的一样，但并不需要利用定义一个保留在 $m_0 \to \infty$ 极限下非有限剩余质量项的 m_0 而使幂计数复杂化。对 HQET 展开参数比较好的选择是重介子质量（使 δm 在 Λ_QCD 的量级），以及极点质量（这时

$\delta m = 0$）。

短程的 $\overline{\text{MS}}$ 质量（原则上）可以在没有任何正比于 Λ_{QCD} 的重整子不确定性的情况下由实验来决定。$\overline{\text{MS}}$ 夸克质量能够用 QCD 的微扰论与夸克质量的其他一些定义关联起来。Borel 变换后的极点质量和 $\overline{\text{MS}}$ 质量的关系为

$$
\begin{aligned}
B[m_{\text{Q}}](u) =& \bar{m}_{\text{Q}}\delta(u) + \frac{\bar{m}_{\text{Q}}}{3\pi N_f}\left[\left(\frac{\mu^2}{\bar{m}_{\text{Q}}^2}\right)^{\mu} \text{e}^{-uC} 6(1-u)\frac{\Gamma(u)\Gamma(1-2u)}{\Gamma(3-u)}\right. \\
&\left. - \frac{3}{u} + R_{\Sigma_1}(u)\right]
\end{aligned}
\tag{4.78}
$$

其中，$\bar{m}_{\text{Q}}$ 是在减除点 μ 重整的 $\overline{\text{MS}}$ 质量，常数 $C = -5/3$，而函数 $R_{\Sigma_1}(u)$ 在 $u = 1/2$ 处没有奇点。式（4.78）在 $u = 1/2$ 处具有重整子的奇异性，这个重整子就是在极点质量处的领头阶红外重整子。写出 $u = 1/2 + \Delta u$，我们有

$$
B[m_{\text{Q}}](u = 1/2 + \Delta u) = -\frac{2\mu \text{e}^{-C/2}}{3\pi N_f \Delta u} + \cdots \tag{4.79}
$$

其中，“$\cdots$”表示在 $\Delta u = 0$ 处正规的项。我们只取到 $1/m_0$ 的领头阶，这样在 $u = 1/2$ 右端的那些极点是对应 $1/m_0$ 的高阶不确定性的，因而也就不用考虑了。虽然在 Λ_{QCD} 处 m_{Q} 形式上是不确定的，但我们曾经论证过，依赖于 m_{Q} 的那些物理量在 HQET 中都无疑义地被预言。我们现在就通过 Λ_{b} 的半轻子衰变中形式因子的比值来明确地证实这一点。

对于半轻子衰变 $\Lambda_{\text{b}} \to \Lambda_{\text{c}} \text{e} \bar{\nu}_{\text{e}}$ 矢量流的矩阵元是用三个在式（4.27）中定义的衰变形状因子 $f_{1-3}(w)$ 来参数化的。在 $m_{\text{b}}, m_{\text{c}} \to \infty$ 极限下，以及只限在 α_{s} 的最低阶，形状因子 f_2 和 f_3 消失。我们下面考虑 α_{s} 和 $1/m_{\text{c}}$ 的修正，但是是在 $m_{\text{b}} \to \infty$ 极限下进行的。让我们考虑在 α_{s} 和 $1/m_{\text{c}}$ 的最低阶为零的比值 $r_f = f_2/f_1$。对 r_f 的修正可以写成如下形式：

$$
r_f(\alpha_{\text{s}}, w) \equiv \frac{f_2(w)}{f_1(w)} = -\frac{\bar{\Lambda}_{\Lambda}}{m_{\text{c}}}\frac{1}{(1+w)} + f_r(\alpha_{\text{s}}, w) \tag{4.80}
$$

其中，函数 $f_r(\alpha_{\text{s}}, w)$ 是用微扰计算的从 $\mu = m_{\text{c}}$ 以上的理论到低于 $\mu = m_{\text{c}}$ 的有效理论的匹配条件，$\bar{\Lambda}_{\Lambda}$ 项是从 HQET 理论中 $1/m_{\text{c}}$ 压低的算符中产生的。在单圈阶（见第 3 章的习题 5），

$$
f_r(\alpha_{\text{s}}, w) = -\frac{2\alpha_{\text{s}}}{3\pi}\frac{1}{\sqrt{w^2 - 1}}\ln(w + \sqrt{w^2 - 1}) \tag{4.81}
$$

比值 $r_f = f_2/f_1$ 是实验可测量的量，它没有重整子的不确定性。在式（4.80）中的 r_f 的标准形式是用以极点质量作为展开参数的 HQET 得到的。HQET 的参数 $\bar{\Lambda}_{\Lambda}$ 是有效理论中的重子质量，也就是重子质量 $m_{\Lambda_{\text{c}}}$ 减掉 c 夸克的极点质

量。这个极点质量在 $u=1/2$ 具有式（4.79）给出的领头节重整子不确定性，这会在 $1/m_{\rm c}$ 对由式（4.80）中第一项给出的 f_2/f_1 的贡献中产生一个不确定性。因而也必然在由式（4.80）中第二项给出的 f_2/f_1 的辐射修正中 $u=1/2$ 处存在一个重整子。可以直截了当地证明这的确就是我们讨论的情况。

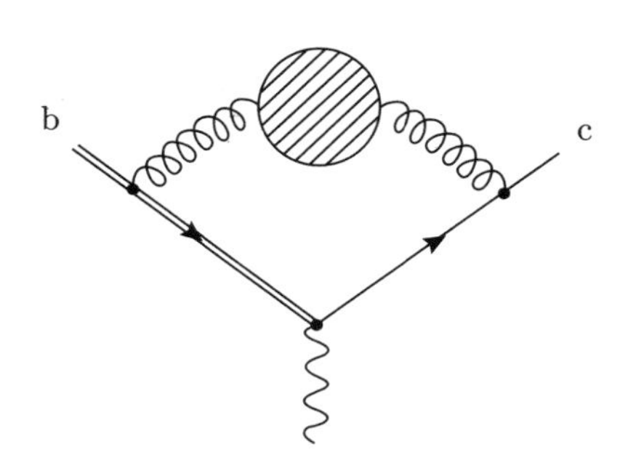

图 4.3　对于矢量流形状因子的辐射修正的泡链求和

在 $1/N_f$ 展开中 Borel 变换后的级数 $B[f_r](u,w)$，利用式（4.74）给出的 Borel 变换的传播子，很容易从图 4.3 算出。这个费曼图的 Borel 变换是

$$
\begin{aligned}
B[\,\text{图}\,]=&\frac{\rm i}{\alpha_{\rm s}N_f}\frac{4}{3}g^2\left(\frac{\mu^2}{{\rm e}^C}\right)^u\\
&\times\int\frac{{\rm d}^4k}{(2\pi)^4}\frac{\gamma^\nu(m_{\rm c}\not{v}'+\not{k}+m_{\rm c})\gamma^\alpha v^\mu(k_\mu k_\nu-k^2g_{\mu\nu})}{(k^2+2m_{\rm c}k\cdot v')(-k^2)^{2+u}k\cdot v}
\end{aligned}
\tag{4.82}
$$

对 f_2 的辐射修正（它决定 f_r）是从式（4.82）中正比于 v^α 项得到。利用式（1.45）和式（3.6）将上式的分母组合起来，抽取正比于 v^α 的项，并且完成动量积分，我们得到

$$
\begin{aligned}
B[f_r](u,w)=&\frac{4(u-2)}{3\pi N_f(1+u)}\left(\frac{\mu^2}{{\rm e}^C}\right)^u m_{\rm c}\\
&\times\int_0^\infty{\rm d}\lambda\int_0^1{\rm d}x\frac{(1-x)^{1+\mu}x}{[\lambda^2+2\lambda m_{\rm c}xw+m_{\rm c}^2x^2]^{1+u}}
\end{aligned}
\tag{4.83}
$$

重新标度 $\lambda\to xm_{\rm c}\lambda$ 并且对 x 积分，就得到

$$
\begin{aligned}
B[f_r](u,w)=&\frac{4}{3\pi N_f}\left(\frac{\mu^2}{m_{\rm c}^2{\rm e}^C}\right)^u\frac{(u-2)\Gamma(1-2u)\Gamma(1+u)}{\Gamma(3-u)}\\
&\times\int_0^\infty{\rm d}\lambda\frac{1}{[\lambda^2+2\lambda w+1]^{1+u}}
\end{aligned}
\tag{4.84}
$$

此表达式在 $u=1/2$ 处有一个极点。对 $\Delta u=u-1/2$ 展开，我们得到

$$\begin{aligned}&B[f_r](u=1/2+\Delta u,w)\\&=\frac{2\mu}{3\pi N_f m_c \mathrm{e}^{C/2}}\frac{1}{\Delta u}\int_0^{\infty}\mathrm{d}\lambda\frac{1}{[\lambda^2+2\lambda w+1]^{3/2}}+\cdots\\&=\frac{2\mu}{3\pi N_f m_c \mathrm{e}^{C/2}}\frac{1}{\Delta u}\frac{1}{1+w}\end{aligned}\tag{4.85}$$

其中，“$\cdots$”表示在 $u=1/2$ 处的那些正规项。

对 w 所有数值，式（4.85）中的 Borel 奇点抵消式（4.80）中第一项中的奇点，使得形状因子的比值 $r_f(\alpha_s,w)=f_2(w)/f_1(w)$ 没有了重整子的不确定性。因此，利用极点质量和 $\bar{\Lambda}_\Lambda$ 的标准定义，HQET 对 f_2/f_1 的 $1/m_c$ 修正的标准计算给出对这些形状因子没有任何不确定性的物理预言。

通过这个例子中的精确计算我们证实了重整子不确定性的抵消，但这个结果是普遍成立的。

4.7 $v\cdot A=0$ 规范

HQET 的计算几乎可以用任意一个规范来进行。然而，对 $v\cdot A=0$ 规范，HQET 微扰论是独特的。先考虑在 $v=v_r$ 的静止参照系中 Qq 弹性散射的树图阶。在 HQET 中，一个在壳的重夸克具有一个四速度 v 和一个剩余动量 k，它们满足 $v\cdot k=0$。假定初始的重夸克具有零剩余动量以及末态夸克具有剩余动量 $k=(0,\boldsymbol{k})$。图 4.4 所示的树图阶费曼图给出在费曼或朗道规范的 Qq 散射振幅为

$$\mathcal{M}=-g^2\bar{u}_Q T^A u_Q\frac{\mathrm{i}}{\boldsymbol{k}^2}\bar{u}_q T^A \not{v} u_q\tag{4.86}$$

其中，u_Q 和 u_q 分别为重和轻的夸克旋量。这里用了流守恒方程 $\bar{u}_q\not{k}u_q=0$ 简化结果。

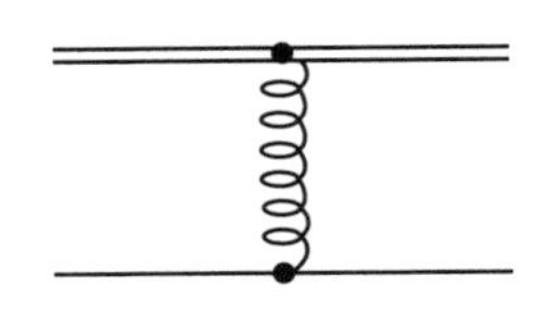

图 4.4 在树图阶重夸克 + 轻夸克散射振幅

在 $v\cdot A=0$ 规范，胶子的传播子是

$$\frac{-\mathrm{i}}{k^2+\mathrm{i}\varepsilon}\left[g_{\mu\nu}-\frac{1}{v\cdot k}(k_\mu v_\nu+v_\mu k_\nu)+\frac{1}{(v\cdot k)^2}k_\mu k_\nu\right] \tag{4.87}$$

在此规范下重夸克的动能不能作为微扰处理，因为那时 $v\cdot k=0$ 并且胶子的传播子的定义是有问题的。由于在该拉氏量中包括重夸克的动能，出射的重夸克的剩余动量变成 $k^\mu=(\boldsymbol{k}^2/(2m_\mathrm{Q}),\boldsymbol{k})$，并且 $v\cdot k=\boldsymbol{k}^2/(2m_\mathrm{Q})$ 不再是零。注意在式（4.87）中的因子 $1/(v\cdot k)$ 导致胶子传播子中的 $2m_\mathrm{Q}/\boldsymbol{k}^2$ 项，于是 $v\cdot A=0$ 规范可能将 $1/m_\mathrm{Q}$ 展开中的不同阶混合。

看看式（4.86）中的散射振幅是如何在 $v\cdot A=0$ 规范中产生是很能说明问题的。这个振幅是从 QQA 顶点来的，而该顶点源于重夸克的动能项 $-\bar{Q}_v D_\perp^2/(2m_\mathrm{Q})Q_v$。虽然这是拉氏量中的一个 $1/m_\mathrm{Q}$ 项，在 $v\cdot A=0$ 规范中，它可以贡献一个领头阶的振幅。对产生于嵌入动能算符的 $Q_v(k')\to Q_v(k)+A_\mu$ 顶点，相应的费曼规则为 $\mathrm{i}(g/(2m_\mathrm{Q}))(k_\perp+k'_\perp)_\mu=\mathrm{i}(g/(2m_\mathrm{Q}))(k+k')_\mu-\mathrm{i}(g/(2m_\mathrm{Q}))v\cdot(k+k')v_\mu$。在我们考虑的情况中，这样地选择 v，使得 $k'=0$。由于 $v\cdot A=0$，正比于 v_μ 的那部分没有贡献。由于 $\bar{u}_\mathrm{q}\not{k}u_\mathrm{q}=0$，在胶子的传播子中只有 $v_\mu k_\nu+v_\nu k_\mu$ 项有贡献，并且我们可以证明对大数值的 m_Q，它会重新产生式（4.86）。

在 $v\cdot A=0$ 规范中，对于在壳散射过程，重夸克的动能必须被视为领头阶算符，这是由于我们刚刚看到，正是这个从 $1/m_\mathrm{Q}$ 算符产生的 QQA 顶点给出了领头阶在壳 Qq 散射振幅。

4.8　NRQCD（非相对论量子色动力学）

对包括多于一个重夸克的系统，HQET 不是一个合适的有效场论。在 HQET 中重夸克的动能是被忽略的。它作为一个小的 $1/m_\mathrm{Q}$ 修正存在。在短距离，重夸克间的静相互作用势是由单胶子交换决定的，因而是库仑势。对于在色单态中的 $\mathrm{Q}\bar{\mathrm{Q}}$ 对，它是一个吸引势，因而需要重夸克的动能来稳定 $\mathrm{Q}\bar{\mathrm{Q}}$ 介子。对 $\mathrm{Q}\bar{\mathrm{Q}}$ 强子（即夸克偶素）动能起着非常重要的作用，它不可以作为微扰来处理。

事实上这个问题比上述的更普遍。例如，考虑一下试图用 HQET 计算在质心系的低能 QQ 散射。对每个重夸克，我们设 $v=v_r$，并分别利用初始和末态的剩余动量 $k_\pm=(0,\pm\boldsymbol{k})$ 和 $k'_\pm=(0,\pm\boldsymbol{k}')$，我们发现如图 4.5 所示的单圈费曼图产

生一个圈积分，

$$\int\frac{\mathrm{d}^n q}{(2\pi)^n}\frac{\mathrm{i}}{(q^0+\mathrm{i}\varepsilon)}\frac{\mathrm{i}}{(-q^0+\mathrm{i}\varepsilon)}\frac{\mathrm{i}}{(q+k_+)^2+\mathrm{i}\varepsilon}\frac{\mathrm{i}}{(q+k'_+)^2+\mathrm{i}\varepsilon} \tag{4.88}$$

对 q^0 的积分是没有很好定义的，这是因为它在实轴的上方和下方存在 $q^0=\pm\mathrm{i}\epsilon$ 处的极点。这个问题可以这样来处理，就是不把重夸克动能作为微扰而是保留在领头阶的项中。那时，两个重夸克传播子的分母变成了 $E+q^0-\boldsymbol{q}^2/(2m_{\mathrm{Q}})+\mathrm{i}\varepsilon$ 和 $E-q^0-\boldsymbol{q}^2/(2m_{\mathrm{Q}})+\mathrm{i}\varepsilon$，其中，$E=\boldsymbol{k}^2/(2m_{\mathrm{Q}})=\boldsymbol{k}'^2/(2m_{\mathrm{Q}})$。在上半平面闭合对 q^0 的积分回路，我们看到式（4.88）（对大）是由在 $q^0=E-\boldsymbol{q}^2+\mathrm{i}\varepsilon$ 处极点的留数主导的，它正比于 m_{Q}。这正是为什么利用费米子传播子的 $m_{\mathrm{Q}}\to\infty$ 极限，对于式（4.88）我们求得一个无限大的答案的原因。

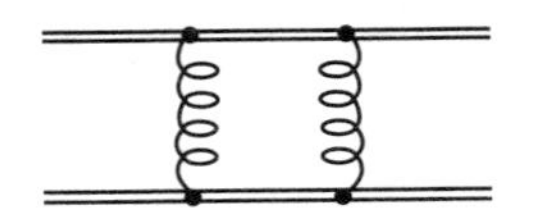

图 4.5　对 QQ 散射的单圈贡献

夸克偶素的特征通常作为 v/c 的幂级数来预言的，其中，v 是 $\mathrm{Q}\bar{\mathrm{Q}}$ 相对速度的模，c 是光速。对于那些系统要研究的合适 QCD 极限是 $c\to\infty$ 极限。在这个极限下，QCD 拉氏量变成一个有效理论，称之为 NRQCD（非相对论 QCD）。对于有限的 c，存在被 $1/c$ 的幂次压低的修正。在粒子物理中，我们通常采用 $h=c=1$。如果明确写出 c 相关的因子，则我们发现 QCD 拉氏量密度是

$$\mathcal{L}_{\mathrm{QCD}}=-\frac{1}{4}G^B_{\mu\nu}G^{B\mu\nu}-c\bar{Q}(\mathrm{i}\not{D}-m_{\mathrm{Q}}c)Q \tag{4.89}$$

在上式中，偏微商的零分量是

$$\partial_0=\frac{1}{c}\frac{\partial}{\partial t} \tag{4.90}$$

D 是协变微商

$$D_\mu=\partial_\mu+\frac{\mathrm{i}g}{c}A^B_\mu T^B \tag{4.91}$$

胶子场场强张量 $G^B_{\mu\nu}$ 是以通常方式来定义的，除了代换 $g\to g/c$。

虽然 c 是确定的，$\hbar$ 被置为 1。所有的有量纲的量都能用长度单位 $[x]$、时间单位 $[t]$，也就是 $[E]\sim 1/[t]$ 以及 $[p]\sim 1/[x]$ 来表示。拉氏量 $L=\int\mathrm{d}^3x\mathcal{L}$ 具有 $1/[t]$ 的单位，因为作用量 $S=\int\mathcal{L}\mathrm{d}t$ 是无量纲的。我们直接可以导出胶子场的单位为 $[A]=1/\sqrt{[x][t]}$ 以及强耦合 $g\sim\sqrt{[x]/[t]}$。费米子场具有单位 $[\psi]\sim 1/[x]^{3/2}$，

而它的质量的单位为 $[m_{\mathrm{Q}}]\sim[t]/[x]^2$。利用这些单位，则 $m_{\mathrm{Q}}c^2$ 具有能量的量纲，而强精细结构常数 $\alpha_{\mathrm{s}}=g^2/(4\pi c)$ 是无量纲的。

对费米子场 Q 来说，从 QCD 到 NRQCD 的过渡跟推导 HQET 很相似。重夸克场可以重写为

$$Q=\mathrm{e}^{-\mathrm{i}m_{\mathrm{Q}}c^2t}\left[1+\frac{\mathrm{i}\not{D}_{\perp}}{m_{\mathrm{Q}}c}+\cdots\right]\begin{pmatrix}\psi\\0\end{pmatrix}\tag{4.92}$$

其中，ψ 是二分量的泡利旋量。利用这个场的重新定义，我们发现 QCD 拉氏量中包括的部分成为

$$\mathcal{L}_{\psi}=\psi^{\dagger}\left[\mathrm{i}\left(\frac{\partial}{\partial t}+\mathrm{i}gA_0^BT^B\right)+\frac{\nabla^2}{2m_{\mathrm{Q}}}\right]\psi+\cdots\tag{4.93}$$

其中，“$\cdots$”表示那些被 $1/c$ 幂次压低的各项。要注意，重夸克动能现在是 $1/c$ 的领头阶。为了有一个合理的 $c\to\infty$ 极限，代换 $g\to g/c$ 是必须的。

在那些被 $1/c$ 的一次压低的项中有动能的规范实现项

$$\mathcal{L}_{\mathrm{int}}=\frac{\mathrm{i}g}{2m_{\mathrm{Q}}c}\boldsymbol{A}^C[\psi^{\dagger}T^C\boldsymbol{\nabla}\psi-(\boldsymbol{\nabla}\psi)^{\dagger}T^C\psi]\tag{4.94}$$

还存在一个包括色磁场 $\boldsymbol{B^C}=\boldsymbol{\nabla}\times\boldsymbol{A^C}$ 的 $1/c$ 阶项。

这时用库仑规范 $\boldsymbol{\nabla}\cdot\boldsymbol{A^C}=0$ 是很方便的。那时，在作用量中包含胶子场场强张量和规范场二次项的部分简化为

$$\begin{aligned}&-\frac{1}{4}\int\mathrm{d}^3xG_{\mu}^CG^{C\mu\nu}\to\frac{1}{2}\int\mathrm{d}^3xG_{0i}^CG_{0i}^C-\frac{1}{4}\int\mathrm{d}^3xG_{ij}^CG_{ij}^C\\&=\frac{1}{2}\int\mathrm{d}^3x(\partial_iA_0^C)^2+(\partial_0A_i^C)^2-(\partial_iA_j^C)^2+\text{非阿贝尔项}\end{aligned}\tag{4.95}$$

非阿贝尔项被 $1/c$ 因子压低 (在做上面的推导时隐含假定了 $m_{\mathrm{Q}}v^2\gg\Lambda_{\mathrm{QCD}}$)。

在式（4.95）中，规范场的零分量没有对时间的微商。所以它不表示传播自由度。忽略那些被 $1/c$ 因子压低的项，拉氏量中只包括 A_0^C 的二次和线性项。因此，对 A_0^C 的泛函积分能准确地用配成平方来进行。A_0^C 交换效应是由一个正比于动量空间传播子傅里叶变换的瞬时势 $V(x,y)$ 来重新产生的，

$$V(\boldsymbol{x},\boldsymbol{y})=g^2\int\frac{\mathrm{d}^3k}{(2\pi)^3}\mathrm{e}^{\mathrm{i}\boldsymbol{k}\cdot(\boldsymbol{x}-\boldsymbol{y})}\frac{1}{\boldsymbol{k}^2}=\frac{g^2}{4\pi|\boldsymbol{x}-\boldsymbol{y}|}\tag{4.96}$$

横胶子 $\boldsymbol{A^C}$ 在 $1/c$ 展开的领头阶不与夸克耦合。忽略被 $1/c$ 压低的项，我们得到非相对论夸克相互作用的有效拉氏量

$$\begin{aligned}L_{\mathrm{NRQCD}}=&\int\mathrm{d}^3x\psi^{\dagger}\left(\mathrm{i}\frac{\partial}{\partial t}+\frac{\boldsymbol{\nabla}^2}{2m_{\mathrm{Q}}}\right)\psi\\&-\int\mathrm{d}^3x_1\int\mathrm{d}^3x_2\psi^{\dagger}(\boldsymbol{x}_1,t)T^A\psi(\boldsymbol{x}_1,t)V(\boldsymbol{x}_1,\boldsymbol{x}_2)\psi^{\dagger}(\boldsymbol{x}_2,t)T^A\psi(\boldsymbol{x}_2,t)\end{aligned}\tag{4.97}$$

相应的哈密顿量为

$$H=\int \mathrm{d}^3x\psi^\dagger i\frac{\partial}{\partial t}\psi-L \tag{4.98}$$

它具在非相对论多体理论所利用的哈密顿量熟悉的形式。当我们把注意力限制在两个重夸克的部分时，有效理论就约化为普通的非相对论量子力学。

4.9 习　题

1. 对于任意自旋为 $j_\pm=s_l\pm 1/2$ 的重强子二重态 $H_\pm^{(\mathrm{Q})}$，请证明

$$m_{H_\pm^{(\mathrm{Q})}}=m_\mathrm{Q}+\bar{\Lambda}_\mathrm{H}-\frac{\lambda_{H,1}}{2m_\mathrm{Q}}\pm n_\mp\frac{\lambda_{H,2}}{2m_\mathrm{Q}}$$

其中，$n_\pm=2j_\pm+1,\lambda_{H,1}$ 和 $\lambda_{H,2}$ 的定义在式（4.23）中给出。我们插入一个额外脚标 H 是因为这个矩阵元的数值依赖于特定的二重态。

2. 对于介子的基态二重态，设

$$\{\bar{\Lambda}_H,\lambda_{H,1},\lambda_{H,2}\}=\{\bar{\Lambda},\lambda_1,\lambda_2\}$$

而对 $s_l=3/2$ 介子[①]，设

$$\{\bar{\Lambda}_H,\lambda_{H,1},\lambda_{H,2}\}=\{\bar{\Lambda}^*,\lambda_1^*,\lambda_2^*\}$$

请证明

$$\bar{\Lambda}^*-\bar{\Lambda}=\frac{m_\mathrm{b}(\bar{m}_\mathrm{B}^*-\bar{m}_\mathrm{B})-m_\mathrm{c}(\bar{m}_\mathrm{D}^*-\bar{m}_\mathrm{D})}{m_\mathrm{b}-m_\mathrm{c}}$$

$$\lambda_1^*-\lambda_1=2m_\mathrm{c}m_\mathrm{b}\frac{(\bar{m}_\mathrm{B}^*-\bar{m}_\mathrm{B})-(\bar{m}_\mathrm{D}^*-\bar{m}_\mathrm{D})}{m_\mathrm{b}-m_\mathrm{c}}$$

其中

$$\bar{m}_H=\frac{n_-m_{H_-}+n_+m_{H_+}}{n_++n_-}$$

3. 在第 2 章的习题 6—9 中，对 $\bar{\mathrm{B}}\to\mathrm{D}_1\mathrm{e}\bar{\nu}_\mathrm{e}$ 和 $\bar{\mathrm{B}}\to\mathrm{D}_2^*e\bar{\nu}_\mathrm{e}$ 形状因子的 $m_\mathrm{Q}\to\infty$ 领头阶预言已被推导出来。在本题中我们包括了 $1/m_\mathrm{Q}$ 修正。

① 译者注：这里似乎是作者的笔误，介子应改为重子，因为它的自旋为半整数。

（a）对 $\bar{\mathrm{B}}\to\mathrm{D}_1$ 和 $\bar{\mathrm{B}}\to\mathrm{D}_2^*$ 的矩阵元，论证

$$\bar{c}_{v'}\mathrm{i}\overleftarrow{D}_\lambda\Gamma b_v=\mathrm{Tr}\{S_{\sigma\lambda}^{(\mathrm{c})}\bar{F}_{v'}^{\sigma}\Gamma H_v^{(\mathrm{b})}\}$$
$$\bar{c}_{v'}\Gamma\mathrm{i}D_\lambda b_v=\mathrm{Tr}\{S_{\sigma\lambda}^{(\mathrm{b})}\bar{F}_{v'}^{\sigma}\Gamma H_v^{(\mathrm{b})}\}^{①}$$

其中

$$S_{\sigma\lambda}^{(\mathrm{Q})}=v_\sigma[\tau_1^{(\mathrm{Q})}v_\lambda+\tau_2^{(\mathrm{Q})}v'_\lambda+\tau_3^{(\mathrm{Q})}\gamma_\lambda]+\tau_4^{(\mathrm{Q})}g_{\sigma\lambda}$$

这里，函数 $\tau_i^{(\mathrm{Q})}$ 依赖 w。（它们不都是独立的。）

（b）证明重夸克运动方程意味着

$$w\tau_1^{(\mathrm{c})}+\tau_2^{(\mathrm{c})}-\tau_3^{(\mathrm{c})}=0$$
$$\tau_1^{(\mathrm{b})}+w\tau_2^{(\mathrm{b})}-\tau_3^{(\mathrm{b})}+\tau_4^{(\mathrm{b})}=0$$

（c）各个 τ 间进一步的关系是从下式中得出

$$\mathrm{i}\partial_\nu(\bar{c}_{v'}\Gamma b_v)=(\bar{\Lambda}v_\nu-\bar{\Lambda}^*v'_\nu)\bar{c}_{v'}\Gamma b_v$$

证明此方程意味着下列关系：

$$\tau_1^{(\mathrm{c})}+\tau_1^{(\mathrm{b})}=\bar{\Lambda}\tau$$
$$\tau_2^{(\mathrm{c})}+\tau_2^{(\mathrm{b})}=-\bar{\Lambda}^*\tau$$
$$\tau_3^{(\mathrm{c})}+\tau_3^{(\mathrm{b})}=0$$
$$\tau_4^{(\mathrm{c})}+\tau_4^{(\mathrm{b})}=0$$

其中，τ 在第 2 章的习题 9 中定义了。在（b）和（c）部分中的关系式预示着所有的 $\tau_j^{(\mathrm{Q})}$ 可以用 $\tau_1^{(\mathrm{c})}$ 和 $\tau_2^{(\mathrm{c})}$ 表示出来。

（d）利用（a）～（c）部分的结果，证明对流的修正能给出下列对 $\bar{\mathrm{B}}\to\mathrm{D}_1\mathrm{e}\bar{\nu}_\mathrm{e}$ 形状因子的修正：

$$\begin{aligned}\sqrt{6}\delta f_A=&-\epsilon_\mathrm{b}(w-1)[(\bar{\Lambda}^*+\bar{\Lambda})\tau-(2w+1)\tau_1-\tau_2]\\&-\epsilon_\mathrm{c}[4(w\bar{\Lambda}^*-\bar{\Lambda})\tau-3(w-1)(\tau_1-\tau_2)]\\\sqrt{6}\delta f_{V_1}=&-\epsilon_\mathrm{b}(w^2-1)[(\bar{\Lambda}^*+\bar{\Lambda})\tau-(2w+1)\tau_1-\tau_2]\\&-\epsilon_\mathrm{c}[4(w+1)(w\bar{\Lambda}^*-\bar{\Lambda})\tau-3(w^2-1)(\tau_1-\tau_2)]\\\sqrt{6}\delta f_{V_2}=&-3\epsilon_\mathrm{b}[(\bar{\Lambda}^*+\bar{\Lambda})\tau-(2w+1)\tau_1-\tau_2]-\epsilon_\mathrm{c}[(4w-1)\tau_1+5\tau_2]\end{aligned}$$

① 译者注：在原文中可能有一个笔误。第二个等式应为 $\bar{c}_{v'}i\Gamma iD_\lambda b_v=\mathrm{Tr}\{S_{\sigma\lambda}^{(\mathrm{c})}\bar{F}_{v'}^{\sigma}\Gamma H_v^{(\mathrm{b})}\}$。

$$\begin{aligned}\sqrt{6}\delta f_{V_3} =&\epsilon_b(w+2)[(\bar{\Lambda}^*+\bar{\Lambda})\tau-(2w+1)\tau_1-\tau_2]\\&+\epsilon_c[4(w\bar{\Lambda}^*-\bar{\Lambda})\tau+(2+w)\tau_1+(2+3w)\tau_2]\end{aligned}$$

对 $\bar{B}\to D_2^* e\bar{\nu}_e$，请证明对形状因子的修正是

$$\begin{aligned}&\delta k_V=-\epsilon_b[(\bar{\Lambda}^*+\bar{\Lambda})\tau-(2w+1)\tau_1-\tau_2]-\epsilon_c[\tau_1-\tau_2]\\&\delta k_{A_1}=-\epsilon_b(w-1)[(\bar{\Lambda}^*+\bar{\Lambda})\tau-(2w+1)\tau_1-\tau_2]-\epsilon_c(w-1)[\tau_1-\tau_2]\\&\delta k_{A_2}=-2\epsilon_c\tau_1\\&\delta k_{A_3}=\epsilon_b[(\bar{\Lambda}^*+\bar{\Lambda})\tau-(2w+1)\tau_1-\tau_2]-\epsilon_c[\tau_1+\tau_2]\end{aligned}$$

这里，$\epsilon_c=1/(2m_c),\epsilon_b=1/(2m_b),\tau_1=\tau_1^{(c)},\tau_2=\tau_2^{(c)}$。

(e) 弱流的零反冲矩阵元是由 $f_{V_1}(1)$ 决定的。对这个流的 $1/m_Q$ 修正意味着

$$\sqrt{6}f_{V_1}(1)=-8\epsilon_c(\bar{\Lambda}^*-\bar{\Lambda})\tau(1)$$

请证明对态的 $1/m_Q$ 修正不改变这个关系。

4. 请解释为什么从粲（charm）和底（bottom）夸克的动能给出的的 χ_1 都是一样的。

5. 请证明 $\bar{B}\to D^{(*)}$ 的矩阵元意味着对 $\bar{B}\to D^{(*)}$ 的产生于拉氏量中色磁项形状因子 $1/m_Q$ 修正中的 $\chi_1(1)-2\chi_3(1)=0$。

6. 请证明关于 $\overline{\mathrm{MS}}$ 质量和极点质量间关系的式（4.77）。

7. 计算对在第 2 章中定义的形状因子比值 R_1 和 R_2 的 $\Lambda_{QCD}/m_{c,b}$ 阶的修正。把结果用 $\bar{\Lambda}$,ξ_3 和 χ_{1-3} 表示出来。

4.10 参考文献

在下列文献中计算了拉氏量的 $1/m_Q$ 修正：

Eichten E, Hill B. Phys. Lett. B243, 1990: 427.

Falk A F, Luke M E, Grinstein B. Nucl. Phys. B357, 1991: 185.

在下列文献中对于介子衰变证明了 Luke 定理：

Luke M E. Phys. Lett. B252, 1990: 447.

而在下列文献中扩展到普遍情况：

Boyd C G, Brahm D E. Phys. Lett. B257, 1991: 393.

在下列文献中讨论了重子形状因子的 $1/m_Q$ 修正：

Georgi H, Grinstein B, Wise M B. Phys. Lett. B252, 1990: 456.

在下列文献中把重参数化不变性用公式表述：

Luke M E, Manohar A V. Phys. Lett. B286, 1992: 348.

它的应用请见：

Neubert M. Phys. Lett. B306, 1993: 357.

对于从遍举（exclusive）衰变确定 V_{cb} 的早期讨论请见：

Neubert M. Phys. Lett. B264, 1991: 455.

在下列文献中讨论了利用一个剩余质量项把 HQET 公式化：

Falk A F, Neubert M, Luke M E. Nucl. Phys. B388, 1992: 363.

在下列文献中研究了 QCD 正规子：

G.'t Hooft. The Whys of Subnuclear Physics. New York, 1978.

在下列文献中研究了用极点质量时正规子的不确定性：

Bigi II, Shifman M A, Uraltsev N G, et al. Phys.Rev.D50, 1994: 2234.

Beneke M, Braun V M. Nucl. Phys. B426, 1994: 301.

在下列文献中证明了在微扰和非微扰修正之间正规子不确定性的抵消：

Beneke M, Braun V M, Zakharov V I. Phys.Rev.Lett.73, 1994: 3058.

Luke M E, Manohar A V, Savage M J. Phys. Rev. D51, 1995: 4924.

Neubert M, Sachrajda C T. Nucl. Phys. B438, 1995: 235.

关于正规子最近的评述请见：

Beneke M. hep-ph/9807443.

在下列文献中考虑了对于 $\bar{B} \to D^{(*)}$ 和 $\Lambda_b \to \Lambda_c$ 半轻子衰变形状因子的 $1/m_Q^2$ 阶修正：

Falk A F, Neubert M. Phys.Rev.D47, 1993: 2965, D47, 1993: 2982.

对于 $1/m_Q^2$ 阶 HQET 拉氏量请见：

Mannel T. Phys. Rev. D50, 1994: 428.

Bigi I I, Shifman M A, Uraltsev N G, et al. Phys. Rev. D52, 1995: 196.

Blok B, Korner J G, Pirjol D, et al. Nucl. Phys. B496, 1997: 358.

Bauer C, Manohar A V. Phys. Rev. D57, 1998: 337.

对于 $1/m_Q^3$ 阶 HQET 拉氏量请见：

Manohar A V. Phys. Rev. D56, 1997: 230.

Pineda A, Soto J. hep-ph/9802365.

在下列文献中讨论了 NRQCD：

Caswell W E, Lepage G P. Phys. Lett. B1667, 1986: 437.

Lepage G P, Thacker B A. Presented at the Int. Symp. on Quantum Field Theory on the Lattice, Seillac, France 1987.

Bodwin G T, Braaten E, Lepage G P. Phys. Rev. D51, 1995: 1125.

Labelle P. Phys. Rev. D58, 1998: 093013.

Grinstein B, Rothstein L Z. Phys. Rev. D57, 1998: 78.

在下列文献中讨论了对于衰变到激发态粲介子的形状因子的 $1/m_Q$ 修正：

Leibovich A, Ligeti Z, Stewart I, et al. Phys. Rev. Lett. 78, 1997: 3995, Phys. Rev. D57, 1998: 308.

还请见：

Neubert M. Phys. Lett. B418, 1998: 173.

第 5 章 手征微扰论

在 1.4 节中，我们讨论了如何用公式叙述低动量赝标 Goldstone 玻色子，如 π 介子的自相互作用等效手征拉氏量（Lagrangian）。手征拉氏量也能用于描述 π 介子与含有一个重夸克的强子的相互作用。只要 π 介子是软的，即具有 $p \ll \Lambda_{\mathrm{QCD}}$ 的动量，手征微扰论就可用于这类相互作用。重味强子的手征微扰论使用了轻夸克的 $SU(3)_{\mathrm{L}} \times SU(3)_{\mathrm{R}}$ 对称性的自发破缺和重夸克的自旋-味对称性。在这一章，我们研究在重味强子 -π 介子相互作用中，手征对称性和重夸克对称性相结合的含义。

5.1 重味介子

在这一节，我们将得到描述 π, K 和 η 与重味介子基态的 $s_\ell = 1/2$ 自旋对称性的二重态—— P_a 和 P_a^* ——的低动量相互作用手征拉氏量。在这一章稍后一点的地方也将给出某些手征拉氏量的应用。其他重味强子多重态，如重味重子的手征拉氏量也能类似地得到，它被留作本章末尾的习题。

正如在第 2 章中指出的，我们可把 P_a 和 P_a^* 场组合成一个 4×4 的矩阵:

$$H_a = \frac{1+\psi}{2}(P_a^{*\mu}\gamma_\mu + \mathrm{i}P_a\gamma_5) \tag{5.1}$$

它在手征对称性未破缺的 $SU(3)_V$ 子群下像一个反三重态一样地变换:

$$H_a \to H_b V_{ba}^\dagger \tag{5.2}$$

在重夸克自旋对称性下像一个二重态一样地变换:

$$H_a \to D_Q(R)H_a \tag{5.3}$$

在第 2 章中，场 P_a, P_a^* 和矩阵 H 也是用重夸克的味和速度来标记的。在这一章，我们主要考虑轻夸克动力学，所以只要有可能这些标记就会被去掉。

P 和 P^* 与低动量赝 Goldstone 玻色子强相互作用的拉氏量应该是与式 (5.2) 和式 (5.3) 定义的手征对称性和重夸克对称性一致的最普遍的一种，在领头阶它应包含最少数量的微分和插入的轻夸克质量矩阵。像非 Goldstone 玻色子的 P 和 P^* 那样的场被称为物质场。在未破缺的矢量 $SU(3)_V$ 对称性下物质场具有明确的变换规则，但它们不必构成自发破缺的 $SU(3)_{\mathrm{L}} \times SU(3)_{\mathrm{R}}$ 手征对称性的表示。为构建手征拉氏量，最好定义一个在完整的 $SU(3)_{\mathrm{L}} \times SU(3)_{\mathrm{R}}$ 手征对称性群下这样变换的 H 场，它在未破缺的矢量子群下变换约化到式 (5.2)。在 $SU(3)_{\mathrm{L}} \times SU(3)_{\mathrm{R}}$ 对称性下，H 的变换不是唯一确定的，但人们可以证明所有这类的拉氏量都可通过场的重新定义相互关联，所以可对任意物理的可观测量做出相同的预言。

例如，人们可取一个场 $\hat{H}_a$，它在手征 $SU(3)_{\mathrm{L}} \times SU(3)_{\mathrm{R}}$ 之下，按照

$$\hat{H}_a \to \hat{H}_b L_{ba}^\dagger \tag{5.4}$$

变换。这个变换性质在单挑选出 $SU(3)_{\mathrm{L}}$ 变换的特殊作用时有些不太寻常。那时 $\hat{H}$ 的宇称变换就只能像式 (5.4) 一样变换，不过要用 R 代替 L。它把下面的宇称变换规则强加给了我们:

$$P\hat{H}_a(\boldsymbol{x},t)P^{-1} = \gamma^0 \hat{H}_b(-\boldsymbol{x},t)\gamma^0 \Sigma_{ba}(-\boldsymbol{x},t) \tag{5.5}$$

其中，Σ 是等式 (1.99) 定义的矩阵。

很清楚，式 (5.4) 在 $L \leftrightarrow R$ 变换下不是对称的，这使得宇称变换规则包含了 Σ 场。使 H 有一个更为对称的变换是方便的。关键是引入一个场

$$\xi = \exp(\mathrm{i}M/f) = \sqrt{\Sigma} \tag{5.6}$$

由于式 (5.6) 中的平方根，在手征 $SU(3)_{\mathrm{L}} \times SU(3)_{\mathrm{R}}$ 变换下，ξ 以一个非常复杂的方式变换，

$$\xi \to L\xi U^\dagger = U\xi R^\dagger \tag{5.7}$$

其中，U 是一个 L，R 和介子场 $M(x)$ 的函数。因为它依赖于介子场，即使人们做的是一个 L 和 R 为常数的整体手征变换，幺正矩阵 U 是空间-时间相关的。

在一个 $SU(3)_V$ 变换 $L=R=V$ 之下，ξ 有简单的变换规则:

$$\xi \to V\xi V^\dagger \tag{5.8}$$

且

$$U=V \tag{5.9}$$

而场

$$H_a = \hat{H}_b \xi_{ba} \tag{5.10}$$

在 $SU(3)_\mathrm{L}\times SU(3)_\mathrm{R}$ 变换下按

$$H_a \to H_b U_{ba}^\dagger \tag{5.11}$$

变换。宇称变换

$$\begin{aligned} PH_aP^{-1} &= \gamma^0 \hat{H}_c \gamma^0 \Sigma_{cb} \xi_{ba}^\dagger \\ &= \gamma^0 H_a \gamma^0 \end{aligned} \tag{5.12}$$

不再包含 Σ。对一个一般的物质场来说，使用一个具有像式 (5.11) 那样变换规则的场是方便的，该式包含 U 但不包含 L 和 R，并在 $SU(3)_V$ 下能约化到正确的变换规则。例如，如果 X 是一个物质场，它在 $SU(3)_V$ 对称性下像一个伴随表示一样变换 $X\to VXV^\dagger$，人们就可以选取手征变换规则 $X\to UXU^\dagger$。

对物理可观测量，H 和 $\hat{H}$ 将导致相同的预言，因为它们通过式 (5.10) 中场的重新定义相关联，

$$H = \hat{H} + \frac{\mathrm{i}}{f}\hat{H}M + \cdots \tag{5.13}$$

它改变了离壳格林函数，但不改变 S 矩阵元。在本章，我们使用 H 场，它在 $SU(3)_\mathrm{L}\times SU(3)_\mathrm{R}$ 和宇称对称性下按照式 (5.11) 和式 (5.12) 进行变换。除非明确说明，求迹都是对双旋量洛伦兹指标做的，而重复的 $SU(3)$ 指标（用小写罗马字符表示）是要求和的。

诸如 H 那样的物质场的手征拉氏量通常是用 ξ 来写的而不是用对 Goldstone 玻色子的 Σ 。ξ 有一个包含 U,L 和 R 的变换规则，而物质场的变换规则只包含 U。因此在构建不变拉氏量的那些项时，构成在变换规则中只含有 U 的 ξ 的组合是有用的。两种具有一个微分的这样的组合是

$$\begin{aligned} \mathbb{V}_\mu &= \frac{\mathrm{i}}{2}(\xi^\dagger\partial_\mu\xi + \xi\partial_\mu\xi^\dagger) \\ \mathbb{A}_\mu &= \frac{\mathrm{i}}{2}(\xi^\dagger\partial_\mu\xi - \xi\partial_\mu\xi^\dagger) \end{aligned} \tag{5.14}$$

使用式 (5.7) 中 ξ 的变换规则，它们在 $SU(3)_\mathrm{L}\times SU(3)_\mathrm{R}$ 变换下按照

$$\mathbb{V}_\mu \to U\mathbb{V}_\mu U^\dagger + \mathrm{i}U\partial_\mu U^\dagger, \qquad \mathbb{A}_\mu \to U\mathbb{A}_\mu U^\dagger \tag{5.15}$$

变换。这样，$\mathbb{A}_\mu$ 在 U 变换下像伴随表示一样地变换，且具有一个轴矢量场的量子数；而 $\mathbb{V}_\mu$ 像一个 U 规范场一样地变换，且具有一个矢量场的量子数。$\mathbb{V}_\mu$ 可用来定义一个手征协变微分，$D_\mu=\partial_\mu-\mathrm{i}\mathbb{V}_\mu$，它可用于 U 变换下的场。作用于一个像表示 **3** 一样变换的场 F_a，协变微分为

$$(DF)_a = \partial F_a - \mathrm{i}\mathbb{V}_{ab}F_b \tag{5.16}$$

而作用于一个像 $\bar{\mathbf{3}}$ 表示一样变换的场 G_a，协变微分为

$$(DG)_a = \partial G_a + \mathrm{i}G_b\mathbb{V}_{ba} \tag{5.17}$$

H 场的手征拉氏量由那些在手征 $SU(3)_\mathrm{L}\times SU(3)_\mathrm{R}$ 对称性和重夸克对称性下不变的项给出。仅有的具有零微分的项是 H 场的质量项 $M_H\mathrm{Tr}\bar{H}_aH_a$。使用 $\mathrm{e}^{-\mathrm{i}M_Hvx}$ 标度重介子场可移除这个质量项。一旦这样做了，对重介子场的微分就会产生微小剩余动量的因子，于是通常手征微扰论的幂次计数就能使用了。标度 H 场以移除质量项等价于测量等效理论中相对于 H 场质量 M_H 而不是 m_Q 的能量。

唯一允许的具有一个微分的项是

$$\mathcal{L} = -\mathrm{i}\mathrm{Tr}\bar{H}_a v_\mu(\partial^\mu\delta_{ab}+\mathrm{i}\mathbb{V}^\mu_{ba})H_b + g_\pi\mathrm{Tr}\bar{H}_aH_b\gamma_\nu\gamma_5\mathbb{A}^\nu_{ba} \tag{5.18}$$

重夸克的自旋对称性意味着在拉氏量中 $\bar{H}$ 和 H 的“重夸克一边”，即在迹中的两个场之间，不会出现 γ 矩阵。任何的 γ 矩阵组合可出现在轻夸克一边，即迹中 H 的右边。因为低动量的 Goldstone 玻色子交换不改变重夸克的速度，故式 (5.18) 中的 H 场处于相同的速度。很容易证明对 $\mathrm{Tr}\bar{H}H\Gamma$ 有非零贡献的 γ 矩阵只有 $\Gamma=1$ 和 $\Gamma=\gamma_\mu\gamma_5$。 $\Gamma=1$ 的项是先前讨论过的 H 场的质量项。$\Gamma=\gamma_\mu\gamma_5$ 的项是与 Goldstone 玻色子的轴耦合。重夸克对称性意味着在 $1/m_\mathrm{Q}$ 的领头阶，耦合常数 g_π 不依赖重夸克质量，即对 D 和 $\bar{\mathrm{B}}$ 介子系统它具有相同的值。拉氏量密度式 (5.18) 式中的动能项意味着 P_a 和 P_a^* 介子的传播子分别为

$$\frac{\mathrm{i}\delta_{ab}}{2(v\cdot k+\mathrm{i}\varepsilon)}, \qquad \frac{-\mathrm{i}\delta_{ab}(g_{\mu\nu}-v_\mu v_\nu)}{2(v\cdot k+\mathrm{i}\varepsilon)} \tag{5.19}$$

在式 (5.18) 中来自于 $\mathbb{V}_\nu$ 的拉格朗日密度的项含有偶数个赝标 Goldstone 玻色子场，而来自于 $\mathbb{A}_\nu$ 且正比于 g_π 的项含有奇数个赝标 Goldstone 玻色子场。

按 M 展开 $\mathbb{A}_\nu, \mathbb{A}_\nu = -\partial_\nu M/f + \cdots$，给出 $\mathrm{P^*PM}$ 和 $\mathrm{P^*P^*M}$ 耦合

$$\mathcal{L}_{\text{int}} = \left(\frac{2\mathrm{i}g_\pi}{f} P_a^{*\nu\dagger} P_b \partial_\nu M_{ba} + h.c.\right) - \frac{2\mathrm{i}g_\pi}{f} P_a^{*\alpha\dagger} P_b^{*\beta} \partial^\nu M_{ba} \varepsilon_{\alpha\lambda\beta\nu} v^\lambda \tag{5.20}$$

作为重夸克对称性的结果，在 $1/m_\mathrm{Q}$ 的领头阶，$\mathrm{P^*PM}$ 和 $\mathrm{P^*P^*M}$ 的耦合常数相等；而由于宇称，PPM 耦合为零。耦合常数 g_π 确定了树图阶的 $\mathrm{D^*} \to \mathrm{D}\pi$ 的衰变宽度

$$\Gamma(\mathrm{D}^{*+} \to \mathrm{D}^0\pi^+) = \frac{g_\pi^2 |\mathbf{p}\pi|^3}{6\pi f^2} \tag{5.21}$$

由于同位旋对称性，在末态有一个中性 π 介子的宽度是该值的一半。$\mathrm{B^*}$-B 质量劈裂小于 π 的质量，所以类似的 $\mathrm{B^*} \to \mathrm{B}\pi$ 衰变不会发生。

作为对手征拉氏量的修正，把明显破缺手征对称性和重夸克对称性的效应系统地包含进来是可能的。在 $\Lambda_{\mathrm{QCD}}/m_\mathrm{Q}$ 阶，重夸克自旋对称性破坏只通过磁矩算符 $\bar{Q}_v g\sigma^{\mu\nu} G_{\mu\nu}^A T^T Q_v$ 发生，该算符在 $SU(3)_\mathrm{L} \times SU(3)_\mathrm{R}$ 手征对称性下按照单态变换，在重夸克自旋对称性下按照矢量变换。在微分展开中的领头阶，通过把

$$\delta\mathcal{L}^{(1)} = \frac{\lambda_2}{m_\mathrm{Q}} \mathrm{Tr} \bar{H}_a \sigma^{\mu\nu} H_a \sigma_{\mu\nu} \tag{5.22}$$

加入到式 (5.18) 的拉氏量密度来计入它的效应。$\delta\mathcal{L}^{(1)}$ 的唯一效果是移动 P 和 P^* 介子的质量，引起质量差

$$\Delta^{(\mathrm{Q})} = m_{P*} - m_P = -8\frac{\lambda_2}{m_\mathrm{Q}} \tag{5.23}$$

包含了这个效应，P 和 P^* 的传播子分别为

$$\frac{\mathrm{i}\delta_{ab}}{2(v\cdot k + 3\Delta^{(\mathrm{Q})}/4 + \mathrm{i}\varepsilon)}, \quad \frac{-\mathrm{i}\delta_{ab}(g_{\mu\nu} - v_\mu v_\nu)}{2(v\cdot k - \Delta^{(\mathrm{Q})}/4 + \mathrm{i}\varepsilon)} \tag{5.24}$$

在静止系 $v = v_r$，一个在壳的 P 具有剩余能量 $-3\Delta^{(\mathrm{Q})}/4$，而一个在壳的 P^* 具有剩余能量 $\Delta^{(\mathrm{Q})}/4$。在处理有一个真实的 P 介子且 P^* 仅以一个虚粒子出现的情况时，使用一个额外的量，$H \to \mathrm{e}^{3\mathrm{i}\Delta^{(\mathrm{Q})} vx/4} H$，去重新标度重介子场，以使 P 和 P^* 的传播子分别变成

$$\frac{\mathrm{i}\delta_{ab}}{2(v\cdot k + \mathrm{i}\varepsilon)} \quad 和 \quad \frac{-\mathrm{i}\delta_{ab}(g_{\mu\nu} - v_\mu v_\nu)}{2(v\cdot k - \Delta^{(\mathrm{Q})} + \mathrm{i}\varepsilon)} \tag{5.25}$$

是方便的。这个重标度等价于测量相对于赝标介子质量的能量，而不是 PP^* 多重态的平均质量。

在 $SU(3)_{\rm L}\times SU(3)_{\rm R}$ 下按照 $m_{\rm q}\to Lm_{\rm q}R^\dagger$ 变换的夸克质量矩阵 $m_{\rm q}$ 明显地破缺了手征对称性。把与 $m_{\rm q}$ 成线性关系的项加入拉格朗日密度可给出最低阶的手征对称性破缺效应:

$$\begin{aligned}\delta\mathcal{L}^{(2)}=&\sigma_1{\rm Tr}\bar{H}_aH_b(\xi m_{\rm q}^\dagger\xi+\xi^\dagger m_{\rm q}\xi^\dagger)_{ab}\\&+\sigma_1'{\rm Tr}\bar{H}_aH_a(\xi m_{\rm q}^\dagger\xi+\xi^\dagger m_{\rm q}\xi^\dagger)_{bb}\end{aligned}\tag{5.26}$$

其中，$m_{\rm q}$ 是轻夸克的质量矩阵。用 π 场展开 $\xi,\xi=1+\cdots$，很容易看到由于 $SU(3)_V$ 的破缺，第一项导致了重介子间的质量差。第二项是由于轻夸克的质量导致的介子质量的整体移动。它能区别于手征对称项 ${\rm Tr}HH$，因为它包含 π-H 相互作用项。σ_1' 项类似于 π- 核子散射中的 σ 项。因为这两项都含有一个明显的手征对称性破缺的因子，它们都含有赝标 Goldstone 玻色子与重介子的 π 相互作用，它在赝标 Goldstone 玻色子的四动量降到零时并不消失。

由于奇异夸克质量并不像 u 和 d 夸克质量那么小，通常仅仅基于手征 $SU(2)_{\rm L}\times SU(2)_{\rm R}$ 的预言比使用完整的 $SU(3)_{\rm L}\times SU(3)_{\rm R}$ 对称性群的结果要好得多。通过把味指标限制在 1—2，且利用 M 的式 (1.100) 中的上角的 2×2 矩阵块，并忽略 η，本节的结果就可用于手征 $SU(2)_{\rm L}\times SU(2)_{\rm R}$。重要的是要注意在 $SU(2)_{\rm L}\times SU(2)_{\rm R}$ 手征拉氏量中的 g_π,σ_1,σ_1' 等参数的值与在 $SU(3)_{\rm L}\times SU(3)_{\rm R}$ 手征拉氏量中的那些值不同。两味的拉氏量可通过积掉三味拉氏量中的 K 和 η 场得到。

5.2 非相对论组分夸克模型中的 g_π

非相对论组分夸克模型是 QCD 在非微扰区的一个唯象模型。强子中的夸克被看成非相对论的，并且借助于一个势 $V(r)$ 相互作用，该势通常被固定成在远距离是线性的，而其短程是库仑势。胶子自由度除了在引起这个势和赋予轻夸克以很大的组分质量 $m_{\rm u}\simeq m_{\rm d}\simeq 350$ MeV$,m_{\rm s}\simeq 500$ MeV 时的隐性作用之外，它是被忽略的。这个简单的模型以惊人的精确度预言了强子的很多性质。

我们使用夸克模型计算矩阵元

$$\langle D^+|\bar{u}\gamma^3\gamma_5 d|D^{*0}\rangle\tag{5.27}$$

其中，D^{*0} 介子在自旋量子化的 $\hat{z}$ 轴上有 $S_z=0$，并且重介子态是静止的。为计算这个跃迁矩阵元，我们需要基于非相对论组分夸克场的算符 $\bar{u}\gamma^3\gamma_5 d$ 以及 D^+

和 D^{*0} 态矢。基于非相对论组分场，夸克场可分解为

$$q = \begin{pmatrix} q_{\mathrm{nr}}(\uparrow) \\ q_{\mathrm{nr}}(\downarrow) \\ -\bar{q}_{\mathrm{nr}}(\downarrow) \\ \bar{q}_{\mathrm{nr}}(\uparrow) \end{pmatrix} + \cdots \tag{5.28}$$

其中，"$\cdots$" 表示具有微分的项。场 q_{nr} 消灭一个组分夸克，$\bar{q}_{\mathrm{nr}}$ 产生一个组分反夸克，它们沿 $\hat{z}$ 轴的自旋如箭头所示。(将电荷共轭算符作用于上面的两个元素就得到下面的两个元素。) 使用这种分解，人们发现

$$\begin{aligned} \bar{u}\gamma^3\gamma_5 d =& \bar{u}^\dagger_{\mathrm{nr}}(\downarrow)\bar{d}_{\mathrm{nr}}(\downarrow) - \bar{u}^\dagger_{\mathrm{nr}}(\uparrow)\bar{d}_{\mathrm{nr}}(\uparrow) \\ & + \text{包含夸克场的项} \end{aligned} \tag{5.29}$$

在式 (5.27) 的矩阵元中，D 和 D^* 态的空间的和色的波函数的重叠度为 1。算符只非平庸地作用于态矢的自旋 - 味部分。在我们的约定中 (见第 2 章)，$2\mathrm{i}[S^3_Q, D] = -D^{*3}$，并且这个对易关系确定了 D 和 D^* 态矢的相对相位。明确地说，

$$\begin{aligned} |D^{*0}\rangle &= |c\uparrow\rangle|\bar{u}\downarrow\rangle + |c\downarrow\rangle|\bar{u}\uparrow\rangle \\ |D^{+}\rangle &= \mathrm{i}(|c\uparrow\rangle|\bar{d}\downarrow\rangle - |c\downarrow\rangle|\bar{d}\uparrow\rangle) \end{aligned} \tag{5.30}$$

式 (5.29) 和式 (5.30) 给出了

$$\langle D^+|\bar{u}\gamma^3\gamma_5 d|D^{*0}\rangle = -2\mathrm{i} \tag{5.31}$$

其中，静止的重介子态归一化到 2。

使用 1.7 节中用过的把 f 与轴矢流关联起来的同样方法，可将式 (5.27) 中的矩阵元与手征拉氏量中的耦合常数 g_π 关联起来。在一个无穷小轴矢变换

$$R = 1 + \mathrm{i}\epsilon^B T^B, \quad L = 1 - \mathrm{i}\epsilon^B T^B \tag{5.32}$$

之下，QCD 拉格朗日密度改变为

$$\delta\mathcal{L}_{\mathrm{QCD}} = -A^B_\mu \partial^\mu \epsilon^B \tag{5.33}$$

其中，A_μ^B 是轴矢流

$$A_\mu^B = \bar{q}\gamma_\mu\gamma_5 T^B q \tag{5.34}$$

在方程 (5.34) 中，$SU(3)$ 生成元 T^B 作用于味空间，并且去掉了色指标。变换规则 $\Sigma \to L\Sigma R^\dagger$，意味着在方程 (5.32) 中的手征变换下，赝标 Glodstone 玻色子场像

$$\delta M = -f\epsilon^B T^B + \cdots \tag{5.35}$$

一样变换，其中，“$\cdots$”表示包含 M 的项。式 (5.4) 和式 (5.10) 式意味着在一个无穷小的手征变换下，直至包含赝标 Glodstone 玻色子场之前的那些项重介子场的变化都为零。因此，在式 (5.32) 的无穷小轴矢变换下，有效拉氏量式 (5.18) 的变化为

$$\delta\mathcal{L}_{\text{int}} = (2g_\pi \mathrm{i} P_b^{*\nu} P_a^\dagger T_{ba}^B \partial_\nu \epsilon^B + h.c.) + 2\mathrm{i}g_\pi P_a^{*\alpha\dagger} P_b^{*\beta} T_{ba}^B \epsilon_{\alpha\lambda\beta\nu} v^\lambda \partial^\nu \epsilon^B + \cdots \tag{5.36}$$

把 $\delta\mathcal{L}_{\text{int}}$ 和 $\delta\mathcal{L}_{\text{QCD}}$ 画等号意味着对于重介子场间的矩阵元，轴矢流可写成

$$A_\mu^B = (-2\mathrm{i}g_\pi P_{b\mu}^* P_a^\dagger T_{ba}^B + h.c.) - 2\mathrm{i}g_\pi P_a^{*\alpha\dagger} P_b^{*\beta} T_{ba}^B \epsilon_{\alpha\lambda\beta\mu} v^\lambda + \cdots \tag{5.37}$$

其中，“$\cdots$”表示包含着赝标 Glodstone 玻色子场的那些项。使用方程 (5.37) 导致

$$\langle D^+|\bar{u}\gamma^3\gamma_5 d|D^{*0}\rangle = -2\mathrm{i}g_\pi \tag{5.38}$$

所以非相对论组分夸克模型预言了 $g_\pi = 1$。重夸克味道对称性意味着同一个 g_π 既确定 $\mathrm{DD}^*\pi$ 耦合也确定 $\mathrm{BB}^*\pi$ 耦合。与实验值的 1.25 相比，核子间轴矢流矩阵元的一个类似结果导致了在非相对论组分夸克模型中 $g_\mathrm{A} = 5/3$ 的预言。最近 UKQCD 合作组通过格点蒙特卡罗 (Monte-Carlo) 模拟发现 $g_\pi = 0.42$ (G.M. de Divitiis et al., hep-lat/9807032)。

5.3 $\bar{\mathrm{B}} \to \pi \mathrm{e}\bar{\nu}_\mathrm{e}$ 和 $\mathrm{D} \to \pi\bar{\mathrm{e}}\nu_\mathrm{e}$ 衰变

$\bar{\mathrm{B}} \to \pi \mathrm{e}\bar{\nu}_\mathrm{e}$ 和 $\mathrm{D} \to \pi\bar{\mathrm{e}}\nu_\mathrm{e}$ 的衰变率可用跃迁矩阵元

$$\langle\pi(p_\pi)|\bar{q}_a\gamma_\mu(1-\gamma_5)Q|P^{(\mathrm{Q})}(p_P)\rangle = f_+^{(\mathrm{Q})}(p_P+p_\pi)_\mu + f_-^{(\mathrm{Q})}(p_P-p_\pi)_\mu \tag{5.39}$$

确定。这里，$f_-^{(\mathrm{Q})}$ 可以忽略不计，因为在衰变振幅中，它的贡献正比于轻子的质量。形状因子通常取为 $q^2=(p_P-p_\pi)^2$。然而，这里把形状因子 $f_+^{(\mathrm{Q})}$ 和 $f_-^{(\mathrm{Q})}$ 看作 $v\cdot p_\pi$ 的函数，其中，$p_P=m_P v$ 是方便的。方程 (5.39) 的右边可被重写成

$$[f_+^{(\mathrm{Q})}+f_-^{(\mathrm{Q})}]m_P v_\mu+[f_+^{(\mathrm{Q})}-f_-^{(\mathrm{Q})}]p_{\pi\mu} \tag{5.40}$$

在相空间 $v\cdot p_\pi \ll m_{\mathrm{Q}}$ 的区域，转移到轻自由度的动量比重夸克质量要小，因此到 HQET 的转换是合适的。除了在左手流与相应的 HQEF 算符匹配时 m_{Q} 的对数，方程 (5.39) 的左边只通过 $P^{(\mathrm{Q})}$ 态的归一化与 m_{Q} 相关，所以它正比于 $\sqrt{m_{\mathrm{Q}}}$。这给出了对大 m_{Q} 的下述标度

$$\begin{aligned} f_+^{(\mathrm{Q})}+f_-^{(\mathrm{Q})} &\sim \mathcal{O}(1/\sqrt{m_{\mathrm{Q}}})\\ f_+^{(\mathrm{Q})}-f_-^{(\mathrm{Q})} &\sim \mathcal{O}(1/\sqrt{m_{\mathrm{Q}}}) \end{aligned} \tag{5.41}$$

以及在 $m_{\mathrm{Q}}\to\infty$ 时，$f_+^{(\mathrm{Q})}=-f_-^{(\mathrm{Q})}$。

忽略了微扰修正，我们就得到了 B 和 D 形状因子间的关系:

$$\begin{aligned} f_+^{(\mathrm{b})}+f_-^{(\mathrm{b})} &= \sqrt{\frac{m_{\mathrm{D}}}{m_{\mathrm{B}}}}[f_+^{(\mathrm{c})}+f_-^{(\mathrm{c})}]\\ f_+^{(\mathrm{b})}-f_-^{(\mathrm{b})} &= \sqrt{\frac{m_{\mathrm{B}}}{m_{\mathrm{D}}}}[f_+^{(\mathrm{c})}-f_-^{(\mathrm{c})}] \end{aligned} \tag{5.42}$$

其中，在方程 (5.42) 式中，$\mathrm{Q}=\mathrm{b}$ 和 $\mathrm{Q}=\mathrm{c}$ 的形状因子是在同一 $v\cdot p_\pi$ 值下计算的。由于衰变率几乎是独立于 $f_-^{(\mathrm{Q})}$ 的，有一个只是 $f_+^{(\mathrm{b})}$ 和 $f_+^{(\mathrm{c})}$ 间的关系是更有用的。使用方程 (5.42) 中的 $f_+^{(\mathrm{Q})}=-f_-^{(\mathrm{Q})}$ 可给出这样的一个关系：

$$f_+^{(\mathrm{b})}=\sqrt{\frac{m_{\mathrm{B}}}{m_{\mathrm{D}}}}f_+^{(\mathrm{c})} \tag{5.43}$$

方程 (5.43) 在 $v\cdot p_\pi \ll m_{\mathrm{Q}}$ 的那部分相空间把 $\bar{\mathrm{B}}\to\pi \mathrm{e}\bar{\nu}_{\mathrm{e}}$ 和 $\mathrm{D}\to\pi\mathrm{e}\nu_{\mathrm{e}}$ 的衰变率关联起来。

在推导方程 (5.43) 时，做了一个关于形状因子光滑性的隐含假定。我们将看到对非常小的 $v\cdot p_\pi$，这个假定不成立。在这个运动学区域，可用手征微扰论去确定振幅。

在 $SU(3)_{\mathrm{L}}\times SU(3)_{\mathrm{R}}$ 手征对称性下，算符 $\bar{q}_a\gamma^\nu(1-\gamma_5)Q_v$ 按照 $(\bar{\mathbf{3}}_{\mathrm{L}},\mathbf{1}_{\mathrm{R}})$ 变换。这个 QCD 算符在手征拉氏量中是由一个用 H 和 ξ 构建的、并具有相同量子数的算符来表示的。在微分展开的第零阶，它具有如下形式:

$$\bar{q}_a\gamma^\nu(1-\gamma_5)Q_v=\frac{a}{2}\mathrm{Tr}\gamma^\nu(1-\gamma_5)H_b\xi_{ba}^\dagger \tag{5.44}$$

重夸克对称性已被用于限制右边的形式。具有微分和 / 或插入轻夸克质量矩阵 m_{q} 的算符在手征微扰论中都是高阶。记得 $\xi=\exp(\mathrm{i}M/f)=1+\cdots$，故方程 (5.44) 中独立于赝标 Goldstone 玻色子场的那个部分会湮灭 P 和 P^*。在 2.8 节中，我们研究介子衰变常数 f_{D} 和 f_{B} 时已经碰到过这一项。在 $\mu=m_{\mathrm{Q}}$ 时，$a=\sqrt{m_{P(\mathrm{Q})}}f_{P(\mathrm{Q})}$。方程 (5.44) 中与赝标 Goldstone 玻色子场成线性关系的那个部分对式 (5.44) 中的 $P^{(\mathrm{Q})}\to\pi$ 矩阵元有贡献。还有另外一项来自图 5.1 所示的 Feynman 图的贡献，它在手征微扰论中也是领头阶的。在这里，$P^{*(\mathrm{Q})}P^{(\mathrm{Q})}\pi$ 耦合具有一个动量 p_π 的因子，但是它被量级为 $1/p_\pi$ 的 $P^{*(\mathrm{Q})}$ 传播子补偿了。直接的和极点的贡献一起给出了

$$
\begin{aligned}
f_+^{(Q)}+f_-^{(Q)}&=\left[\frac{f_{P(\mathrm{Q})}}{f}\right]\left[1-\frac{g_\pi v\cdot p_\pi}{v\cdot p_\pi+\Delta^{(\mathrm{Q})}}\right]\\
f_+^{(Q)}-f_-^{(Q)}&=\frac{g_\pi f_{P(\mathrm{Q})}m_{P(\mathrm{Q})}}{f[v\cdot p_\pi+\Delta^{(\mathrm{Q})}]}
\end{aligned}
\tag{5.45}
$$

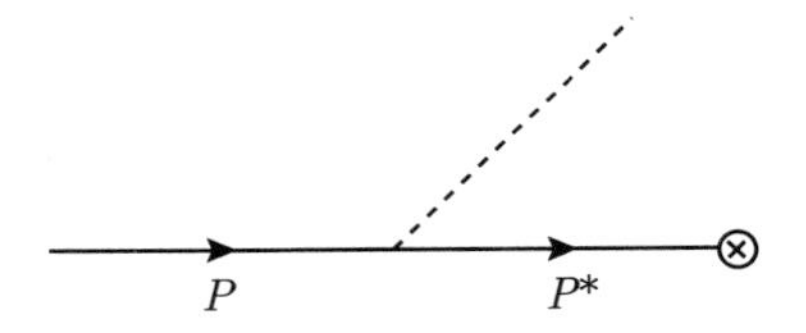

图 5.1 极点图对重介子衰变形状因子的贡献。轴矢流的插入用 $\otimes$ 表示，$\mathrm{PP}^*\pi$ 耦合来自手征微扰论中的 g_π 项

注意 $f_+^{(\mathrm{Q})}-f_-^{(\mathrm{Q})}$ 被 $m_{P(\mathrm{Q})}/(v\cdot p_\pi)$ 增强超过 $f_+^{(\mathrm{Q})}+f_-^{(\mathrm{Q})}$，所以 $f_+^{(\mathrm{Q})}\approx f_-^{(\mathrm{Q})}$。利用这个关系，我们发现手征微扰论对 $f_+^{(\mathrm{Q})}$ 的预言变成

$$
f_+^{(\mathrm{Q})}=\frac{g_\pi f_{P(\mathrm{Q})}m_{P(\mathrm{Q})}}{2f[v\cdot p_\pi+\Delta^{(\mathrm{Q})}]}
\tag{5.46}
$$

对 $v\cdot p_\pi\gg\Delta^{(b,c)}$，如果在 f_{B} 和 f_{D} 的关系中 $1/m_{\mathrm{Q}}$ 的修正很小，则在等式 (5.43) 中 $f_+^{(\mathrm{b})}$ 和 $f_+^{(\mathrm{c})}$ 间的标度关系成立。然而，对几乎静止的 π，等式 (5.43) 有很大的修正，因为 m_π 几乎等于 Δ^{c}。式 (5.46) 的推导只依赖于手征 $SU(2)_{\mathrm{L}}\times SU(2)_{\mathrm{R}}$ 对称性，并且不必假定奇异夸克的质量也很小。

使用手征 $SU(3)_{\mathrm{L}}\times SU(3)_{\mathrm{R}}$，对 $\mathrm{D}\to\mathrm{K}\bar{\mathrm{e}}\nu_{\mathrm{e}}$ 衰变，类似于式 (5.46) 的公式也成立。$\mathrm{D}\to\mathrm{K}\bar{\mathrm{e}}\nu_{\mathrm{e}}$ 微分衰变率的实验数据表明 $f_+^{(\mathrm{D}\to\mathrm{K})}(q^2)$ 与极点形式

$$
f_+^{(\mathrm{D}\to\mathrm{K})}(q^2)=\frac{f_+^{(\mathrm{D}\to\mathrm{K})}(0)}{1-q^2/M^2}
\tag{5.47}
$$

一致，其中，$M=2.1$ GeV。使用 $f_+^{(\mathrm{D}\to\mathrm{K})}(q^2)$ 的这个形式，测量出的衰变率意味着 $|V_{\mathrm{cs}}f_+^{(\mathrm{D}\to\mathrm{K})}(0)|=0.73\pm0.03$。使用 $|V_{\mathrm{cs}}|=0.94$，我们发现它意味着在零反冲时，即 $q^2=q^2_{\max}=(m_{\mathrm{D}}-m_{\mathrm{K}})^2$，形状因子的值为 $|f_+^{(\mathrm{D}\to\mathrm{K})}(q^2_{\max})|=1.31$。对这种情况，式 (5.46) 的零反冲类似是

$$\frac{g_\pi f_{D_s}m_{D_s}}{2f(m_K+m_{D_s^*}-m_D)}=f_+^{(\mathrm{D}\to\mathrm{K})}(q^2_{\max})\tag{5.48}$$

使用 $f_+^{(\mathrm{D}\to\mathrm{K})}(q^2_{\max})$ 的实验值，这意味着 $g_\pi f_{D_s}=129$ MeV。用表 2.3 中 f_{D_s} 的格点计算值，可给出 $g_\pi=0.6$。

5.4　D* 的辐射衰变

在表 5.1 中，展示了测量的 D* 衰变的分支比。$\mathrm{D}^{*0}\to\mathrm{D}^+\pi^-$ 衰变是禁戒的，因为 $m_{\pi^-}>m_{\mathrm{D}^{*0}}-m_{\mathrm{D}^+}$。对 D^{*0} 来说，电磁衰变和强衰变的分支比是可比的。天真地以为，与强衰变相比，电磁衰变应该有一个 α 压低。然而，在这种情况下，因为 $m_{\mathrm{D}^*}-m_{\mathrm{D}}$ 非常接近于 m_π，强衰变是相空间压低的。对 D^{*+} 来说，基于马上就要讨论的相消，它的电磁衰变分支比比 D^{*0} 的要小。$\mathrm{D}_s^{*+}\to\mathrm{D}_s^+\pi^0$ 衰变是同位旋破坏的，因此它的衰变率是十分小的。

表 5.1　测得的 D* 辐射衰变的分支比 [①]

衰变模式	分支比 (%)
$\mathrm{D}^{*0}\to\mathrm{D}^0\pi^0$	61.9 ± 2.9
$\mathrm{D}^{*0}\to\mathrm{D}^0\gamma$	38.1 ± 2.9
$\mathrm{D}^{*+}\to\mathrm{D}^0\pi^+$	68.3 ± 1.4
$\mathrm{D}^{*+}\to\mathrm{D}^+\pi^0$	30.6 ± 2.5
$\mathrm{D}^{*+}\to\mathrm{D}^+\gamma$	1.7 ± 0.5
$\mathrm{D}_s^{*+}\to\mathrm{D}_s^+\pi^0$	5.8 ± 2.5
$\mathrm{D}_s^{*+}\to\mathrm{D}_s^+\gamma$	94.2 ± 2.5

① $\mathrm{D}^{*+}\to\mathrm{D}^+\gamma$ 的分支比来自于最近 CLEO 的测量结果 (J.Bartlet et al., Phys. Rev. Lett. 80, 1998, 3919)。

$\mathrm{D}_a^*\to\mathrm{D}_a\gamma$ 矩阵元有如下形式 (a 是一个 $SU(3)$ 指标，所以 $D_1=D^0,D_2=$

D^+ 及 $D_3 = D_s^+$):

$$\mathcal{M}(\mathrm{D}_a^* \to \mathrm{D}_a\gamma) = e\mu_a \epsilon^{\mu\alpha\beta\gamma}\epsilon_\mu^*(\gamma)v_\alpha k_\beta \epsilon_\gamma(\mathrm{D}^*) \tag{5.49}$$

其中，$\epsilon(\gamma)$ 和 $\epsilon(D^*)$ 是光子和 D^* 的极化矢量，v 是 D^* 的四速度（我们在它的静止系，即 $v = v_r$ 下工作），而 k 是光子的四动量。因子 $e\mu_a/2$ 是一个跃迁磁矩。方程 (5.49) 给出了衰变率

$$\Gamma(\mathrm{D}_a^* \to \mathrm{D}_a\gamma) = \frac{\alpha}{3}|\mu_a|^2|\boldsymbol{k}|^3 \tag{5.50}$$

$\mathrm{D}_a^* \to \mathrm{D}_a\gamma$ 矩阵元从光子通过电磁流的轻夸克部分 $\frac{2}{3}\bar{u}\gamma_\mu u - \frac{1}{3}\bar{d}\gamma_\mu d - \frac{1}{3}\bar{s}\gamma_\mu s$，耦合到轻夸克，以及从光子通过它对电磁流 $\frac{2}{3}\bar{c}\gamma_\mu c$ 耦合到粲夸克得到贡献。来自电磁流 $\mu^{(\mathrm{h})}$ 中的粲夸克的那部分 μ_a 由重夸克对称性确定下来。推导它的最简单方法是考查 $\bar{c}\gamma_\mu c$ 的 $\mathrm{D}^* \to \mathrm{D}$ 矩阵元，在那里 D 的反冲速度近似地由 $v' \approx (1, -\boldsymbol{k}/m_\mathrm{c})$ 给出。取 $\boldsymbol{k}$ 的线性项并使用在第 2 章发展出来的方法，对这个矩阵元的重夸克对称性预言是

$$\mu^{(h)} = \frac{2}{3m_\mathrm{c}} \tag{5.51}$$

它是一个 Dirac 费米子的磁矩。另一个推导式 (5.51) 的方法是把电磁相互作用放进 HQET 的拉氏量中。于是，与第 4 章中讨论的色磁项极为相似，$\mu^{(h)}$ 来自于 $\Lambda_{\mathrm{QCD}}/m_\mathrm{c}$ 量级的磁矩相互作用。来自光子与电磁流的轻夸克部分耦合的那部分 μ_a 用 $\mu_a^{(l)}$ 表示。它未被重夸克对称性确定。然而，在未破缺的 $SU(3)_V$ 群下，电磁流的轻夸克部分像 **8** 一样变换，尽管 D 和 D^* 是 $\bar{\mathbf{3}}$ 态。因为只有一种把一个 **3** 和一个 $\bar{\mathbf{3}}$ 组合成一个 **8** 的方法，借助一个单一的约化矩阵元 β，三个跃迁磁矩 $\mu_a^{(l)}$ 可表示为

$$\mu_a^{(l)} = Q_a\beta \tag{5.52}$$

其中，$Q_1 = 2/3, Q_2 = -1/3$ 和 $Q_3 = -1/3$。

方程 (5.52) 是 $SU(3)_v$ 的一个结果。甚至 $\mu_1^{(l)}$ 和 $\mu_2^{(l)}$ 间的关系也依赖于 $SU(3)_V$ 对称性。u 和 d 夸克对电磁流的贡献是 $I=0$ 和 $I=1$ 两部分的组合，所以单独的同位旋对称性并不意味着 $\mu_1^{(l)}$ 和 $\mu_2^{(l)}$ 间的任何关系。我们预期 $SU(3)_V$ 破缺对 $\mu_a = \mu^{(h)} + \mu_a^{(l)}$ 是非常重要的。这个期望是基于非相对论组分夸克模型的。在那个模型中，D 或 D^* 介子中的 $\bar{\mathrm{u}}$, $\bar{\mathrm{d}}$ 和 $\bar{\mathrm{s}}$ 也被看成是重的，并可使用确定粲夸克对贡献的方法来确定它们对 $\mu_a^{(l)}$ 的贡献。这样就有

$$\mu_1^{(l)} = \frac{2}{3}\frac{1}{m_\mathrm{u}}, \quad \mu_2^{(l)} = -\frac{1}{3}\frac{1}{m_\mathrm{d}}, \quad \mu_3^{(l)} = -\frac{1}{3}\frac{1}{m_\mathrm{s}} \tag{5.53}$$

因为对通常的组分夸克质量值 $m_{\mathrm{u}} \approx m_{\mathrm{d}} = 350\ \mathrm{MeV}, m_{\mathrm{s}} = 500\ \mathrm{MeV}, m_{\mathrm{c}} = 1.5\ \mathrm{GeV}$ 会发生很大的 $SU(3)_V$ 破缺，$\mu_2^{(l)}$ 和 $\mu_3^{(l)}$ 几乎抵消了 $\mu^{(h)}$。这个抵消与表 5.1 中清晰易见的 $\mathrm{D}^{*+} \to \mathrm{D}^{+}\gamma$ 衰变率压低是一致的。使用上面给出的组分夸克质量，非相对论夸克模型对 μ_a 的预言为 $\mu_1 \approx 2.3\ \mathrm{GeV}^{-1}$，$\mu_2 = -0.51\ \mathrm{GeV}^{-1}$ 和 $\mu_3 = -0.22\ \mathrm{GeV}^{-1}$。

在手征微扰论中，领头阶的 $SU(3)_V$ 破缺是 $m_{\mathrm{q}}^{1/2}$ 量级的，且来自于图 5.2 所示的费曼图。这些图是用具有相同四速度 v 的初末态重介子计算的，但末态 D 介子有一个剩余四动量 $-k$。这些图对 μ_a 的贡献是 $m_{(\pi,\mathrm{K})}/f^2$ 量级的，且它们对 m_{q} 的非解析依赖性确保了手征拉氏量中的高阶项不会导致上述的项。

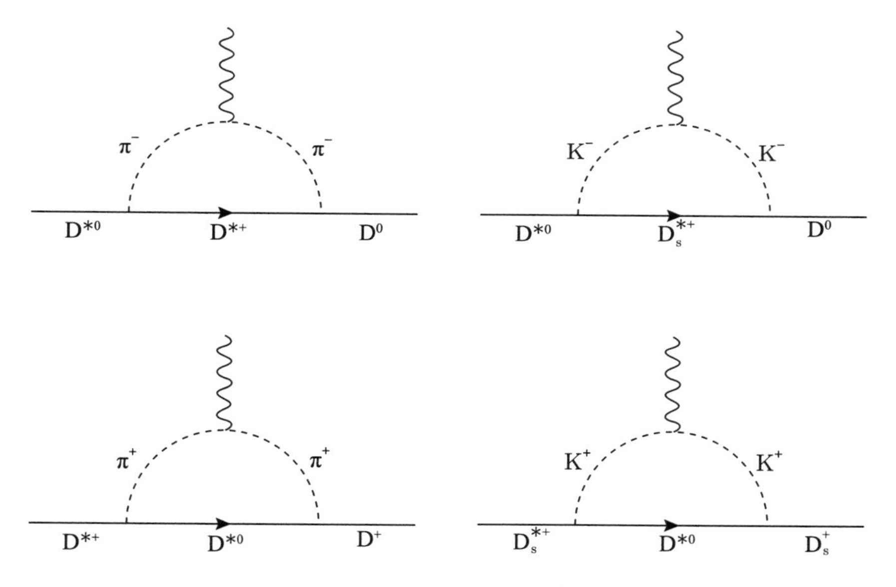

图 5.2　对 D^* 辐射衰变振幅的 $m_{\mathrm{q}}^{1/2}$ 量级的修正

对要计算的图 5.2 中的费曼图，方程 (1.102) 中赝标 Goldstone 玻色子强相互作用的手征拉氏量必须相对于 $SU(3)_V$ 电磁子群的变换标定过。这是通过用协变微分替换 Σ 的微分来做到。

$$\partial_\mu \Sigma \to D_\mu \Sigma = \partial_\mu \Sigma + \mathrm{i}e[Q, \Sigma]\mathcal{A}_\mu \tag{5.54}$$

其中

$$Q = \begin{bmatrix} 2/3 & 0 & 0 \\ 0 & -1/3 & 0 \\ 0 & 0 & -1/3 \end{bmatrix} \tag{5.55}$$

$\mathcal{A}$ 是光子场。电磁相互作用出现在标定 $SU(3)_V$ 对称性未破缺的 $U(1)$ 子群时。因为在 $SU(3)_V$ 对称性下，ξ 像 Σ 一样的变换，ξ 的协变微分为 $D_\mu\xi = \partial_\mu\xi + \mathrm{i}e[Q,\xi]\mathcal{A}_\mu$。

在手征微扰论的领头阶，强相互作用和电磁相互作用由拉氏量

$$\mathcal{L}_{\text{有效}} = \frac{f^2}{8}\mathrm{Tr}D^\mu\Sigma(D_\mu\Sigma)^\dagger + v\mathrm{Tr}(m_\mathrm{q}\Sigma + m_\mathrm{q}\Sigma^\dagger) \tag{5.56}$$

描述，在这里，迹是对轻夸克的味指标求的。它导致了 $MM\gamma$ 相互作用项

$$\mathcal{L}_{\text{int}} = \mathrm{i}e\mathcal{A}_\mu\{[Q,M]_{ab}\partial^\mu M_{ba}\} \tag{5.57}$$

使用由式 (5.20) 和式 (5.57) 得到的费曼规则，我们得到图 5.2 中的最后一个图对 $D_\mathrm{s}^{*+} \to D_\mathrm{s}^+\gamma$ 衰变振幅的贡献:

$$\begin{aligned}\delta\mathcal{M} &= \mathrm{i}\int\frac{\mathrm{d}^nq}{(2\pi)^n}\left(\frac{2}{f}g_\pi\epsilon_{\alpha\lambda\beta\nu}v^\lambda q^\nu\right)\left(\frac{2g_\pi}{f}k^\eta\right)\\&\quad\times\frac{g^{\alpha\eta}}{2v\cdot q}(e2q_\mu)\left(\frac{1}{q^2-m_K^2}\right)^2\epsilon^\beta(D_\mathrm{s}^*)\epsilon^\mu(\gamma)\\&= \frac{4\mathrm{i}g^2e}{f^2}\epsilon_{\alpha\lambda\beta\nu}v^\lambda k^\alpha\epsilon^\beta(D_\mathrm{s}^*)\epsilon_\mu^*(\gamma)\int\frac{\mathrm{d}^nq}{(2\pi)^n}\frac{q^\nu q^\mu}{(q^2-m_K^2)^2v\cdot q}\end{aligned} \tag{5.58}$$

在式 (5.58) 中，只保留了与 k 线性相关的项。在第二个大圆括号中的项是 D_s^*DK 的耦合①。事实上，它正比于 $(q-k)^\eta$，但是 q^η 那部分对 $\delta\mathcal{M}$ 没有贡献。类似地，$KK\gamma$ 耦合正比于 $(2q-k)_\mu$，但是在式 (5.58) 中删掉了 k_μ 的部分，因为它对 $\delta\mathcal{M}$ 也没有贡献。最后，在 D_s^* 传播子中正比于 $v^\alpha v^\eta$ 的部分也对 $\delta\mathcal{M}$ 没有贡献，因此也没显示在式 (5.58) 中。

使用等式 (3.6) 把分母合并在一起，给出

$$\begin{aligned}\delta\mathcal{M} =& \frac{16\mathrm{i}g_\pi^2e}{f^2}\epsilon_{\alpha\lambda\beta\nu}v^\lambda k^\alpha\epsilon^\beta(D_\mathrm{s}^*)\epsilon_\mu^*(\gamma)\\&\times\int_0^\infty\mathrm{d}\lambda\int\frac{\mathrm{d}^nq}{(2\pi)^n}\frac{q^\nu q^\mu}{(q^2+2\lambda v\cdot q-m_\mathrm{K}^2)^3}\end{aligned} \tag{5.59}$$

把积分变量 q 平移 λv，我们看到这个式子变成

$$\begin{aligned}\delta\mathcal{M} =& \frac{16\mathrm{i}g_\pi^2e}{nf^2}\epsilon_{\alpha\lambda\beta\nu}v^\lambda k^\alpha\epsilon^\beta(D_\mathrm{s}^*)\epsilon^{*\mu}(\gamma)\\&\times\int_0^\infty\mathrm{d}\lambda\int\frac{\mathrm{d}^nq}{(2\pi)^n}\frac{q^2}{(q^2-m_\mathrm{K}^2-\lambda^2)^3}\end{aligned} \tag{5.60}$$

① 译者注：这里原文应该有打印错误，现已纠正。

因此，这个费曼图对跃迁磁矩的贡献是

$$\delta\mu_3^{(l)} = \frac{16\mathrm{i}g_\pi^2}{nf^2}\int_0^\infty \mathrm{d}\lambda \int \frac{\mathrm{d}^n q}{(2\pi)^n}\frac{q^2}{(q^2-m_\mathrm{K}^2-\lambda^2)^3} \tag{5.61}$$

使用式 (1.44) 对 q 积分得出

$$\delta\mu_3^{(l)} = \frac{4g_\pi^2\Gamma(2-n/2)}{f^2 2^n \pi^{n/2}}\int_0^\infty \mathrm{d}\lambda(\lambda^2+m_\mathrm{K}^2)^{-2+n/2} \tag{5.62}$$

使用式 (3.11)，我们很容易看到对 λ 的积分正比于 $\epsilon = 4-n$，所以当 $\epsilon\to 0$ 时，$\delta\mu_3^{(l)}$ 的表达式是有限的。取这个极限，我们发现

$$\delta\mu_3^{(l)} = \frac{g_\pi^2 m_\mathrm{K}^2}{2\pi^2 f^2}\int_0^\infty \frac{\mathrm{d}\lambda}{\lambda^2+m_\mathrm{K}^2} = \frac{g_\pi^2 m_\mathrm{K}}{4\pi f^2} \tag{5.63}$$

可对其他的图进行类似的计算。把 K 介子圈的 f 定为 f_K,π 介子圈的 f 定为 f_π，我们有

$$\begin{aligned}\mu_1^{(l)} &= \frac{2}{3}\beta - \frac{g_\pi^2 m_\mathrm{K}}{4\pi f_\mathrm{K}^2} - \frac{g_\pi^2 m_\pi}{4\pi f_\pi^2}\\ \mu_2^{(l)} &= -\frac{1}{3}\beta + \frac{g_\pi^2 m_\pi}{4\pi f_\pi^2}\\ \mu_3^{(l)} &= -\frac{1}{3}\beta + \frac{g_\pi^2 m_\mathrm{K}}{4\pi f_\mathrm{K}^2}\end{aligned} \tag{5.64}$$

与 π 介子圈相比，对 K 介子圈使用 f_K 和对 π 介子圈使用 f_π 可在某种程度上减小 K 介子圈的振幅。在赝标 Goldstone 玻色子与核子相互作用的手征微扰论中带有 K 介子圈的经验暗示这样的一个压低会出现。

还得考虑同位旋破坏的衰变 $\mathrm{D_s^{*+}}\to\mathrm{D_s^+}\pi^0$。同位旋破坏的两个来源是电磁相互作用和 d 夸克与 u 夸克的质量差 $m_\mathrm{d}-m_\mathrm{u}$。在手征微扰论中，图 5.3 中的极点类型的图主导来自夸克质量差的那部分振幅。η-π^0 混合在式 (1.104) 中给出。利用该式和式 (5.20)，我们发现衰变率为

$$\Gamma(D_\mathrm{s}^{*+}\to D_\mathrm{s}^+\pi^0) = \frac{g_\pi^2}{48\pi f^2}\left[\frac{m_\mathrm{d}-m_\mathrm{u}}{m_\mathrm{s}-(m_\mathrm{u}+m_\mathrm{d})/2}\right]^2|\boldsymbol{p}_\pi|^3 \tag{5.65}$$

测量的质量差 $m_{D_\mathrm{s}^*}-m_{D_\mathrm{s}} = 144.22\pm 0.60$ MeV 意味着 $|\boldsymbol{p}_\pi|\simeq 49.0$ MeV。在手征微扰论中，这是一个来自于夸克质量差的最主要贡献，因为与 $(m_\mathrm{d}-m_\mathrm{u})/(4\pi f)$ 对比，它只被压低了 $(m_\mathrm{d}-m_\mathrm{u})/m_\mathrm{s}\simeq 1/43.7$。预期同位旋破坏的电磁贡献是次要的，因为 α/π 比 $(m_\mathrm{d}-m_\mathrm{u})/m_\mathrm{s}$ 要小。

表 5.1 中测量出的分支比确定了 g_π 和 β 的值。因为必需求解一个二次方程，故有两个解。使用上述结果，给出 ($g_\pi = 0.56$，$\beta = 3.5\ \mathrm{GeV}^{-1}$) 或者

$(g_\pi = 0.24, \beta = 0.85\ \mathrm{GeV}^{-1})$。在计算这些参数时，对强子模式我们令 $f = f_\pi$。得到的 g_π 值小于 5.2 节中讨论的夸克模型预言。当然，在这个 g_π 的确定中有很大的不确定性，因为同位旋破坏衰变 $\mathrm{D}_s^{*+} \to D_s^+\pi^0$ 和辐射衰变 $\mathrm{D}^{*+} \to \mathrm{D}^+\gamma$ 的分支比的实验误差都很大，并且被忽略的手征微扰论中的高阶项可能是重要的。

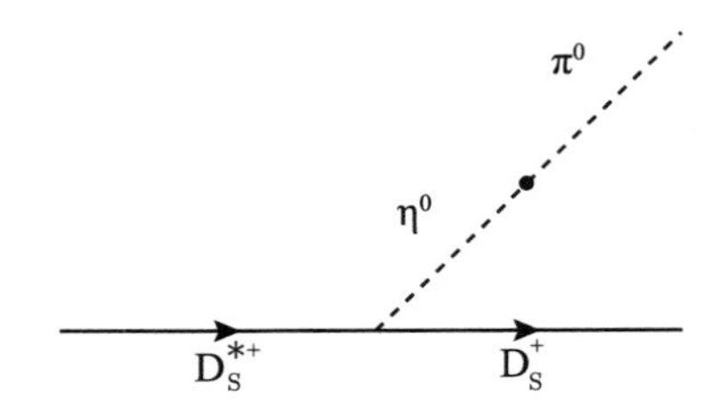

图 5.3 对同位旋破坏衰变 $\mathrm{D}_s^* \to \mathrm{D}_s\pi^0$ 的领头阶贡献

5.5 对 $\bar{\mathrm{B}} \to \mathrm{D}^{(*)}e\bar{\nu}_e$ 形状因子的手征修正

在第 4 章讨论了非微扰量级 $\Lambda_{\mathrm{QCD}}/m_{\mathrm{Q}}$，对 B 衰变形状因子，比如半轻衰变 $\bar{\mathrm{B}} \to \mathrm{D}^{(*)}e\bar{\nu}_e$ 的形状因子，$h_\pm(w)$，$h_V(w)$ 和 $h_{A_j}(w)$ 的修正。形状因子的非微扰修正按 $\Lambda_{\mathrm{QCD}}/m_{\mathrm{Q}}$ 的幂次展开似乎是合理的，因为拉氏量有一个按重夸克质量 m_{Q} 的逆幂次展开。然而，由于 u 和 d 夸克质量很小，最终的情况因为极点图和含 π 的圈图而并非如此。这点将借助下面两个例子说明：具有极点项的 $\bar{\mathrm{B}} \to \mathrm{D}^*\pi e\bar{\nu}_e$，和具有 π 圈项的 $\bar{\mathrm{B}} \to \mathrm{D}e\bar{\nu}_e$。

弱流 $\bar{c}\gamma_\mu(1-\gamma_5)b$ 在 $SU(3)_{\mathrm{L}} \times SU(3)_{\mathrm{R}}$ 变换下是单态。在手征微扰论的领头阶，在手征拉氏量中这个算符由

$$\bar{c}\gamma_\mu(1-\gamma_5)b = -\xi(w)\mathrm{Tr}\bar{H}_{av'}^{(\mathrm{c})}\gamma_\mu(1-\gamma_5)H_{av}^{(\mathrm{b})} \tag{5.66}$$

表示，在那里我们把重夸克和速度的指标放了回去。$\xi(w)$ 是 Isgur-Wise 函数。

方程 (5.66) 中不包含 π 场的幂。这意味着在手征微扰论的领头阶，$\bar{\mathrm{B}} \to \mathrm{D}^*\pi e\bar{\nu}_e$ 的振幅来自于图 5.4 的极点图。中间 D 介子的传播子是

$$\frac{\mathrm{i}}{p_\pi \cdot v + \Delta^{(\mathrm{c})}} \tag{5.67}$$

其中，p_π 是 π 的动量，$\Delta^{(\mathrm{c})}$ 是 D^*-D 质量差，它是 $\Lambda_{\mathrm{QCD}}^2/m_{\mathrm{c}}$ 量级的。显然，该

衰变的形状因子依赖于 $\Delta^{(c)}/v\cdot p_\pi$，所以它不会简单地具有按 Λ_{QCD}/m_Q 的展开。对 5.3 节讨论的 $\bar{B}\to\pi e\bar{\nu}_e$ 形状因子，类似的结论也成立。

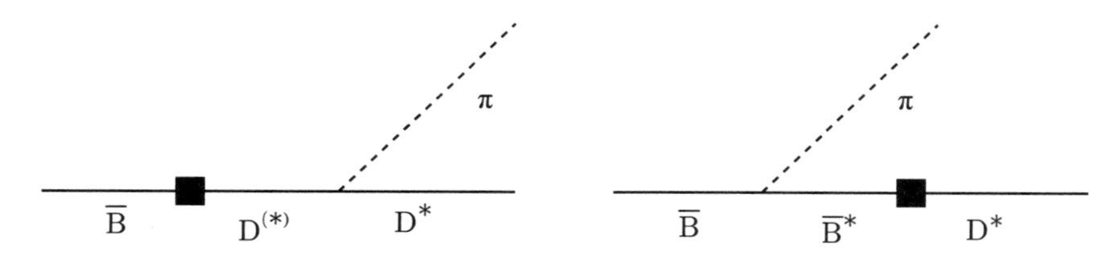

图 5.4　极点图对 $\bar{B}\to D^*\pi e\bar{\nu}_e$ 形状因子的贡献。黑方块是一个插入的轴矢流式 (5.66)

为计算 $\bar{B}\to De\bar{\nu}_e$ 形状因子，人们需要方程 (5.66) 的 $\bar{B}\to D$ 矩阵元。手征微扰论的领头阶是这个算符的树图阶的矩阵元。在较高阶的手征微扰论，人们需要圈图，以及方程 (5.66) 中的包含有微分和插入轻夸克质量矩阵的那些额外项。在单圈图情况，图 5.5 中的图对 $\bar{B}\to De\bar{\nu}_e$ 衰变的形状因子有贡献。这个贡献正比于 $g_\pi^2/(4\pi f)^2$ 并依赖于 π 介子质量，以及 D*-D 质量差 $\Delta^{(c)}$（这里，为简单起见，我们忽略了 B*-B 质量差）。在零反冲情况下，图 5.5、波函数重整化图和一个来自于 $1/m_c^2$ 量级算符的树图贡献给出

$$\delta h_+(1)=-\frac{3g_\pi^2}{32\pi^2 f^2}\Delta^{(c)^2}\left\{\ln\frac{\mu^2}{m_\pi^2}+F[\Delta^{(c)}/m_\pi]+C\right\} \tag{5.68}$$

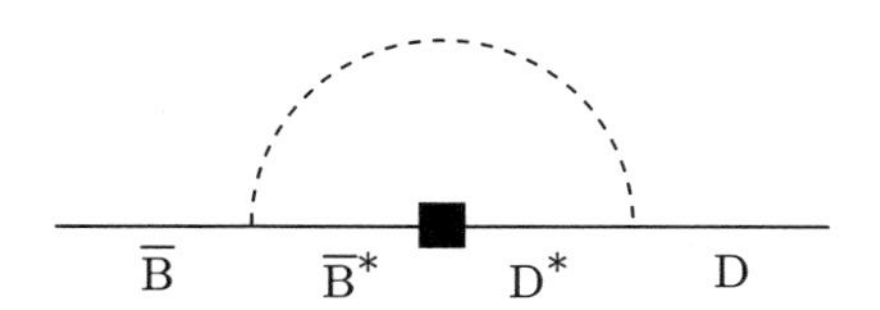

图 5.5　单圈图对 $\bar{B}\to De\bar{\nu}_e$ 形状因子的修正

其中，μ 是维数重整化的标度参数，F 是能通过具体计算费曼图算出的无量纲函数。这里，C 是定域 $1/m_c^2$ 量级算符的贡献。在一个费曼图中任何对 μ 的依赖都是对数形的。质量差 $\Delta^{(c)}$ 是 $1/m_c$ 量级的，π 介子质量是 $\sqrt{m_q}$ 量级的。把 F 展成 $\Delta^{(c)}$ 的幂级数等价于一个按照 $1/m_c$ 幂次的展开。按照 $\Delta^{(c)}$ 的幂次展开给出

$$F=-\frac{3\pi}{4}\frac{\Delta^{(c)}}{m_\pi}+\frac{6}{5}\frac{\Delta^{(c)^2}}{m_\pi^2}+\cdots \tag{5.69}$$

量纲分析告诉我们在 $\epsilon h_+(1)$ 中量级为 $[\Delta^{(c)}]^n\sim(1/m_c)^n, n=3,4,\cdots$ 的项的系数具有 $1/m_\pi^{n-2}$ 的形式，因而在 $m_\pi\to 0$ 时发散。对形状因子 $h_+(1)$ 的非微扰修正

并没有被 $\Lambda_{\mathrm{QCD}}/m_{\mathrm{c}}$ 的幂次压低，而是很大，当 $n\geqslant 0$ 时为 $\Lambda_{\mathrm{QCD}}^{3n/2+2}/m_{\mathrm{c}}^{n+2}m_{\mathrm{q}}^{n/2}$ 的量级。注意按照 Luke 定理，在 $\delta h_+(1)$ 中不存在 $1/m_{\mathrm{c}}$ 量级的项。

重夸克极限是指 m_{c} 很大，而手征极限是指 m_{q} 很小。按照 $\Delta^{(\mathrm{c})}$ 的幂次展开 F 等价于取重夸克极限，在那里 m_{c} 很大但保持 m_{q} 固定。假如人们先取手征极限，在那里 m_{q} 很小但保持 m_{c} 固定，人们反而应该按照 m_π 的幂次展开。这种展开具有下述形式:

$$F=\left[\frac{2}{3}-\ln\frac{4\Delta^{(\mathrm{c})^2}}{m_\pi^2}\right]+\frac{m_\pi^2}{\Delta^{(\mathrm{c})^2}}\left[\frac{9}{2}-\frac{3}{2}\ln\frac{4\Delta^{(\mathrm{c})^2}}{m_\pi^2}\right]-2\pi\frac{m_\pi^3}{\Delta^{(\mathrm{c})^3}}+\cdots \tag{5.70}$$

并在高阶项中具有 m_{c} 的正幂次的系数，它们在 $m_{\mathrm{c}}\to\infty$ 时发散。

式 (5.69) 和式 (5.70) 的展开分别在 $m_\pi\to 0$ 和 $m_{\mathrm{c}}\to\infty$ 时具有发散的系数，与此同时，图 5.5 和波函数重整化图对 $h_+(1)$ 的贡献是很好地定义的。不管 $\Delta^{(\mathrm{c})}/m_\pi$ 的比值如何，只要 $\Delta^{(\mathrm{c})}$ 和 m_π 都远小于 Λ_{CSB}，并且式 (5.68) 的修正小于 1，重介子的手征拉氏量总是可以使用的。因为两个小标度，m_π 和 $\Delta^{(\mathrm{c})}$ 的比值，引起发散系数的令人感兴趣的项出现了，并且所有这样的效应在手征微扰论中都是可计算的。

5.6 习　题

1. 在非相对论组分夸克模型中计算重子八重态的磁矩，并将结果与实验数据比较。

2. 忽略 u 和 d 夸克的质量，证明在手征微扰论中

$$\frac{f_{\mathrm{B_s}}}{f_{\mathrm{B}}}=1-\frac{5}{6}(1+3g_\pi^2)\frac{m_{\mathrm{K}}^2}{16\pi^2 f^2}\left(\ln\frac{m_{\mathrm{K}}^2}{\mu^2}+C\right)+\cdots$$

C 是常数，“$\cdots$” 表示手征微扰论中的高阶项。$\ln(m_{\mathrm{K}}^2/\mu^2)$ 项被称为“手征对数”。该项的 μ 依赖性被系数 C 中的一个相应的 μ 依赖性抵消。如果 m_{K} 极小，这个对数将主宰常数 C。

3. $\mathrm{D}\to\mathrm{K}\pi\bar{\mathrm{e}}\nu_{\mathrm{e}}$ 的形状因子由

$$\begin{aligned}\langle\pi(p_\pi)K(p_{\mathrm{K}})|\bar{s}\gamma_\mu P_{\mathrm{L}}c|D(p_{\mathrm{D}})\rangle=&\,\mathrm{i}\omega_+P_\mu+\mathrm{i}\omega_-Q_\mu\\&+\mathrm{i}r(p_{\mathrm{D}}-P)_\mu+h\epsilon_{\mu\alpha\beta\gamma}P_D^\alpha P^\beta Q^\gamma\end{aligned}$$

定义，其中

$$P = p_{\mathrm{K}} + p_{\pi}, \qquad Q = p_{\mathrm{K}} - p_{\pi}$$

基于 $f_{\mathrm{D}}, f, g_{\pi}, \Delta^{(\mathrm{c})} = m_{\mathrm{D}^*} - m_{\mathrm{D}}$ 和 $\mu_{\mathrm{s}} = m_{\mathrm{D_s}} - m_{\mathrm{D}}$，使用手征微扰论表示 $\mathrm{D}^+ \to \mathrm{K}^-\pi^+\bar{\mathrm{e}}\nu_{\mathrm{e}}$ 的形状因子 $\omega_{\pm}, r$ 和 h。

4. 证明式 (5.64) 和式 (5.65)。

5. 计算式 (5.68) 中的 $F(\Delta/m_{\pi})$。按 $1/m_{\mathrm{c}}$ 和 m_{π} 展开，并证明式 (5.69) 和式 (5.70)。

6. 包含一个重夸克 Q 的低激发态重子在 $SU(3)_V$ 对称性下按 **6** 和 $\bar{\mathbf{3}}$ 变换。在完整的手征 $SU(3)_{\mathrm{L}} \times SU(3)_{\mathrm{R}}$ 对称性下，消灭这些重子的场按

$$S^{\mu}_{ab} \to U_{ac}U_{bd}S^{\mu}_{cd}, \qquad T_a \to T_a U^{\dagger}_{ab}$$

变换，其中（见第 2 章的习题 10）

$$S^{\mu}_{ab} = \frac{1}{\sqrt{3}}(\gamma_{\mu} + v_{\mu})\gamma_5 B_{ab} + B^{*\mu}_{ab}$$

这里，速度和重夸克指标被略去。

(a) 在 Q=c 的情况下，用表 2.1 中的重子态确定场 T_a，$B_{a,b}$ 和 $B^{*\mu}_{a,b}$ 的各个分量。

(b) 论证在 $1/m_{\mathrm{Q}}, m_{\mathrm{q}}$ 和微分的领头阶，重重子赝标 Goldstone 玻色子相互作用的手征拉氏量是

$$\begin{aligned}\mathcal{L} = & -\mathrm{i}\bar{S}^{\mu}_{ab}(v\cdot D)S_{\mu ab} + \Delta M \bar{S}^{\mu}_{ab}S_{\mu ab} + \mathrm{i}\bar{T}_a(v\cdot D)T_a + \mathrm{i}g_2\epsilon_{\mu\nu\sigma\lambda}\bar{S}^{\mu}_{ab}v^{\nu}S^{\lambda}_{cb}\mathbb{A}^{\sigma}_{ac} \\ & + g_3(\epsilon_{abc}\bar{T}_a S_{\mu cd}\mathbb{A}^{\mu}_{bc} + \mathrm{h.c.})\end{aligned}$$

定义协变微分 D 如何作用于 S^{μ}_{ab} 和 T_a。

5.7 参考文献

重夸克对称性和手征对称性结合的含义首先在下述文献中研究过：

Burdman G, Donoghue J F. Phys. Lett. B280, 1992: 287.
Wise M B. Phys. Rev. D45, 1992: 2188.

Yan T M, Cheng H Y, Cheung C Y, et al. Phys. Rev. D46, 1992: 1148 (erratum: ibid D55, 1997: 5851).

一些应用在下述文献中研究过：

Grinstein B, Jenkins E, Manohar A V, et al. Phys. B380, 1992: 369.

Goity J L. Phys. Rev. D46, 1992: 3929.

Cheng H Y, Cheung C Y, Lin G L, et al. Rev. D47, 1993: 1030, D49, 1994: 2490, D49, 1994: 5857 (erratum: ibid D55, 1997: 5851).

Amundson J F, Boyd C G, Jenkins E, et al. Phys. Lett. B296, 1992: 415.

Cho P, Georgi H. Phys. Lett. B296, 1992: 408 (erratum: ibid B300, 1993: 410).

Boyd C G, Grinstein B. Nucl. Phys. B442, 1995: 205.

Cheng H Y, Cheung C Y, Dimm W, et al. Phys. Rev. D48, 1993: 3204.

Jenkins E. Nucl. Phys. B412, 1994: 181.

Stewart I. Nucl. Phys. B529, 1998: 62.

Burdman G, Ligeti Z, Neubert M, et al. Phys. Rev. D49, 1994: 2331.

使用手征微扰论对粲介子激发态衰变的讨论可参见：

Kilian U, Korner J, Pirjol D. Phys. Lett. B288, 1992: 360.

Falk A F, Luke M E. Phys. Lett. B292, 1992: 119.

Korner J, Pirjol D, Schilcher K. Phys. Rev. D47, 1993: 3955.

Cho P, Trivedi S. Phys. Rev. D50, 1994: 381.

Falk A F, Mehen T. Phys. Rev. D53, 1996: 231.

同位旋破坏衰变 $\mathrm{D}_s^* \to \mathrm{D}_s\pi$ 在下面的文献中讨论：

Cho P, Wise M B. Phys. Rev. D49, 1994: 6228.

$\mathrm{B} \to \mathrm{D}^{(*)}$ 的手征修正在下述文献中讨论过：

Jenkins E, Savage M J. Phys. Lett. B281, 1992: 331.

Randall L, Wise M B. Phys. Lett. B303, 1993: 135.

综述文献见：

Casalbuoni R, Deandrea A, Bartolomeo N D, et al. Phys. Rep. 281, 1997: 145.

使用手征微扰论对粲介子激发态衰变的讨论可参见：

Cho P. Phys. Lett. B285, 1992: 145.

一些应用出现在下述文献中：

Savage M J. Phys. Lett. B359, 1995: 189.

Lu M, Savage M J, Walden J. Phys. Lett. B365, 1996: 244.

第 6 章　单举弱衰变

在这章我们将研究含有一个 b 夸克的强子的单举弱衰变。质量最小的含有一个 b 夸克的介子或重子的衰变很弱，因为强相互作用和电磁相互作用保持夸克味不变。本章的主要结果之一是展示导致单举重强子衰变与自由重夸克衰变相同的部分子模型的图像在 $m_{\mathrm{b}} \to \infty$ 极限时是准确的。此外，我们将揭示如何用一种系统的方法把辐射修正和非微扰修正包含到领头阶的公式中去。其分析与 1.8 节中深度非弹散射的分析极为相似。

6.1　单举半轻子衰变的运动学

$\bar{\mathrm{B}}$ 介子半轻子衰变到含有一个粲夸克的末态是由弱哈密顿量密度

$$H_{\mathrm{W}} = \frac{4G_{\mathrm{F}}}{\sqrt{2}} V_{cb} \bar{c}\gamma^{\mu} P_{\mathrm{L}} b \bar{e} \gamma_{\mu} P_{\mathrm{L}} \nu_{\mathrm{e}} \tag{6.1}$$

的矩阵元引起的。在诸如 $\bar{\mathrm{B}} \to \mathrm{De}\bar{\nu}_{\mathrm{e}}$ 这类的遍举三体衰变中，人们观察衰变到一个具体的末态，如： $\mathrm{De}\bar{\nu}_{\mathrm{e}}$。微分衰变分布具有两个独立的运动学变量，可选为 E_{e} 和 $E_{\nu_{\mathrm{e}}}$ ，电子的能量和反中微子能量。衰变分布隐含地依赖于初态和末态粒子的质量，它们均为常数。在单举衰变中，人们忽略有关强子末态 $\mathrm{X_c}$ 的所有细节，并对所有含有一个 c 夸克的末态求和。这里，$\mathrm{X_c}$ 可以是一个单粒子态，例如一个 D 介子，或者一个多粒子态，如 $\mathrm{D}\pi$。另外，对通常遍举半轻子衰变的两个运动学变量 E_{e} 和 $E_{\nu_{\mathrm{e}}}$，在 $\bar{\mathrm{B}} \to \mathrm{X_c e}\bar{\nu}_{\mathrm{e}}$ 中还有另外一个动力学变量，因为强子末态的不变质量能够改变。这第三个变量可选为 q^2、虚 W 玻色子的不变质量。b 夸克和 $\bar{\mathrm{B}}$ 介子的半轻子衰变如图 6.1 所示。

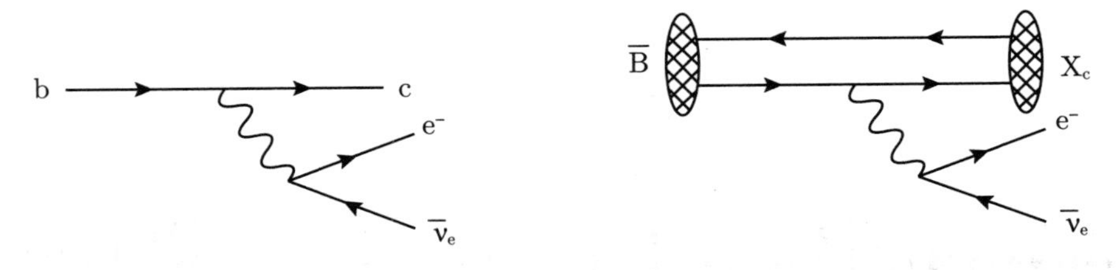

图 6.1 夸克和强子半轻子衰变的弱衰变图

在 $\bar{\mathrm{B}}$ 介子静止系，单举半轻子衰变的微分衰变分布是

$$
\begin{aligned}
&\frac{\mathrm{d}\Gamma}{\mathrm{d}q^2\mathrm{d}E_{\mathrm{e}}\mathrm{d}E_{\nu_{\mathrm{e}}}}\\
&=\int\frac{\mathrm{d}^4p_{\mathrm{e}}}{(2\pi)^4}\int\frac{\mathrm{d}^4p_{\nu_{\mathrm{e}}}}{(2\pi)^4}2\pi\delta(p_{\mathrm{e}}^2)2\pi\delta(p_{\nu_{\mathrm{e}}}^2)\theta(p_{\mathrm{e}}^0)\theta(p_{\nu_{\mathrm{e}}}^0)\\
&\times\delta(E_{\mathrm{e}}-p_{\mathrm{e}}^0)\delta(E_{\nu_{\mathrm{e}}}-p_{\nu_{\mathrm{e}}}^0)\delta[q^2-(p_{\mathrm{e}}+p_{\nu_{\mathrm{e}}})^2]\\
&\times\sum_{X_{\mathrm{c}}}\sum_{\text{轻子自旋}}\frac{\left|\left\langle X_{\mathrm{c}}e\bar{\nu}_e\left|H_{\mathrm{W}}\right|\bar{B}\right\rangle\right|^2}{2m_{\mathrm{B}}}(2\pi)^4\delta^4[p_{\mathrm{B}}-(p_{\mathrm{e}}+p_{\nu_{\mathrm{e}}})-pX_{\mathrm{c}}]
\end{aligned}
\tag{6.2}
$$

这里，使用了熟悉的公式 $\mathrm{d}^3p/(2E)=\mathrm{d}^4p\delta(p^2-m^2)\theta(p^0)$，并忽略了电子的质量。相空间积分可在 $\bar{\mathrm{B}}$ 介子静止系进行。对强子末态 X_{c} 求和后，唯一相关的角度是电子的三动量和中微子的三动量间的夹角。没有任何依赖于中微子动量方向的量，对它积分会给出一个 4π 的因子。于是，人们可以把电子动量的方向的 z 轴选在沿着中微子方向。对电子的方位角积分给出一个 2π 的因子。因此，轻子的相空间为

$$
\mathrm{d}^3p_{\mathrm{e}}\mathrm{d}^3p_{\nu_{\mathrm{e}}}=8\pi^2|\boldsymbol{p}_{\mathrm{e}}|^2\mathrm{d}|\boldsymbol{p}_{\mathrm{e}}||\boldsymbol{p}_{\nu_{\mathrm{e}}}|^2\mathrm{d}|\boldsymbol{p}_{\nu_{\mathrm{e}}}|\mathrm{d}\cos\theta \tag{6.3}
$$

在这里，θ 是电子和中微子方向间的夹角。余下的三个积分通过三个 δ 函数确定。使用 $\delta(p_{\mathrm{e}}^2)=\delta(E_{\mathrm{e}}^2-|\boldsymbol{p}_{\mathrm{e}}|^2)$ 对 $|\boldsymbol{p}_{\mathrm{e}}|$ 积分，$\delta(p_{\nu_{\mathrm{e}}}^2)=\delta(E_{\nu_{\mathrm{e}}}^2-|\boldsymbol{p}_{\nu_{\mathrm{e}}}|^2)$ 对 $|\boldsymbol{p}_{\nu_{\mathrm{e}}}|$ 积分，和 $\delta\left[q^2-(p_{\mathrm{e}}+p_{\nu_{\mathrm{e}}})^2\right]=\delta[q^2-2E_{\mathrm{e}}E_{\nu_{\mathrm{e}}}(1-\cos\theta)]$ 对 $\cos\theta$ 积分，给出

$$
\frac{\mathrm{d}\Gamma}{\mathrm{d}q^2\mathrm{d}E_{\mathrm{e}}\mathrm{d}E_{\nu_{\mathrm{e}}}}=\frac{1}{4}\sum_{X_{\mathrm{c}}}\sum_{\text{轻子自旋}}\frac{\left|\left\langle Xe\bar{\nu}_e|H_W|\bar{B}\right\rangle\right|^2}{2m_{\mathrm{B}}}\delta^4\left[\boldsymbol{p}_{\mathrm{B}}-(\boldsymbol{p}_{\mathrm{e}}+\boldsymbol{p}_{\nu_{\mathrm{e}}})-\boldsymbol{p}X_{\mathrm{c}}\right] \tag{6.4}
$$

式 (6.4) 中的弱矩阵元能被因子化成一个轻子矩阵元和一个强子矩阵元，因为轻子不参与任何强相互作用。对这个结果的修正是被 G_{F} 或 α 的幂次压低的，它们来自由于额外的电弱规范玻色子在夸克和轻子线之间的传播产生的辐射修正。

习惯上将矩阵元的平均值写成强子张量和轻子张量的乘积,

$$\frac{1}{4}\sum_{X_{\rm c}}\sum_{\text{轻子自旋}}\frac{\left|\left\langle X_c e\bar{\nu}_e|H_W|\bar{B}\right\rangle\right|^2}{2m_{\rm B}}(2\pi)^3\delta^4\left[p_{\rm B}-(p_{\rm e}+p_{\nu_{\rm e}})-pX_{\rm c}\right]$$
$$=2G_{\rm F}^2|V_{cb}|2W_{\alpha\beta}L^{\alpha\beta} \tag{6.5}$$

这里轻子张量是

$$L^{\alpha\beta}=2(p_{\rm e}^{\alpha}p_{\nu_{\rm e}}^{\beta}+p_{\rm e}^{\beta}p_{\nu_{\rm e}}^{\alpha}-g^{\alpha\beta}p_{\rm e}\cdot p_{\nu_{\rm e}}-{\rm i}\varepsilon^{\eta\beta\lambda\alpha}p_{{\rm e}\eta}p_{\nu_{\rm e}\lambda}) \tag{6.6}$$

而强子张量由下式定义:

$$W^{\alpha\beta}=\sum_{X_{\rm c}}(2\pi)^3\delta^4(p_{\rm B}-q-pX_{\rm c})\frac{1}{2m_{\rm B}}$$
$$\times\left\langle\bar{B}(p_{\rm B})J_L^{\dagger\alpha}|X_{\rm c}(p_{X_{\rm c}})\right\rangle\left\langle X_{\rm c}(p_{X_{\rm c}})|J_{\rm L}^{\beta}|\bar{B}(p_{\rm B})\right\rangle \tag{6.7}$$

其中,$J_{\rm L}^{\alpha}=\bar{c}\gamma^{\alpha}P_{\rm L}b$ 为左手流。在式 (6.7) 中,$q=p_{\rm e}+p_{\nu_{\rm e}}$ 是电子四动量和反中微子四动量之和。这里 $W_{\alpha\beta}$ 是一个依赖于 $p_{\rm B}=m_{\rm B}v$ 和转移到强子系统的动量 q 的二阶张量。关系式 $p_{\rm B}=m_{\rm B}v$ 把 v 定义为 $\bar{\rm B}$ 介子的四速度。在 $\bar{\rm B}$ 介子静止系中,b 夸克可具有一个量级为 $1/m_{\rm b}$ 的微小的三速度,这个效应被包含在本章稍后计算的 $1/m_{\rm b}$ 的修正中。

最普遍的张量 $W_{\alpha\beta}$ 是

$$W_{\alpha\beta}=-g_{\alpha\beta}W_1+v_{\alpha}v_{\beta}W_2-{\rm i}\epsilon_{\alpha\beta\mu\nu}v^{\mu}q^{\nu}W_3+q_{\alpha}q_{\beta}W_4+(v_{\alpha}q_{\beta}+v_{\beta}q_{\alpha})W_5 \tag{6.8}$$

标量结构函数 W_j 是洛伦兹不变量 q^2 和 $q\cdot v$ 的函数。使用式 (6.8) 、式 (6.6) 和式 (6.5),我们发现式 (6.4) 中的微分截面变成

$$\frac{{\rm d}\Gamma}{{\rm d}q^2{\rm d}E_{\rm e}{\rm d}E_{\nu_{\rm e}}}=\frac{G_{\rm F}^2|V_{cb}|^2}{2\pi^3}[W_1q^2+W_2(2E_{\rm e}E_{\nu_{\rm e}}-q^2/2)$$
$$+W_3q^2(E_{\rm e}-E_{\nu_{\rm e}})]\theta(4E_{\rm e}E_{\nu_{\rm e}}-q^2) \tag{6.9}$$

在这里,我们明显地包含了设定 $E_{\nu_{\rm e}}$ 积分下限的 θ 函数,因为它在本章的稍后将起到一个重要的作用。函数 W_4 和 W_5 对衰变率没有贡献,因为在电子质量被忽略的极限下 $q_{\alpha}L^{\alpha\beta}=q_{\beta}L^{\alpha\beta}=0$。这些项必须被包含在 τ 的衰变中。

因为不观测中微子,所以人们将上述表达式对 $E_{\nu_{\rm e}}$ 积分得到微分截面谱 ${\rm d}\Gamma/({\rm d}q^2{\rm d}E_{\rm e})$。对一个固定的电子能量,当电子和中微子平行(即 $\cos\theta=1$)时,q^2 有极小值,而当电子和中微子反平行(即 $\cos\theta=1$)时,q^2 有极大值。因此

$$0<q^2<\frac{2E_{\rm e}}{(m_{\rm B}-2E_{\rm e})}(m_{\rm B}^2-2E_{\rm e}m_{\rm B}-m_{X_{\rm c}^{\min}}^2) \tag{6.10}$$

这里，X_c^{min} 是包含一个粲夸克的最低质量态，即 D 介子。电子的最大能量是

$$E_e^{max} = \frac{m_B^2 - m_{X_c^{min}}^2}{2m_B} \tag{6.11}$$

它发生在 $q^2 = 0$ 处。作为 E_e 函数的 q^2 的可能值画在图 6.2 中。对末态强子系统质量 m_{X_c} 的一个给定值，及电子能量 E_e 和 q^2，中微子能量 E_{ν_e} 为

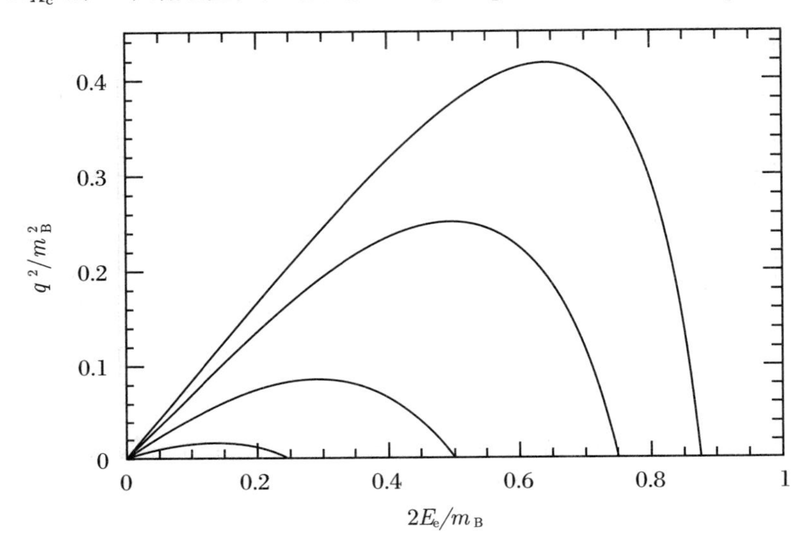

图 6.2 末态强子质量 m_{X_c} 的不同值，作为电子能量 E_e 函数的 q^2 的可能值。在曲线内的整个区域都是允许的。这些曲线（从最外的曲线开始）分别对应于 $m_{X_c} = m_D, (m_{X_c}/m_B)^2 = 0.25, 0.5$ 和 0.75

$$E_{\nu_e} = \left(\frac{m_B^2 - m_{X_c}^2 + q^2}{2m_B}\right) - E_e \tag{6.12}$$

因此，将 $d\Gamma/(dq^2 dE_e dE_{\nu_e})$ 对 E_{ν_e} 积分（在固定 q^2 和 E_e 时）给出的 $d\Gamma/(dq^2 dE_e)$ 等于在末态强子质量的范围内取平均。在本章稍后的地方我们将看到在相空间的某些区域，单举衰变算符乘积展开的有效性依赖于强子质量的平均。对那些处于所允许的运动学区域，$q^2(m_B - 2E_e) - 2E_e(m_B^2 - 2E_e m_B - m_{X_c^{min}}^2) = 0$，边界附近的 q^2 和 E_e 值，只有其质量接近 $m_{X_c^{min}}$ 的那些强子末态在对 E_{ν_e} 的积分中才能得到平均。

强子张量 $W_{\alpha\beta}$ 将所有的与单举半轻子 $\bar{B}$ 衰变相关的强相互作用物理参数化。可以把它与流的编时乘积跨越一条割线时的不连续性关联起来。考虑编时乘积

$$T_{\alpha\beta} = -i \int d^4x e^{-iq\cdot x} \frac{\langle \bar{B}|T[J_{L\alpha}^\dagger(x) J_{L\beta}(0)]|\bar{B}\rangle}{2m_B} \tag{6.13}$$

在每个时序中的流之间插入一组态的完备集，使用类似式 (1.159) 的式子，应用恒等式

$$\theta(x^0) = -\frac{1}{2\pi \mathrm{i}}\int_{-\infty}^{\infty} \mathrm{d}\omega \frac{\mathrm{e}^{-\mathrm{i}wx^0}}{\omega + \mathrm{i}\varepsilon} \tag{6.14}$$

并对 d^4x 积分，在 $\bar{\mathrm{B}}$ 介子静止系中给出

$$\begin{aligned} T_{\alpha\beta} = &\sum_{X_\mathrm{c}} \frac{\langle \bar{B}|J_{L\alpha}^\dagger|X_\mathrm{c}\rangle\langle X_\mathrm{c}|J_{L\beta}|\bar{B}\rangle}{2m_\mathrm{B}(m_\mathrm{B} - E_\mathrm{X} - q^0 + \mathrm{i}\varepsilon)}(2\pi)^3\delta^3(\boldsymbol{q} + \boldsymbol{p}_\mathrm{X}) \\ &- \sum_{X_{\bar{\mathrm{c}}\mathrm{bb}}} \frac{\langle \bar{B}|J_{L\beta}|X_{\bar{\mathrm{c}}\mathrm{bb}}\rangle\langle X_{\bar{\mathrm{c}}\mathrm{bb}}|J_{L\alpha}^\dagger|\bar{B}\rangle}{2m_\mathrm{B}(E_\mathrm{X} - m_\mathrm{B} - q^0 - \mathrm{i}\varepsilon)}(2\pi)^3\delta^3(\boldsymbol{q} - \boldsymbol{p}_\mathrm{X}) \end{aligned} \tag{6.15}$$

这里，X_c 是一个包含一个 c 夸克的强子态的完备集，$X_{\bar{\mathrm{c}}\mathrm{bb}}$ 是一个包含两个 b 夸克和一个 $\bar{\mathrm{c}}$ 夸克的强子态的完备集。在固定 q 的情况下，流的编时乘积 $T_{\alpha\beta}$ 在复 q^0 平面上沿实轴有割线。其中一条割线是在 $-\infty < q^0 < m_\mathrm{B} - \sqrt{m^2_{\mathrm{X}_\mathrm{c}^{\min}} + |\boldsymbol{q}|^2}$ 区域，而另一条割线是在 $\infty > q^0 > \sqrt{m_{\mathrm{X}^{\min}_{\bar{\mathrm{c}}\mathrm{bb}}} + |\boldsymbol{q}|^2} - m_\mathrm{B}$ 区域。T 的虚部（即跨越割线时的突变）能使用

$$\frac{1}{\omega + \mathrm{i}\varepsilon} = P\frac{1}{\omega} - \mathrm{i}\pi\delta(\omega) \tag{6.16}$$

来计算，这里 P 表示主值。它给出

$$\begin{aligned} \frac{1}{\pi}\mathrm{Im}\ T_{\alpha\beta} = &-\sum_{X_\mathrm{c}} \frac{\langle \bar{B}|J_{L\alpha}^+|X_\mathrm{c}\rangle\langle X_\mathrm{c}|J_{L\beta}|\bar{\mathrm{B}}\rangle}{2m_\mathrm{B}}(2\pi)^3\delta^4(p_\mathrm{B} - q - p_X) \\ &- \sum_{X_{\bar{\mathrm{c}}\mathrm{bb}}} \frac{\langle \bar{\mathrm{B}}|J_{L\beta}|X_{\bar{\mathrm{c}}\mathrm{bb}}\rangle\langle X_{\bar{\mathrm{c}}\mathrm{bb}}|J_{L\alpha}^+|\bar{B}\rangle}{2m_\mathrm{B}}(2\pi)^3\delta^4(p_\mathrm{B} + q - p_\mathrm{X}) \end{aligned} \tag{6.17}$$

这两项中的第一项正是 $-W_{\alpha\beta}$。对半轻子 $\bar{\mathrm{B}}$ 衰变中的 q 和 p_B 的值来说，式 (6.17) 中第二项 δ 函数中的变量永远不为零，并且它对 T 的虚部没有贡献。就像我们处理 $W_{\alpha\beta}$ 时的作法，使用洛伦兹标量结构函数表示 $T_{\alpha\beta}$ 是方便的：

$$T_{\alpha\beta} = -g_{\alpha\beta}T_1 + v_\alpha v_\beta T_2 - \mathrm{i}\epsilon_{\alpha\beta\mu\nu}v^\mu q^\nu T_3 + q_\alpha q_\beta T_4 + (v_\alpha q_\beta + v_\beta q_\alpha)T_5 \tag{6.18}$$

T_j 是 q^2 和 $q\cdot v$ 的函数。对固定的 q^2，可以在复 $q\cdot v$ 平面研究 T_j。这是一个研究上面讨论过的解析结构的洛伦兹不变方法。对于包含一个 c 夸克的物理强子态相关的割线有 $(p_\mathrm{B} - q) - p_X = 0$，它意味着 $v\cdot q = (m_\mathrm{B}^2 + q^2 - m^2_{\mathrm{X}_\mathrm{c}})/(2m_\mathrm{B})$。该割线是在 $-\infty < v\cdot q < \left(m_\mathrm{B}^2 + q^2 - m^2_{\mathrm{X}_\mathrm{c}^{\min}}\right)/(2m_B)$ 的区域（见图 6.3）。相反，对应于包含一个 $\bar{\mathrm{c}}$ 夸克和两个 b 夸克的物理强子态的割线，有 $(p_\mathrm{B} + q) - p_X = 0$，它意味着 $v\cdot q = (m^2_{X_{\bar{\mathrm{c}}\mathrm{bb}}} - m_\mathrm{B}^2 - q^2)/(2m_\mathrm{B})$。这条割线出现在

$\left(m_{X_{\bar{c}bb}^{\min}}^{2}-m_{\mathrm{B}}^{2}-q^{2}\right)/(2m_{B})<v\cdot q<\infty$ 的区域。对 $\bar{\mathrm{B}}\to \mathrm{X_c}e\bar{\nu}_{\mathrm{e}}$ 半轻子衰变中允许的所有 q^2 值，这些割线都分开得很远，$0<q^2<(m_{\mathrm{B}}-m_{\mathrm{X_c^{\min}}})^2$。当 q^2 取极大值时，割线间的间距出现极小值。用强子所包含的重夸克质量来近似强子的质量（即 $m_{X_{\mathrm{c}}^{\min}}=m_{\mathrm{c}},m_{X_{\bar{c}bb}^{\min}}=m_{\mathrm{c}}+2m_{\mathrm{b}}$ 等），我们发现两个割线间的间距的极小值是 $4m_{\mathrm{c}}$，它比非微扰强相互作用标度 Λ_{QCD} 要大得多。跨越左割线的突变给出单举半轻子衰变的结构函数：

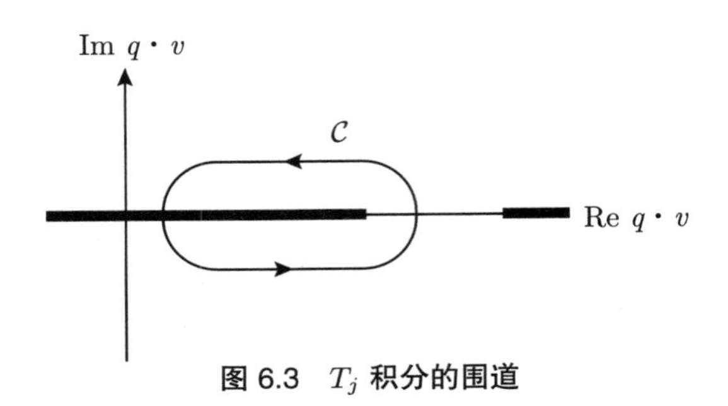

图 6.3　T_j 积分的围道

$$-\frac{1}{\pi}\mathrm{Im}\ T_j=W_j\quad (\text{仅左割线}) \tag{6.19}$$

双微分衰变率 $\mathrm{d}\Gamma/(\mathrm{d}q^2\mathrm{d}E_{\mathrm{e}})$ 能通过对 $q\cdot v=E_{\mathrm{e}}+E_{\nu\mathrm{e}}$ 积分，从三重微分衰变率 $\mathrm{d}\Gamma/(\mathrm{d}q^2\mathrm{d}E_{\mathrm{e}}\mathrm{d}E_{\nu\mathrm{e}})$，或等价的 $\mathrm{d}\Gamma/(\mathrm{d}q^2\mathrm{d}E_{\mathrm{e}}\mathrm{d}v\cdot q)$ 中求得。那时，结构函数 $W_j(q^2,v\cdot q)$ 对 $v\cdot q$ 的积分就与 T_j 对图 6.3 所示的围道 $\mathcal{C}$ 的积分关联起来。

对 $\mathrm{b}\to\mathrm{u}$ 衰变，情况是类似的。只要将我们前面讨论中的角标 c 变成 u，其结果就可得到。然而，因为 u 夸克的质量是可忽略的，当 q^2 的值处于 $\mathrm{b}\to\mathrm{u}$ 衰变中 q^2 的极大值附近时，与强相互作用的标度 Λ_{QCD} 相比两条割线间的距离并不大。它的意义将在本章稍后的地方评论。

6.2　算符乘积展开

使用算符乘积展开去简化流的编时乘积，结构函数 T_j 能用下列定域算符的矩阵元来表示：

$$-\mathrm{i}\int \mathrm{d}^4x\mathrm{e}^{-\mathrm{i}q\cdot x}T\left[J_{L\alpha}^{\dagger}(x)J_{L\beta}(0)\right] \tag{6.20}$$

它的 $\bar{\mathrm{B}}$ 介子矩阵元是 $T_{\alpha\beta}$。使用微扰 QCD 理论在任意远离（与 Λ_{QCD} 相比）割线的 $v\cdot q$ 区域能可靠地算出出现在这个展开式中的算符的系数。我们使用式 (6.20) 中夸克和胶子的矩阵元来计算出现在算符乘积展开中的算符的系数。这些算符将包含 b 夸克场、协变导数 D 和胶子场强 $G^A_{\mu\nu}$。在维度 6 及以上的维度，轻夸克场也会出现。

在微扰论中的最低阶，式 (6.20) 在动量为 $m_{\mathrm{b}}v+k$ 的 b 夸克态间的矩阵元为（见图 6.4）

$$\frac{1}{(m_{\mathrm{b}}v-q+k)^2-m_{\mathrm{c}}^2+\mathrm{i}\varepsilon}\bar{u}\gamma_\alpha P_{\mathrm{L}}(m_{\mathrm{b}}\not{v}-\not{q}+\not{k})\gamma_\beta P_{\mathrm{L}}u \tag{6.21}$$

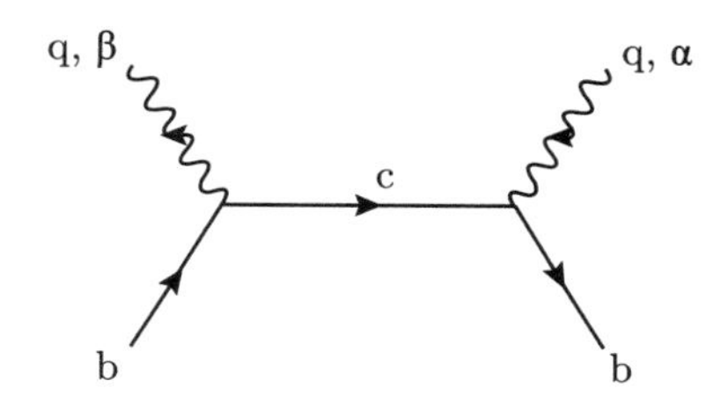

图 6.4　在 OPE 中的领头阶图

在感兴趣的矩阵元中，q 通常是在 m_{b} 的量级，但 k 是在 Λ_{QCD} 的量级。按 k 的幂次展开给出一个按照 $\Lambda_{\mathrm{QCD}}/m_{\mathrm{b}}$ 的幂次的展开式，因此给出形状因子 T_j 的一个按 $1/m_{\mathrm{b}}$ 幂次的展开式。

6.2.1　最低阶

在式 (6.20) 的展开式中，k^0 阶的项是

$$\begin{aligned}\frac{1}{\Delta_0}\bar{u}[&(m_{\mathrm{b}}v-q)_\alpha\gamma_\beta+(m_{\mathrm{b}}v-q)_\beta\gamma_\alpha-(m_{\mathrm{b}}\not{v}-\not{q})g_{\alpha\beta}\\&-\mathrm{i}\epsilon_{\alpha\beta\lambda\eta}(m_{\mathrm{b}}v-q)^\lambda\gamma^\eta]P_{\mathrm{L}}u\end{aligned} \tag{6.22}$$

其中

$$\Delta_0=(m_{\mathrm{b}}v-q)^2-m_{\mathrm{c}}^2+\mathrm{i}\varepsilon \tag{6.23}$$

并使用了恒等式 (1.119)。维度 3 算符 $\bar{b}\gamma^\lambda b$ 和 $\bar{b}\gamma^\lambda\gamma_5 b$ 在 b 夸克态间的矩阵元分别是 $\bar{u}\gamma^\lambda u$ 和 $\bar{u}\gamma^\lambda\gamma_5 u$，所以将式 (6.22) 中的 u 和 ū 分别换成 b 和 $\bar{\mathrm{b}}$ 可得到算

符乘积展开。最后，为得到 T_j，我们取算符的强子矩阵元

$$\left\langle \bar{B}(p_{\mathrm{B}})|\bar{b}\gamma_\lambda b|\bar{B}(p_{\mathrm{B}})\right\rangle = 2p_{\mathrm{B}\lambda} = 2m_{\mathrm{B}}v_\lambda \tag{6.24}$$

和

$$\left\langle \bar{B}(p_{\mathrm{B}})|\bar{b}\gamma_\lambda\gamma_5 b|\bar{B}(p_{\mathrm{B}})\right\rangle = 0 \tag{6.25}$$

后一个矩阵元为零是因为在强相互作用中宇称守恒。由于 $\bar{b}\gamma_\lambda b$ 是守恒的 b 夸克数流，接着可得到方程 (6.24)。b 夸克数荷 $Q_{\mathrm{b}} = \int \mathrm{d}^3 x b\bar{\gamma}_0 b$ 作用于 $\bar{\mathrm{B}}$ 介子态有 $Q_{\mathrm{b}}|\bar{B}\rangle = |\bar{B}\rangle$，因为它们具有一个单位的 b 夸克数。注意：方程 (6.24) 和方程 (6.24) 是精确的。这些关系式不存在 $\Lambda_{\mathrm{QCD}}/m_{\mathrm{b}}$ 量级的修正，因此在 OPE 的这一阶，不必转换到重夸克有效理论。

由式 (6.24) 和式 (6.25) 及式 (6.22) 可得出 T_j 为

$$\begin{aligned} T_1^{(0)} &= \frac{1}{2\Delta_0}(m_{\mathrm{b}} - q\cdot v) \\ T_2^{(0)} &= \frac{1}{\Delta_0}m_{\mathrm{b}} \\ T_3^{(0)} &= \frac{1}{2\Delta_0} \end{aligned} \tag{6.26}$$

在算符乘积展开的这一阶，整个割线约化成一个单极点。由式 (6.26) 式得出的 W_j 是

$$\begin{aligned} W_1^{(0)} &= \frac{1}{4}\left(1 - \frac{q\cdot v}{m_{\mathrm{b}}}\right)\delta\left[v\cdot q - \left(\frac{q^2 + m_{\mathrm{b}}^2 - m_{\mathrm{c}}^2}{2m_{\mathrm{b}}}\right)\right] \\ W_2^{(0)} &= \frac{1}{2}\delta\left[v\cdot q - \left(\frac{q^2 + m_{\mathrm{b}}^2 - m_{\mathrm{c}}^2}{2m_{\mathrm{b}}}\right)\right] \\ W_3^{(0)} &= \frac{1}{4m_{\mathrm{b}}}\delta\left[v\cdot q - \left(\frac{q^2 + m_{\mathrm{b}}^2 - m_{\mathrm{c}}^2}{2m_{\mathrm{b}}}\right)\right] \end{aligned} \tag{6.27}$$

把这些表达式代入方程 (6.9) 并且使用式 (6.27) 式中的 δ 函数对中微子能量积分，给出

$$\frac{\mathrm{d}\Gamma}{\mathrm{d}\hat{q}^2\mathrm{d}y} = \frac{G_{\mathrm{F}}^2|V_{\mathrm{cb}}|^2 m_{\mathrm{b}}^5}{192\pi^3}12(y - \hat{q}^2)(1 + \hat{q}^2 - \rho - y)\theta(z) \tag{6.28}$$

其中

$$y = 2E_{\mathrm{e}}/m_{\mathrm{b}}, \quad \hat{q}^2 = q^2/m_{\mathrm{b}}^2, \quad \rho = m_{\mathrm{c}}^2/m_{\mathrm{b}}^2 \tag{6.29}$$

和

$$z = 1 + \hat{q}^2 - \rho - \hat{q}^2/y - y \tag{6.30}$$

是方便的无量纲变量。这与人们计算一个自由 b 夸克衰变的结果是一样的。对 $\hat{q}^2$ 积分给出轻子能量谱

$$\frac{\mathrm{d}\Gamma}{\mathrm{d}y}=\frac{G_{\mathrm{F}}^2|V_{cb}|^2 m_{\mathrm{b}}^5}{192\pi^3}\left[2(3-2y)y^2-6y^2\rho-\frac{6y^2\rho^2}{(1-y)^2}+\frac{2(3-y)y^2\rho^3}{(1-y)^3}\right] \tag{6.31}$$

它与从自由夸克得到的结果也是一样的。把算符乘积展开中算符 $\bar{b}\gamma^\lambda b$ 系数的微扰 QCD 修正包括进来，就能重现微扰 QCD 对 b 夸克衰变率的修正。

在 k 的线性阶，式 (6.21) 含有下面的项:

$$\begin{aligned}&\frac{1}{\Delta_0}\bar{u}(k_\alpha\gamma_\beta+k_\beta\gamma_\alpha-g_{\alpha\beta}\not{k}-\mathrm{i}\epsilon_{\alpha\beta\lambda\eta}k^\lambda\gamma^\eta)P_{\mathrm{L}}u\\&\quad-\frac{2k\cdot(m_{\mathrm{b}}v-q)}{\Delta_0^2}\bar{u}[(m_{\mathrm{b}}v-q)_\alpha\gamma_\beta+(m_{\mathrm{b}}v-q)_\beta\gamma_\alpha\\&\quad-(m_{\mathrm{b}}\not{v}-\not{q})g_{\alpha\beta}-\mathrm{i}\epsilon_{\alpha\beta\lambda\eta}(m_{\mathrm{b}}v-q)^\lambda\gamma^\eta]P_{\mathrm{L}}u\end{aligned} \tag{6.32}$$

这些项在算符乘积展开中产生形式为 $\bar{b}\gamma_\lambda(\mathrm{i}D_\tau-m_{\mathrm{b}}v_\tau)b$ 和 $\bar{b}\gamma_\lambda\gamma_5(\mathrm{i}D_\tau-m_{\mathrm{b}}v_\tau)b$ 的项。把 QCD 中的 b 夸克场换成重夸克有效理论给出的场会在 $1/m_{\mathrm{b}}$ 的领头阶给出算符 $\bar{b}_v\gamma_\lambda\mathrm{i}D_\tau b_v=v_\lambda\bar{b}_v\mathrm{i}D_\tau b_v$ 和 $\bar{b}_v\gamma_\lambda\gamma_5\mathrm{i}D_\tau b_v$ 。因为在强相互作用中宇称守恒，上述第二项的 $\bar{\mathrm{B}}$ 介子矩阵元为零。而第一项的矩阵元可写成如下的形式:

$$\left\langle\bar{\mathrm{B}}(v)|\bar{b}_v\mathrm{i}D_\tau b_v|\bar{B}(v)\right\rangle=Xv_\tau \tag{6.33}$$

用 v^τ 收缩两边，我们发现重夸克有效理论 (HQET) 的运动方程，$(\mathrm{i}v\cdot D)b_v=0$，暗示着 $X=0$。在 T_j 算符乘积展开中出现的维度 4 算符的矩阵元是不存在的。这就是说，当微分半轻子 $\bar{\mathrm{B}}$ 介子衰变率用底和粲夸克质量表示时，不存在被 $\Lambda_{\mathrm{QCD}}/m_{\mathrm{b}}$ 一次幂压低的修正。

6.2.2　维度 5 算符

存在数个由维度 5 算符对算符乘积展开贡献的来源。我们在前面的小节中发现：在 k^1 阶，算符 $\bar{b}\gamma_\lambda(\mathrm{i}D_\tau-m_{\mathrm{b}}v_\tau)b$ 和 $\bar{b}\gamma_\lambda\gamma_5(\mathrm{i}D_\tau-m_{\mathrm{b}}v_\tau)b$ 出现了。把对 QCD 和 HQET 算符间关系的 $1/m_{\mathrm{b}}$ 阶修正包括进来导致 HQET 中的维度 5 算符。回想在第 4 章中，在 $1/m_{\mathrm{b}}$ 阶 QCD 和 HQET 中 b 夸克场间的关系是（到 α_{s} 的第零阶）

$$b(x)=\mathrm{e}^{-\mathrm{i}m_{\mathrm{b}}v\cdot x}\left(1+\frac{\mathrm{i}\not{D}}{2m_{\mathrm{b}}}\right)b_v(x) \tag{6.34}$$

且 $1/m_{\mathrm{b}}$ 阶的 HQET 拉氏量密度为

$$\mathcal{L}_1 = -\bar{b}_v \frac{D^2}{2m_{\mathrm{b}}} b_v - \bar{b}_v g \frac{G_{\alpha\beta}\sigma^{\alpha\beta}}{4m_{\mathrm{b}}} b_v \tag{6.35}$$

如同在第 4 章中指出的，在这一阶人们可以略去 D 中的下角标 $\perp$。式 (6.34) 和式 (6.35) 暗示着在 $1/m_{\mathrm{b}}$ 阶（和 α_{s} 的第零阶）有

$$\begin{aligned}\bar{b}\gamma_\lambda(\mathrm{i}D_\tau - m_{\mathrm{b}}v_\tau)b &= \bar{b}_v\gamma_\lambda \mathrm{i}D_\tau b_v + \mathrm{i}\int \mathrm{d}^4x T[\bar{b}_v\gamma_\lambda \mathrm{i}D_\tau b_v(0)\mathcal{L}_1(x)] \\ &+ \bar{b}_v\left(\frac{-\mathrm{i}\overleftarrow{\not{D}}}{2m_{\mathrm{b}}}\right)\gamma_\lambda \mathrm{i}D_\tau b_v + \bar{b}_v\gamma_\lambda \mathrm{i}D_\tau \frac{\mathrm{i}\not{D}}{2m_{\mathrm{b}}} b_v\end{aligned} \tag{6.36}$$

方程 (6.36) 是一个算符匹配条件。左边的矩阵元取自 QCD，而右边的矩阵元取自 HQET 中使用最低阶拉氏量构建的强子态间的矩阵元。对拉氏量 $1/m_{\mathrm{b}}$ 阶的修正效应已经作为算符中的一个编时乘积项明确地包括进来。方程 (6.36) 在减除点 $\mu = m_{\mathrm{b}}$ 是成立的，并具有 $\alpha_{\mathrm{s}}(m_{\mathrm{b}})$ 阶的修正。

让我们考虑出现在方程 (6.36) 右边各项的 $\bar{\mathrm{B}}$ 介子矩阵元。我们已经证明了 HQET 的运动方程意味着 $\bar{b}_v\gamma_\lambda \mathrm{i}D_\tau b_v$ 的 $\bar{\mathrm{B}}$ 介子矩阵元为零。对于编时乘积，我们注意到可用 v_λ 替换 γ_λ，并写出

$$\left\langle \bar{B}(v)|\mathrm{i}\int \mathrm{d}^4x T[\bar{b}_v \mathrm{i}D_\tau b_v(0)\mathcal{L}_1(x)]|\bar{B}(v)\right\rangle = Av_\tau \tag{6.37}$$

用 v_τ 收缩可得

$$\left\langle \bar{B}(v)|\mathrm{i}\int \mathrm{d}^4x T[\bar{b}_v(\mathrm{i}v\cdot D)b_v(0)\mathcal{L}_1(x)]|\bar{B}(v)\right\rangle = A \tag{6.38}$$

在树图阶，使用 $(v\cdot D)S_h(x-y) = \delta^4(x-y)$ 计算编时乘积，其中 S_h 是 HQET 的传播子。于是

$$A = -\langle \bar{B}(v)|\mathcal{L}_1(0)|\bar{B}(v)\rangle = -\frac{\lambda_1}{m_{\mathrm{b}}} - \frac{3\lambda_2}{m_{\mathrm{b}}} \tag{6.39}$$

其中，λ_1 和 λ_2 由式 (4.22) 定义。还有另外一种方法计算方程 (6.36) 右边前两项的 $\bar{\mathrm{B}}$ 介子矩阵元。代替引入编时乘积，人们使用拉氏量中包含 $\mathcal{O}(1/m_{\mathrm{Q}})$ 量级项的运动方程，即 $\bar{b}_v(\mathrm{i}v\cdot D)b_v = -\mathcal{L}_1$，计算第一项的矩阵元。

使用算符恒等式 $[D_\alpha, D_\beta] = \mathrm{i}gG_{\alpha\beta}$，我们发现方程 (6.35) 右边的最后两项变成

$$\bar{b}_v\frac{\mathrm{i}\not{D}}{2m_{\mathrm{b}}}\gamma_\lambda \mathrm{i}D_\tau b_v + \bar{b}_v\gamma_\lambda \mathrm{i}D_\tau\frac{\mathrm{i}\not{D}}{2m_{\mathrm{b}}}b_v = \bar{b}_v\frac{\mathrm{i}D_{(\lambda}\mathrm{i}D_{\tau)}}{m_{\mathrm{b}}}b_v - \bar{b}_v g\frac{G_{\alpha\tau}\sigma^\alpha_\lambda}{2m_{\mathrm{b}}}b_v \tag{6.40}$$

其中，指标周围的括号表示它们是对称化的，即

$$a^{(\alpha}b^{\beta)} = \frac{1}{2}(a^\alpha b^\beta + a^\beta b^\alpha)$$

对具有对称化协变微分的算符，我们可写出

$$\left\langle \bar{B}(v)|\bar{b}_v|\mathrm{i}D_{(\lambda}\mathrm{i}D_{\tau)}b_{\mathrm{v}}|\bar{B}(v)\right\rangle = Y(g_{\lambda\tau} - v_\lambda v_\tau) \tag{6.41}$$

这个方程右边的张量结构是由 HQET 的运动方程 $(\mathrm{i}v\cdot D)b_v = 0$ 推导出来的，它意味着当任何一个指标与 b 夸克的四速度收缩掉时，它必然为零。为确定 Y，我们用 $g^{\lambda\tau}$ 收缩两边，给出

$$Y = \frac{1}{3}\left\langle \bar{B}(v)|\bar{b}_v(\mathrm{i}D)^2 b_v|\bar{B}(v)\right\rangle = \frac{2}{3}\lambda_1 \tag{6.42}$$

最后，我们需要

$$\left\langle \bar{B}(v)|\bar{b}_v g G_{\alpha\tau}\sigma^{\alpha}{}_{\lambda} b_v|\bar{B}(v)\right\rangle = Z(g_{\lambda\tau} - v_\lambda v_\tau) \tag{6.43}$$

其中右边的张量结构同样从下述事实导出：因为 $\bar{b}_v\sigma^{\alpha}{}_{\lambda}v^{\lambda}b_v = 0$，用 v^{λ} 收缩它，必然得零。用度规张量收缩方程 (6.43) 的两边，得到

$$Z = \frac{1}{3}\left\langle \bar{B}(v)|\bar{b}_v g G_{\alpha\beta}\sigma^{\alpha\beta} b_v|\bar{B}(v)\right\rangle = -4\lambda_2 \tag{6.44}$$

把这些结果放在一起，就给出了式 (6.32) 中 k^1 阶项对 T_j 的下列贡献：

$$\begin{aligned}
T_1^{(1)} &= -\frac{1}{2m_{\mathrm{b}}}(\lambda_1 + 3\lambda_2)\left\{\frac{1}{6\varDelta_0} - \frac{(m_{\mathrm{b}} - q\cdot v)^2}{\varDelta_0^2} + \frac{2}{3}\frac{\left[q^2 - (q\cdot v)^2\right]}{\varDelta_0^2}\right\} \\
T_2^{(1)} &= -\frac{1}{2m_b}(\lambda_1 + 3\lambda_2)\left[\frac{5}{3\varDelta_0} - \frac{2m_{\mathrm{b}}(m_{\mathrm{b}} - v\cdot q)}{\varDelta_0^2} + \frac{4}{3}\frac{m_{\mathrm{b}}v\cdot q}{\varDelta_0^2}\right] \\
T_3^{(1)} &= \frac{1}{2m_{\mathrm{b}}}(\lambda_1 + 3\lambda_2)\frac{5}{3}\left(\frac{m_{\mathrm{b}} - v\cdot q}{\varDelta_0^2}\right)
\end{aligned} \tag{6.45}$$

6.2.3　第二阶

式 (6.21) 中的 k^2 阶项为

$$\begin{aligned}
&-2\frac{k\cdot(m_{\mathrm{b}}v - q)}{\varDelta_0^2}\bar{u}(k_\alpha\gamma_\beta + k_\beta\gamma_\alpha - g_{\alpha\beta}\not{k} - \mathrm{i}\epsilon_{\alpha\beta\lambda\eta}k^\lambda\gamma^\eta)P_{\mathrm{L}}u \\
&\quad + \left\{\frac{4[k\cdot(m_{\mathrm{b}}v - q)]^2}{\varDelta_0^3} - \frac{k^2}{\varDelta_0^2}\right\}\bar{u}[(m_{\mathrm{b}}v - q)_\alpha\gamma_\beta + (m_{\mathrm{b}}v - q)_\beta\gamma_\alpha \\
&\quad - (m_{\mathrm{b}}\not{v} - \not{q})g_{\alpha\beta} - \mathrm{i}\epsilon_{\alpha\beta\lambda\eta}(m_{\mathrm{b}}v - q)^\lambda\gamma^\eta]P_{\mathrm{L}}u
\end{aligned} \tag{6.46}$$

可用算符 $\bar{b}\gamma^\lambda(\mathrm{i}D - m_{\mathrm{b}}v)^{(\alpha}(\mathrm{i}D - m_{\mathrm{b}}v)^{\beta)}b$ 和 $\bar{b}\gamma^\lambda\gamma_5(\mathrm{i}D - m_{\mathrm{b}}v)^{(\alpha}(\mathrm{i}D - m_{\mathrm{b}}v)^{\beta)}b$ 的矩阵元表示这些量。由于宇称的原因，包含 γ_5 的算符对 $\bar{\mathrm{B}}$ 介子矩阵元的

贡献为零。用 HQET 的算符重写这个结果，我们发现唯一出现的算符是 $v^{\lambda}\bar{b}_v \mathrm{i}D^{(\alpha}\mathrm{i}D^{\beta)}b_v$ 。它的矩阵元由式 (6.41) 和式 (6.42) 给出。所以，我们发现具有两个 k 的项对结构函数有如下贡献：

$$
\begin{aligned}
T_1^{(2)} &= \frac{1}{6}\lambda_1(m_\mathrm{b} - v\cdot q)\left\{\frac{4}{\Delta_0^3}[q^2-(v\cdot q)^2] - \frac{3}{\Delta_0^2}\right\} \\
T_2^{(2)} &= \frac{1}{3}\lambda_1 m_\mathrm{b}\left\{\frac{4}{\Delta_0^3}[q^2-(v\cdot q)^2] - \frac{3}{\Delta_0^2} - \frac{2v\cdot q}{m_\mathrm{b}\Delta_0^2}\right\} \\
T_3^{(2)} &= \frac{1}{6}\lambda_1\left\{\frac{4}{\Delta_0^3}[q^2-(v\cdot q)^2] - \frac{5}{\Delta_0^2}\right\}
\end{aligned}
\tag{6.47}
$$

在 α_s 的零阶，算符 $\bar{b}\sigma_{\alpha\beta}G^{\alpha\beta}b$ 的 b 夸克矩阵元为零。为在算符乘积展开中找到正比于该算符的部分，我们需要考虑编时乘积的 $\mathrm{b}\to\mathrm{b}+$ 胶子的矩阵元。在树图阶，它由图 6.5 中的费曼图给出。该矩阵元具有剩余动量为 $p/2$ 的一个初态 b 夸克，一个剩余动量为 $-p/2$ 的末态 b 夸克，和外向动量 p 的胶子。由于在 p 的线性阶，c 夸克传播子的分母不会给出对 p 的依赖性，这种选择是方便的。这个费曼图的没有胶子四动量 p 因子的那个部分来自于我们已经找到的算符的 $\mathrm{b}\to\mathrm{b}+$ 胶子矩阵元，该胶子场来自于协变微分 $D=\partial+\mathrm{i}gA$。对 p 是线性的那部分是

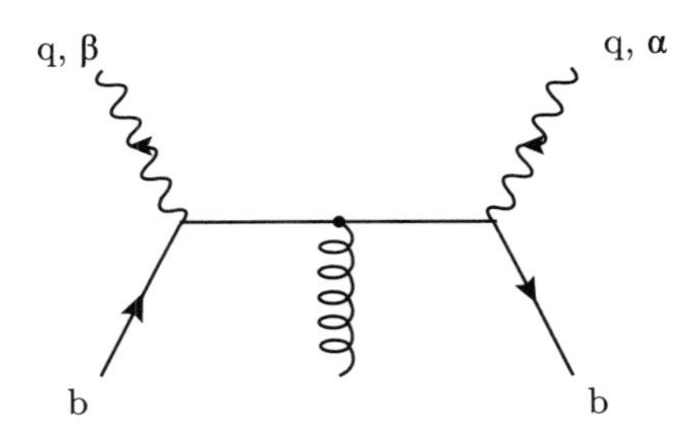

图 6.5 在 OPE 中的单胶子矩阵元

$$
gT^A\varepsilon^{A\lambda *}(p)\frac{1}{2\Delta_0^2}\bar{u}\gamma_\alpha[-\not{p}\gamma_\lambda(m_\mathrm{b}\not{v}-\not{q})+(m_\mathrm{b}\not{v}-\not{q})\gamma_\lambda\not{p}]\gamma_\beta P_\mathrm{L}u \tag{6.48}
$$

在那里 $\varepsilon^{A\lambda}$ 是胶子极化矢量。只有在 $p\leftrightarrow\varepsilon^*$ 互换下反对称的那个部分对我们所考虑的算符有贡献。基于单一的 γ 矩阵，可用式 (1.119) 重新表示式 (6.48) 方括弧中的三个 γ 矩阵的乘积。只有正比于 Levi-Civita 张量的那个部分留存下来。应用恒等式 (1.119)，再次证明算符

$$
\frac{g}{2\Delta_0^2}\bar{b}G_{\mu\nu}\epsilon^{\mu\nu\lambda\sigma}(m_\mathrm{b}v-q)_\lambda(g_{\alpha\sigma}\gamma_\beta+g_{\beta\sigma}\gamma_\alpha-g_{\alpha\beta}\gamma_\sigma+\mathrm{i}\epsilon_{\alpha\sigma\beta\tau}\gamma^\tau\gamma_5)P_\mathrm{L}b \tag{6.49}
$$

可重新产生对 p 是线性的项。这里，对 β 和 λ 是反对称的部分，我们使用了替换

$$p^{\beta}T^{A}\varepsilon^{A\lambda *} \to -\frac{\mathrm{i}}{2}G^{\beta\lambda}$$

用 b_v 替换上面的 b 夸克场，可转换到 HQET。所出现的算符是 $\bar{b}_v G^{\mu v}\gamma^{\lambda}\gamma_5 b_v$ 和 $\bar{b}_v G^{\mu v}\gamma^{\lambda} b_v$。因为对指标 μ 和 ν 的反对称，强相互作用的宇称守恒迫使后一个算符在 $\bar{\mathrm{B}}$ 介子态间的矩阵元为零。其他算符的矩阵元能被写成

$$\left\langle \bar{B}(v)|\bar{b}_v g G^{\mu v}\gamma^{\lambda}\gamma_5 b_v|\bar{B}(v)\right\rangle = N\epsilon^{\mu v\lambda\tau}v_{\tau} \tag{6.50}$$

用 $\epsilon_{\mu v\lambda\rho}v^{\rho}$ 收缩这个方程的两边，并使用恒等式

$$\epsilon_{\mu v\lambda\rho}v^{\rho}\bar{b}_v\gamma^{\lambda}\gamma_5 b_v = -\bar{b}_v\sigma_{\mu v}b_v \tag{6.51}$$

导出

$$N = -2\lambda_2 \tag{6.52}$$

由此，$\mathrm{b}\to\mathrm{b}+$ 胶子矩阵元对结构函数给出这些额外的贡献：

$$\begin{aligned} T_1^{(g)} &= \lambda_2 \frac{(m_{\mathrm{b}} - v\cdot q)}{2\varDelta_0^2} \\ T_2^{(g)} &= -\lambda_2 \frac{m_{\mathrm{b}}}{\varDelta_0^2} \\ T_3^{(g)} &= \lambda_2 \frac{1}{2\varDelta_0^2} \end{aligned} \tag{6.53}$$

将这三种讨论过的贡献求和:

$$T_j = T_j^{(1)} + T_j^{(2)} + T_j^{(g)} \tag{6.54}$$

给出 HQET 中的维度 5 算符对结构函数的完整贡献。在算符乘积展开的这一阶，只有 λ_1 和 λ_2 两个矩阵元出现。此外，其中之一，$\lambda_2 \simeq 0.12\,\mathrm{GeV}^2$，可从 B*-B 质量劈裂得知。$T_j$ 的结果确定了对单举半轻子衰变率的非微扰 $\varLambda_{\mathrm{QCD}}^2/m_{\mathrm{b}}^2$ 级的修正。

6.3 微分衰变率

使用从 T_j 的虚部得到的 W_j，可用式 (6.9) 和式 (6.54) 计算单举 $\bar{\mathrm{B}}$ 半轻子微分衰变率。恒等式

$$-\frac{1}{\pi}\mathrm{Im}\left(\frac{1}{\Delta_0}\right)^{n+1}=\frac{(-1)^n}{n!}\delta^{(n)}[(m_{\mathrm{b}}v-q)^2-m_{\mathrm{c}}^2] \tag{6.55}$$

在计算 W_j 时是有用的，其中，上角标表示 δ 函数对其宗量的第 n 阶导数。首先通过分部积分将 δ 函数的导数去掉来计算具有 δ 函数的项。在这样做的时候，人们必须小心地在微分衰变率中把设置了 $E_{\nu_{\mathrm{e}}}$ 积分下限的 $\theta(4E_{\mathrm{e}}E_{\nu_{\mathrm{e}}}-q^2)$ 因子包括进来，因为导数可作用于这一项。把 θ 函数对 $E_{\nu_{\mathrm{e}}}$ 求导数，给出

$$\delta\left[\left(\frac{m_{\mathrm{b}}^2-m_{\mathrm{c}}^2+q^2}{2m_{\mathrm{b}}}-E_{\mathrm{e}}\right)-\frac{q^2}{4E_{\mathrm{e}}}\right] \tag{6.56}$$

基于式 (6.29) 和式 (6.30) 定义的变量 $y,\hat{q}^2$ 和 z，它就是 δ 函数 $2\delta(z)/m_{\mathrm{b}}$。该过程给出微分衰变率

$$\begin{aligned}\frac{\mathrm{d}\Gamma}{\mathrm{d}\hat{q}^2\mathrm{d}y}=&\frac{G_{\mathrm{F}}^2m_{\mathrm{b}}^5}{192\pi^3}|V_{\mathrm{cb}}|^2\Big\{\theta(z)[12(y-\hat{q}^2)(1+\hat{q}^2-\rho-y)\\&-\frac{2\lambda_1}{m_{\mathrm{b}}^2}(4\hat{q}^2-4\hat{q}^2\rho+4\hat{q}^4-3y+3\rho y-6\hat{q}^2y)\\&-\frac{6\lambda_2}{m_{\mathrm{b}}^2}(-2\hat{q}^2-10\hat{q}^2\rho+10\hat{q}^4-y+5\rho y-10\hat{q}^2y)]\\&+\frac{\delta(z)}{y}[-\frac{2\lambda_1}{m_{\mathrm{b}}^2}(2\hat{q}^2+\hat{q}^4y^2-3\hat{q}^2y^3-\hat{q}^2y^4+y^5)\\&-\frac{6\lambda_2}{m_{\mathrm{b}}^2}\hat{q}^2(\hat{q}^2-y)(5\hat{q}^2-8y+y^2)]\\&+\frac{\delta'(z)}{y^3}\left[-\frac{2\lambda_1}{m_b^2}\hat{q}^2(y^2-\hat{q}^2)^2(y-\hat{q}^2)\right]\Big\}\end{aligned} \tag{6.57}$$

其中，无量纲变量 $\hat{q}^2,y,\rho$ 和 z 是由式 (6.29) 和式 (6.30) 定义的。实验上，电子能谱 $\mathrm{d}\Gamma/\mathrm{d}y$ 比双微分衰变率更容易研究。方程 (6.57) 在所允许的区域 $0<\hat{q}^2<y(1-y-\rho)/(1-y)$ 的积分给出

$$\frac{\mathrm{d}\Gamma}{\mathrm{d}y}=\frac{G_{\mathrm{F}}^2m_{\mathrm{b}}^5}{192\pi^3}|V_{\mathrm{cb}}|^2\Big\{\left[2(3-2y)y^2-6y^2\rho-\frac{6y^2\rho^2}{(1-y)^2}+\frac{2(3-y)y^2\rho^3}{(1-y)^3}\right]$$

$$-\frac{2\lambda_1}{m_\mathrm{b}^2}\left[-\frac{5}{3}y^3-\frac{y^3(5-2y)\rho^2}{(1-y)^4}+\frac{2y^3(10-5y+y^2)\rho^3}{3(1-y)^5}\right]$$
$$-\frac{6\lambda_2}{m_\mathrm{b}^2}\left[-y^2\frac{(6+5y)}{3}+\frac{2y^2(3-2y)\rho}{(1-y)^2}\right.$$
$$\left.\left.+\frac{3y^2(2-y)\rho^2}{(1-y)^3}-\frac{5y^2(6-4y+y^2)\rho^3}{3(1-y)^4}\right]\right\} \tag{6.58}$$

在所允许的电子能量区间 $0<y<1-\rho$ 积分，给出总 $\bar{\mathrm{B}}\to \mathrm{X_c e\bar{\nu}_e}$ 衰变率，

$$\begin{aligned}\Gamma=&\frac{G_\mathrm{F}^2 m_\mathrm{b}^5}{192\pi^3}|V_\mathrm{cb}|^2\left[(1-8\rho+8\rho^3-\rho^4-12\rho^2\ln\rho)\right.\\&+\frac{\lambda_1}{2m_\mathrm{b}^2}(1-8\rho+8\rho^3-\rho^4-12\rho^2\ln\rho)\\&\left.-\frac{3\lambda_2}{2m_\mathrm{b}^2}(3-8\rho+24\rho^2-24\rho^3+5\rho^4+12\rho^2\ln\rho)\right]\end{aligned} \tag{6.59}$$

它能被写成一个紧凑的形式:

$$\Gamma=\frac{G_\mathrm{F}^2 m_\mathrm{b}^5}{192\pi^3}|V_\mathrm{cb}|^2\left[1+\frac{\lambda_1}{2m_\mathrm{b}^2}+\frac{3\lambda_2}{2m_\mathrm{b}^2}\left(2\rho\frac{\mathrm{d}}{\mathrm{d}\rho}-3\right)\right]f(\rho) \tag{6.60}$$

其中

$$f(\rho)=1-8\rho+8\rho^3-\rho^4-12\rho^2\ln\rho \tag{6.61}$$

第一项是在 $m_\mathrm{b}\to\infty$ 极限下的领头阶，它等于自由夸克的衰变率。接着的两项是 $1/m_\mathrm{b}^2$ 量级的修正。$1/m_\mathrm{b}$ 量级的修正为零。注意，λ_1 的系数对 ρ 的依赖关系与自由夸克衰变率中的关系相同。在下一节，我们将给出这个结果的一个简单物理原因。

来自 $\mathrm{b}\to\mathrm{u}$ 变换的半轻子 $\bar{\mathrm{B}}$ 介子衰变的结果可通过取 $\rho\to 0$ 的极限，由式 (6.57)、式 (6.58) 和式 (6.59) 得到。除了在式 (6.58) 中的电子谱情况之外，取此极限是直截了当的。假定 $\mathrm{b}\to\mathrm{c}$ 情况中，电子能量谱包含一个形式为

$$g_\rho(y)=\frac{\rho^{n-1}}{(1-y)^n} \tag{6.62}$$

的项。当 $\rho\to 0$ 时，$g_\rho(y)$ 不为零。问题是：y 的极大值是 $1-\rho$，因此当 $\rho\to 0$ 时，在电子能量的极大值处，式 (6.62) 中的分母趋于零。想象一下 $g_\rho(y)$ 对一个平滑的试探函数 $t(y)$ 积分。做分部积分

$$\begin{aligned}\lim_{\rho\to 0}\int_0^{1-\rho}\mathrm{d}y t(y)g_\rho(y)=&\frac{1}{n-1}\left[t(1)-\lim_{\rho\to 0}\int_0^{1-\rho}\mathrm{d}y\frac{\mathrm{d}t}{\mathrm{d}y}(y)\frac{\rho^{n-1}}{(1-y)^{n-1}}\right]\\=&\frac{1}{n-1}t(1)\end{aligned} \tag{6.63}$$

因此，我们推断

$$\lim_{\rho\to 0} g_\rho(y) = \frac{1}{n-1}\delta(1-y) \tag{6.64}$$

对上式求导给出

$$\lim_{\rho\to 0} \frac{\rho^{n-1}}{(1-y)^{n+1}} = -\frac{1}{n(n-1)}\delta'(1-y) \tag{6.65}$$

方程 (6.58) 中电子谱的 $\rho\to 0$ 极限是 $\bar{\mathrm{B}}\to \mathrm{X_u e}\bar{\nu}_\mathrm{e}$ 的电子能谱，

$$\begin{aligned}\frac{\mathrm{d}\Gamma}{\mathrm{d}y} =& \frac{G_\mathrm{F}^2 m_\mathrm{b}^5 |V_\mathrm{ub}|^2}{192\pi^3}\left\{2(3-2y)y^2\theta(1-y)\right.\\ &-\frac{2\lambda_1}{m_\mathrm{b}^2}\left[-\frac{5}{3}y^3\theta(1-y)+\frac{1}{6}\delta(1-y)+\frac{1}{6}\delta'(1-y)\right]\\ &\left.-\frac{2\lambda_2}{m_\mathrm{b}^2}\left[-y^2(6+5y)\theta(1-y)+\frac{11}{2}\delta(1-y)\right]\right\}\end{aligned} \tag{6.66}$$

且总衰变宽度为

$$\Gamma = \frac{G_\mathrm{F}^2 m_\mathrm{b}^5 |V_\mathrm{ub}|^2}{192\pi^3}\left(1+\frac{\lambda_1}{2m_\mathrm{b}^2}-\frac{9\lambda_2}{2m_\mathrm{b}^2}\right) \tag{6.67}$$

6.4 $1/m_\mathrm{b}^2$ 修正的物理解释

正比于 λ_1 的衰变率的修正有一个简单的物理解释。它们来自于 b 夸克在 $\bar{\mathrm{B}}$ 介子内部的运动。在 $1/m_\mathrm{b}$ 展开的领头阶，b 夸克在 $\bar{\mathrm{B}}$ 介子静止系中是静止的，并且 $\bar{\mathrm{B}}$ 介子的微分衰变率等于 b 夸克衰变率 $\mathrm{d}\Gamma^{(0)}(v_\mathrm{r},m_\mathrm{b})$。然而，在一个 $\bar{\mathrm{B}}$ 介子中，b 夸克事实上（在 $\bar{\mathrm{B}}$ 介子静止系中）具有一个四动量 $p_\mathrm{b}=m_\mathrm{b}v_\mathrm{r}+k$。我们能把它看作一个具有满足下式的有效质量 m_b' 及有效四速度 v' 的 b 夸克

$$m_\mathrm{b}'v' = m_\mathrm{b}v_\mathrm{r}+k \tag{6.68}$$

考虑了 b 夸克在 $\bar{\mathrm{B}}$ 介子中运动的效应，我们发现总的微分半轻子衰变率 $\mathrm{d}\Gamma$ 为

$$\mathrm{d}\Gamma = \left\langle \mathrm{d}\Gamma^{(0)}(v',m'_\mathrm{b})/v'^0\right\rangle \tag{6.69}$$

其中，v'^0 是时间膨胀因子，尖括号 (fences) 表示对 k 求平均，$\mathrm{d}\Gamma^{(0)}$ 是自由 b 夸克微分衰变率。这个平均是通过把式 (6.69) 展开到 k 的二次幂，并使用

$$\langle k^\alpha\rangle = -\frac{\lambda_1}{2m_\mathrm{b}}v_\mathrm{r}^\alpha,\quad \langle k^\alpha k^\beta\rangle = \frac{\lambda_1}{3}(g^{\alpha\beta}-v_\mathrm{r}^\alpha v_\mathrm{r}^\beta) \tag{6.70}$$

来完成的。k 的更高幂次对应着 OPE 中比迄今已考虑过的更高维的算符。在展开式 (6.69) 时，可使用

$$m_{\rm b}'^{\,2}=(m_{\rm b}'v')^2=(m_{\rm b}v_{\rm r}+k)^2=m_{\rm b}^2+2m_{\rm b}v_{\rm r}\cdot k+k^2 \tag{6.71}$$

注意，式 (6.70) 和式 (6.71) 意味着 $\langle m_{\rm b}'^2\rangle=\langle m_{\rm b}^2\rangle$。由于 $v_{r\alpha}\left\langle k^\alpha k^\beta\right\rangle=0$，我们可在方程 (6.69) 中用 $m_{\rm b}$ 替换 $m_{\rm b}'$，而不必担心平均中的交叉项，在该项中一个 k 的因子来自于 $m_{\rm b}'$ 的展开，而另一个因子来自于 v' 的展开。有效四速度 v' 通过

$$v_\alpha'=v_{r\alpha}+\frac{1}{m_{\rm b}'}k_\alpha=v_{r\alpha}+\frac{k_\alpha}{m_{\rm b}} \tag{6.72}$$

与 $v_{\rm r}$ 和 k 相关联，于是时间膨胀因子为

$$v_0'=v_{\rm r}\cdot v'=1+v_{\rm r}\cdot k/m_{\rm b} \tag{6.73}$$

将其做平均导出 $\langle v'_0\rangle=1-\lambda_1/(2m_{\rm b}^2)$，并且因为 $v_{r\alpha}\left\langle k^\alpha k^\beta\right\rangle=0$，我们可把方程 (6.69) 中的 $1/v'^0$ 因子换成 $1+\lambda_1/(2m_{\rm b}^2)$。总微分衰变率可取为 $\mathrm{d}\Gamma/(\mathrm{d}\hat{q}^2\mathrm{d}y\mathrm{d}x)$，其中我们引入了无量纲中微子能量变量

$$x=\frac{2E_{\nu_{\rm e}}}{m_{\rm b}} \tag{6.74}$$

变量 x 和 y 通过 $y=2v_{\rm r}\cdot p_{\rm e}/m_{\rm b}$ 和 $x=2v_{\rm r}\cdot p_{\nu_{\rm e}}/m_{\rm b}$ 依赖于 b 夸克的四速度 $v_{\rm r}$，故在 $v_{\rm r}\to v'$ 替换下有

$$y\to y'=y+\frac{2k\cdot p_{\rm e}}{m_{\rm b}^2},\quad x\to x'=x+\frac{2k\cdot p_{\nu_{\rm e}}}{m_{\rm b}^2} \tag{6.75}$$

因此，方程 (6.66) 意味着

$$\begin{aligned}\frac{\mathrm{d}\Gamma}{\mathrm{d}\hat{q}^2\mathrm{d}y\mathrm{d}x}=&\Big\{1-\frac{\lambda_1}{2m_{\rm b}^2}\Big[-1+y\frac{\partial}{\partial y}+x\frac{\partial}{\partial x}+\frac{1}{3}y^2\frac{\partial^2}{\partial y^2}+\frac{1}{3}x^2\frac{\partial^2}{\partial x^2}\\&+\frac{2}{3}(xy-2\hat{q}^2)\frac{\partial^2}{\partial x\partial y}\Big]\Big\}\frac{\mathrm{d}\Gamma^{(0)}}{\mathrm{d}\hat{q}^2\mathrm{d}y\mathrm{d}x}\end{aligned} \tag{6.76}$$

对 x 积分，导出

$$\frac{\mathrm{d}\Gamma}{\mathrm{d}\hat{q}^2\mathrm{d}y}=\left[1-\frac{\lambda_1}{2m_{\rm b}^2}\left(-\frac{4}{3}+\frac{1}{3}y\frac{\partial}{\partial y}+\frac{1}{3}y^2\ \frac{\partial^2}{\partial y^2}\right)\right]\frac{\mathrm{d}\Gamma^{(0)}}{\mathrm{d}\hat{q}^2\mathrm{d}y} \tag{6.77}$$

其中，自由 b 夸克的微分衰变率 $\mathrm{d}\Gamma^{(0)}/\mathrm{d}\hat{q}^2$ 由方程 (6.28) 给出。对 $\hat{q}^2$ 和 y 积分，得到总衰变率

$$\Gamma=\left(1+\frac{\lambda_1}{2m_{\rm b}^2}\right)\Gamma^{(0)} \tag{6.78}$$

式 (6.77) 和式 (6.78) 给出了 $\bar{\rm B}$ 介子微分衰变率正确的 λ_1 依赖关系。不幸的是，在方程 (6.57)—(6.59) 中 $\bar{\rm B}$ 介子微分衰变率对的依赖关系似乎没有简单的物理解释。

6.5 电子的端点区域

对于微分 $\bar{\mathrm{B}} \to \mathrm{X}\mathrm{e}\bar{\nu}_{\mathrm{e}}$ 半轻子衰变率来自算符乘积展开的预言不能直接与相空间全部区间的实验相比较。例如，在式 (6.57) 中的微分截面表达式 $\mathrm{d}\Gamma/(\mathrm{d}\hat{q}^2\mathrm{d}y)$ 在 Dalitz 图的边界 $z=0$ 上有奇点项。严格地说，基于算符乘积展开和微扰 QCD 的预言只能在用光滑的权重函数对强子末态质量 m_{X} 求平均时才能与实验相比较。在很接近 Dalitz 图边界的地方，只有较低质量的强子末态有贡献，并且对中微子能量积分不会使算符乘积展开结果与实验相比较所需的末态强子质量变模糊。事实上，因为 m_{X} 必定小于 m_{B}，权重函数绝不是真正平滑的。其结果是，对从联系着编时乘积 T_j 的那些量中复原结构函数 W_j 所需的对 $v\cdot q$ 的围道积分必定把割线挤压成一个点。在割线附近使用 OPE 不可能被严格证明是合理的，因为将会有分母接近于零的传播子。在与强相互作用的非微扰标度相比强子末态高于基态之上很多的区域，这不是一个问题，因为在自然界中出现但在 OPE 分析中不存在的那些阈效应都非常小。在单举 $\bar{\mathrm{B}}$ 衰变中，我们假定：只要 $m_{\mathrm{X}^{\max}}-m_{\mathrm{X}^{\min}} \gg \Lambda_{\mathrm{QCD}}$ ，与可用的强子质量极大值 $m_{\mathrm{X}^{\max}}$ 的极限相关联的阈效应是可忽略的。在 Dalitz 图边界附近，这个不等式不满足。注意，在我们考虑的 α_{s} 阶，T_j 的奇点事实上是位于我们称之为割线的端点的极点。当 α_{s} 阶修正被包括进来后，这些奇点变成了我们讨论过的割线。因此，当辐射修正被忽略时，在 $\mathrm{b}\to\mathrm{c}$ 衰变的情况中，图 6.3 的围道不必在奇点附近。对 q^2 接近 $q^2_{\max}$ 时的 $\mathrm{b}\to\mathrm{u}$ 过程，围道一定靠近奇点，因为割线的端点紧靠在一起。

在单举半轻子 $\bar{\mathrm{B}}$ 衰变中电子谱的端点区域对确定 CKM 矩阵元 $|V_{\mathrm{ub}}|$ 的值有重要的作用。对给定的强子末态质量 m_{X}，最大的电子能量是 $E_{\mathrm{e}}^{\max}=(m_{\mathrm{B}}^2-m_{\mathrm{X}}^2)/(2m_{\mathrm{B}})$。于是，能量大于 $E_{\mathrm{e}}=(m_{\mathrm{B}}^2-m_{\mathrm{D}}^2)/(2m_{\mathrm{B}})$ 的电子一定来自于 $\mathrm{b}\to\mathrm{u}$ 跃迁。然而，这个端点区域精确地位于 $\mathrm{b}\to\mathrm{u}$ 的电子能谱中出现正比于 $\delta(1-y)$ 和 $\delta'(1-y)$ 的奇点贡献的地方。注意，这些奇异项发生在由夸克－胶子运动学确定的端点，$E_{\mathrm{e}}=m_{\mathrm{b}}/2$，它们小于真实的极大值 $E_{\mathrm{e}}^{\max}=m_{\mathrm{B}}/2$ 。显然在这个区域，在将 OPE 和微扰 QCD 的预言与实验比较之前，我们必需对电子的能量求平均。

为了量化所需电子能量平均区域的尺度，我们考查 OPE 的一般结构。端点区域最奇异的项来自粲夸克传播子分母中 k 依赖性的展开。具有 k^p 幂的项产生

了一个具有 p 阶协变微分的算符，并在 T_j 中给出一个 $1/\Delta_0^{p+1}$ 的因子。这些因素在电子能谱中造成了一个 $\delta^{(p-1)}(1-y)$ 的因子。具有 p 阶协变微分的算符矩阵元是在 $\Lambda_{\rm QCD}^p$ 的量级，因此，对电子能谱，OPE 预言的一般结构是

$$\begin{aligned}\frac{\mathrm{d}\Gamma}{\mathrm{d}y} \propto & \theta(1-y)(\varepsilon^0+0\varepsilon+\varepsilon^2+\cdots)\\ & +\delta(1-y)(0\varepsilon+\varepsilon^2+\cdots)\\ & +\delta'(1-y)(\varepsilon^2+\varepsilon^3+\cdots)\\ & +\cdots\\ & +\delta^{(n)}(1-y)(\varepsilon^{n+1}+\varepsilon^{n+2}+\cdots)\\ & +\cdots\end{aligned} \tag{6.79}$$

其中，ε^n 表示一个量级为 $(\Lambda_{\rm QCD}/m_{\rm b})^n$ 的量。它可能包含平滑的 y 依赖性。那些零都是维度 4 算符的系数，根据运动方程，它们都为零。尽管 $\mathrm{d}\Gamma/\mathrm{d}y$ 的理论表达式在 b 夸克衰变的端点 $y=1$ 附近是奇异的，但总半轻子衰变率并不奇异。一个 $\varepsilon^m\delta^{(n)}(1-y)$ 量级的项对总衰变率的贡献是在 ε^m 的量级，因此半轻子宽度具有一个行为很好的按 $1/m_{\rm b}$ 的幂级数展开：

$$\Gamma \propto \varepsilon^0+0\varepsilon+\varepsilon^2+\varepsilon^3+\cdots \tag{6.80}$$

在端点区域考虑 $\mathrm{d}\Gamma/\mathrm{d}y$ 对一个宽度为 σ 的归一化函数 y 积分。它使 $y=1$ 附近的电子能谱变得模糊，并对应着以分辨率为 σ 的 y 来检测能谱（即电子能量的分辨率为 $m_{\rm b}\sigma$）。当模糊宽度 σ 足够大，以致式 (6.79) 被忽略的项比被保留的项要小时，就可对端点谱做出一个有意义的预测。在宽度 σ 的区域被模糊化的奇异项 $\varepsilon^m\delta^{(n)}(1-y)$（这里 $m>n$）给出一个 $\varepsilon^m/\sigma^{n+1}$ 量级的贡献。如果这个模糊的宽度 σ 是在 ε^p 的量级，则一般项 $\varepsilon^m\delta^{(n)}(1-y)$ 对被模糊的谱给出一个量级为 $\varepsilon^{m-p(n+1)}$ 的贡献。尽管 $m>n$，除非 $p\leqslant 1$，否则在 $1/m_{\rm b}$ 展开中的高阶项变得比低阶项更重要。

如果对于 y 的模糊化选为 ε 的量级（即一个电子能量区间量级为 $\Lambda_{\rm QCD}$），则随着奇异性较小的项被压低，所有形如 $\theta(1-y)$ 和 $\varepsilon^{n+1}\delta^{(n)}(1-y)$ 的项同样地对模糊化的电子能谱有贡献。例如，所有 $\varepsilon^{n+2}\delta^{(n)}(1-y)$ 阶的项都被压低 ε，等等。这样，如果对这些领头阶奇异项求和，就能以 $\Lambda_{\rm QCD}$ 量级的电子能量分辨率预言电子能谱的端点区域。这些领头阶奇点的和产生了一个对 $\mathrm{d}\Gamma/\mathrm{d}y$ 的宽度为 ε 的贡献，但高度与自由夸克衰变谱的量级相同。

使用上一节讨论过的对于 b 夸克动量模糊化的物理图像，我们能很容易地得到对电子谱算符乘积展开最奇异贡献的一般形式。我们要把该过程继续做到任

意 k 阶，不过只有最奇异的 y 依赖性是需要的。它仅来自 y 对 $m_{\rm b}$ 和 v 的依赖性。平移到 $m'_{\rm b}$ 和 v'，

$$y \to y' = \frac{2v' \cdot p_{\rm e}}{m'_{\rm b}} = y + k^{\mu} \frac{2}{m_{\rm b}} (\hat{P}_{\rm e\mu} - y v_{\mu}) + \cdots \tag{6.81}$$

其中，“…”表示更高阶 k 的项，且 $\hat{p}_{\rm e} = p_{\rm e}/m_{\rm b}$。式 (6.81) 中正比于 yv_{μ} 的项来自于 $m'_{\rm b}$ 对 k 的依赖性。最奇异的项来自因子 $\theta(1-y)$ 中的 y 依赖性，因此

$$\begin{aligned}\frac{{\rm d}\Gamma}{{\rm d}y} =& \frac{{\rm d}\Gamma^{(0)}}{{\rm d}y} \left[1 + \langle k^{\mu_1} \rangle \left(\frac{2}{m_{\rm b}} \right) (\hat{p}_{\rm e} - v)_{\mu_1} \frac{\partial}{\partial y} + \cdots \right. \\ &\left. + \frac{1}{n!} \langle k^{\mu_1} \cdots k^{\mu_n} \rangle \left(\frac{2}{m_{\rm b}} \right)^n (\hat{p}_{\rm e} - v)_{\mu_1} \cdots (\hat{p}_{\rm e} - v)_{\mu_n} \frac{\partial^n}{\partial y^n} + \cdots \right] \theta(1-y)\end{aligned} \tag{6.82}$$

如果把对剩余动量取平均解释为

$$\langle k_{\mu_1} \cdots k_{\mu_n} \rangle = \frac{1}{2} \left\langle \bar{B}(v) | \bar{b}_v {\rm i}D_{(\mu_1} \cdots {\rm i}D_{\mu_n)} b_v | \bar{B}(v) \right\rangle \tag{6.83}$$

方程 (6.82) 则是把端点区域最奇异的非微扰修正求和。不存在算符次序的含糊不清，因为 $\langle k^{\mu_1} \cdots k^{\mu_n} \rangle$ 是与一个对 $\mu_1 \cdot \mu_n$ 完全对称的张量收缩。最终，只有矩阵元 $\left\langle \bar{B}(v) | \bar{b}_v {\rm i}D_{(\mu_1} \cdots iD_{\mu_n)} b_v | \bar{B}(v) \right\rangle$ 正比于 $v_{\mu_{1\mu_n}}$ 的那部分对最奇异项有贡献。对度规张量 $g_{\mu_i \mu_j}$ 的依赖性将导致一个 $(\hat{p}_{\rm e} - v)^2$ 的因子，它在 $y=1$ 时为零。所以写出

$$\frac{1}{2} \left\langle \bar{B}(v) | \bar{b}_v {\rm i}D_{(\mu_1} \cdots iD_{\mu_n)} b_v | \bar{B}(v) \right\rangle = A_n v_{\mu_1} \cdots v_{\mu_n} + \cdots \tag{6.84}$$

我们发现 $y=1$ 附近的微分衰变谱为

$$\frac{{\rm d}\Gamma}{{\rm d}y} = \frac{{\rm d}\Gamma^{(0)}}{{\rm d}y} [\theta(1-y) + S(y)] \tag{6.85}$$

其中，形状函数 $S(y)$ 为

$$S(y) = \sum_{n=1}^{\infty} \frac{A_n}{m_{\rm b}^n n!} \delta^{(n-1)}(1-y) \tag{6.86}$$

在 6.2.2 节，我们证明了 $A_1 = 0$ 和 $A_2 = -\frac{1}{3}\lambda_1$。现在，必须使用形状函数的唯象模型从端点区域半轻子衰变数据中抽取 $|V_{\rm ub}|$。由此得出

$$|V_{\rm ub}| \approx 0.1 |V_{\rm cb}|$$

在 $y \to 1$ 时，对 ${\rm d}\Gamma/{\rm d}y$ 的微扰 QCD 修正也变得奇异了。为对端点区域电子谱的形状做出预言，这些奇异项也必须被求和。

对单举 $b \to c$ 半轻子衰变，$1/m_b^2$ 修正在电子谱的端点区域并不奇异，但该修正很大，因为 $m_c^2/m_b^2 \simeq 1/10$ 很小。（甚至对 $b \to c$ 半轻子衰变，在 $1/m_b^3$ 阶奇异项也会出现。）画出含有 $1/m_b^2$ 修正的 $b \to c$ 电子谱是有益的。它被展示在图 6.6 中。可以清晰地看到 $1/m_b^2$ 修正在端点附近变大。OPE 分析给出式 (6.58) 中的电子能谱，它依赖于重夸克质量 m_b 和 m_c。特别是，电子端点能量是 $(m_b^2-m_c^2)/(2m_b)$。电子谱真实的运动学端点是 $(m_B^2-m_D^2)/(2m_B)$，它依赖于强子的质量。图 6.7 将使用了夸克质量的最低阶电子谱与把夸克质量换成强子质量后的谱做了比较。在大部分的相空间，这个谱十分靠近真实的谱，但是在非常接近 E_e 的极大值处，相信具有强子质量的最低阶谱与实际电子谱有任何联系是没有理论基础的。尽管如此，具有强子质量的谱终止在所允许电子谱的真正运动学端点。测量的半轻子 $\bar{B}$ ①衰变中的单举轻子谱在图 6.8 中给出。

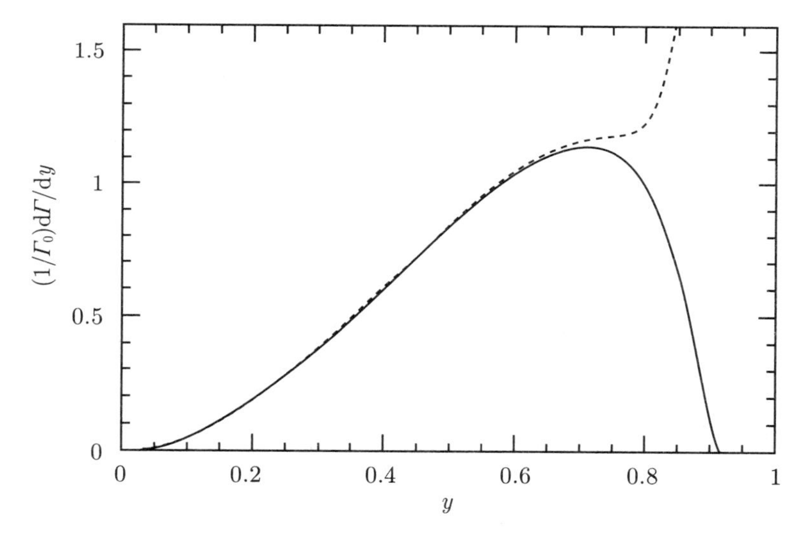

图 6.6　单举半轻 $\bar{B} \to X_c$ 衰变中的最低阶的（实线）和包含 $1/m_b^2$ 修正的（虚线）电子能谱其中 $\lambda_1 = -0.2\ \mathrm{GeV}^2, m_b = 4.8\ \mathrm{GeV}, m_c = 1.4\ \mathrm{GeV}$，这里，$\Gamma_0 = G_F^2|V_{cb}|^2 m_b^5/(192\pi^3)$

① 译者注：原文为 B。

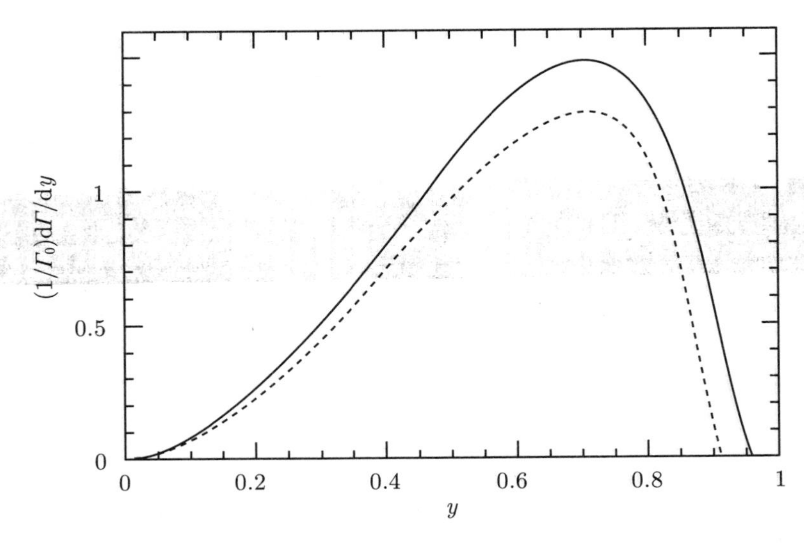

图 6.7 使用具有夸克质量的最低阶公式（虚线）和具有强子质量的最低阶公式（实线）的单举半轻 $\bar{\mathrm{B}} \to X_{\mathrm{c}}$ 衰变的电子能谱；在这两条曲线的图中，y 定义为 $2E_{\mathrm{e}}/m_{\mathrm{b}}$，且 $\Gamma_0 = G_{\mathrm{F}}^2|V_{\mathrm{cb}}|^2 m_{\mathrm{b}}^5/(192\pi^3)$

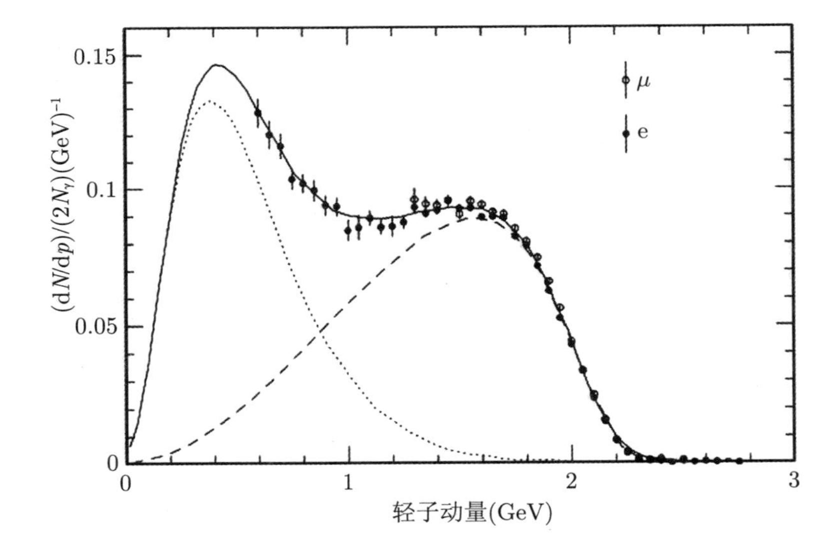

图 6.8 CLEO 合作组测量的半轻子 $\bar{\mathrm{B}} \to \mathrm{X_c}$ 衰变的单举轻子能谱。数据取自 R.Wang 的博士论文。实心点为电子谱，空心点是 μ 子谱。虚线是对 $\mathrm{b} \to \mathrm{c}$ 半轻子衰变初级轻子的模型拟合，它应与图 6.6 和图 6.7 的理论预言相比较。点线是对来自 b 衰变中产生的 c 夸克的半轻子衰变次级轻子的模型拟合，实线是二者之和

6.6　来自单举衰变的 $|V_{cb}|$

方程 (6.57) 中单举微分半轻子衰变率的表达式可被用于推断 HQET 的参数 $\bar{\Lambda}$ 和 λ_1。另外，它提供了一种对 CKM 矩阵元 V_{cb} 的测定。为与实验比较，用强子质量取代 c 夸克和 b 夸克质量是有益的。D 介子和 B 介子的平均质量是

$$\bar{m}_D = \frac{m_D + 3m_{D^*}}{4} = 1.975 \text{ GeV}, \quad \bar{m}_B = \frac{m_B + 3m_{B^*}}{4} = 5.313 \text{ GeV} \tag{6.87}$$

使用第 4 章的结果，我们发现

$$\begin{aligned} m_c &= \bar{m}_D - \bar{\Lambda} + \frac{\lambda_1}{2\bar{m}_D} + \cdots \\ m_b &= \bar{m}_B - \bar{\Lambda} + \frac{\lambda_1}{2\bar{m}_B} + \cdots \end{aligned} \tag{6.88}$$

其中，“…”表示在 $1/m_Q$ 展开中的更高阶项。例如，该式给出

$$\begin{aligned} \frac{m_c}{m_b} &= \frac{\bar{m}_D}{\bar{m}_B} - \frac{\bar{\Lambda}}{\bar{m}_B}\left(1 - \frac{\bar{m}_D}{\bar{m}_B}\right) - \frac{\bar{\Lambda}^2}{\bar{m}_B^2}\left(1 - \frac{\bar{m}_D}{\bar{m}_B}\right) + \frac{\lambda_1}{2\bar{m}_B\bar{m}_D}\left(1 - \frac{\bar{m}_D^2}{\bar{m}_B^2}\right) \\ &\simeq 0.372 - 0.63\frac{\bar{\Lambda}}{\bar{m}_B} - 0.63\frac{\bar{\Lambda}^2}{\bar{m}_B^2} + 1.2\frac{\lambda_1}{\bar{m}_B^2} \end{aligned} \tag{6.89}$$

将这个步骤用于方程 (6.59) 中的单举半轻子衰变率，并将微扰 QCD 修正计入未被 Λ_{QCD}/m_Q 的幂次压低的项，给出

$$\Gamma_{SL}(B) = \frac{G_F^2|V_{cb}|^2 m_B^5}{192\pi^3} 0.369\left[\eta_\Gamma - 1.65\frac{\bar{\Lambda}}{\bar{m}_B} - 1.0\frac{\bar{\Lambda}^2}{\bar{m}_B^2} - 3.2\frac{\lambda_1}{\bar{m}_B^2}\right] \tag{6.90}$$

注意，m_B^5 已经被因子化出去，而不是 $\bar{m}_B^5$。这种选择使得 $\lambda_2/\bar{m}_B^2$ 的系数非常小，并且在方程 (6.90) 的方括弧中已经被忽略掉。

对于 $1/m_Q$ 展开的领头阶项到阶的微扰修正已知为

$$\eta_\Gamma = 1 - 1.54\frac{\alpha_s(m_b)}{\pi} - 12.9\left[\frac{\alpha_s(m_b)}{\pi}\right]^2 = 0.83 \tag{6.91}$$

使用方程 (6.90)，测量的半轻子分支比 $BR(B \to Xe\bar{\nu}_e) = (10.41 \pm 0.29)\%$，和 B 的寿命 $\tau(B) = (1.60 \pm 0.04) \times 10^{-12}$s，可以发现

$$|V_{cb}| = \frac{[39 \pm 1(\exp)] \times 10^{-3}}{\sqrt{1 - 2.0\frac{\bar{\Lambda}}{\bar{m}_B} - 1.2\left(\frac{\bar{\Lambda}}{\bar{m}_B}\right)^2 - 3.9\frac{\lambda_1}{\bar{m}_B^2}}} \tag{6.92}$$

微分衰变率约束着 $\bar{\Lambda}$ 和 λ_1 的值。电子能谱分析给出（在 α_s^2 阶）具有很大不确定性的 $\bar{\Lambda} \simeq 0.4$ GeV 及 $\lambda_1 \simeq -0.2$ GeV^2 。这些值意味着 $|V_{cb}| = 0.042$。注意，这个值很接近从第 4 章半轻子衰变 $\bar{B} \to D^* e \bar{\nu}_e$ 中抽取出来的值（见式 (4.65)）。在 V_{cb} 的这个计算中理论的不确定性来自 $\bar{\Lambda}$ 和 λ_1 的值以及夸克强子对偶性的可能破缺。

在式 (6.91) 式中，α_s^2 阶项约为 α_s 阶项的 60%。这有两个原因：第一，回忆第 4 章，$\bar{\Lambda}$ 不是一个物理量，并且有一个意义不明确的 Λ_{QCD} 量级的重整子 (renormalon)。使用 HQET，我们能把 $\bar{\Lambda}$ 和一个可观测量联系在一起，例如，$\delta s_H = s_H - \bar{m}_D^2$ 的平均值 $\langle \delta s_H \rangle$，其中，$s_H$ 是在半轻子 $\bar{B}$ 衰变中强子不变质量的平方。这个关系包含了一个 α_s 的微扰级数。如果在方程 (6.90) 中用 $\langle \delta s_H \rangle$ 取代 $\bar{\Lambda}$，则在 $\bar{\Lambda}$ 和 $\langle \delta s_H \rangle$ 关系中的微扰级数和级数 η_Γ 的组合将替换方程 (6.90) 中的 η_Γ。这个修正过的级数在 $u = 1/2$ 处没有 Borel 奇点，且行为会更好一些。第二，在 $b \to c e \bar{\nu}_e$ 的夸克衰变中，衰变产物的典型能量不是 m_b，而是 $E_{典型} \sim (m_b - m_c)/3 \sim 1.2$ GeV。使用这个标度代替 m_b，去计算式 (6.91) 中的强耦合将导致一个级数，其中，α_s^2 阶项是 α_s 阶项的 25%。注意，为此在式 (6.91) 中使用了 $\alpha_s(m_b) = \alpha_s(E_{典型}) - \alpha_s^2(E_{典型}) \times \beta_0 \ln m_b^2 / E_{典型}^2 + \cdots$，并将 η_Γ 展开到 $\alpha_s(E_{典型})$ 的平方阶。

6.7 求和规则

通过比较单举和遍举半轻子 $\bar{B}$ 衰变率，可导出一组限制遍举 $\bar{B} \to D^* e \bar{\nu}_e$ 形状因子的求和规则。基本的因素是单举 $\bar{B}$ 衰变率必须总是大于或等于遍举 $\bar{B} \to D^{(*)}$ 的衰变率这一简单的结果。

分析使用 $T_{\alpha\beta}$，它被看作一个具有固定 q 的 q_0 的函数。方便的是：不只专注于与半轻子衰变相关的左手流，而且还要允许 J 为轴矢流或矢量流或者它们的一个线性组合。我们还要把变量从 q_0 改变到

$$\varepsilon = m_B - q_0 - E_{X_c^{min}} \tag{6.93}$$

其中，$E_{X_c^{min}} = \sqrt{m_{X_c^{min}}^2 + |\boldsymbol{q}|^2}$ 是强子态的最小可能能量。使用这个定义，$T_{\alpha\beta}(\varepsilon)$ 在复的 ε 平面上沿 $0 < \varepsilon < \infty$ 有一条割线，它对应于具有一个 c 夸克的物理态。对于 $2m_B - E_{X_{\bar{c}bb}^{min}} - E_{X_c^{min}} > \varepsilon > -\infty$ 的区间，$T_{\mu\nu}$ 还有另外一条割线，它对应着

具有两个 b 夸克和一个 $\bar{c}$ 夸克的物理态。① 这条割线对这一节的结果并不重要。使用固定的四矢量 a^ν 收缩 $T_{\mu\nu}$ 导出

$$a^{*\mu}T_{\mu\nu}(\varepsilon)a^\nu = -\sum_{X_c}(2\pi)^3\delta^3(q+px)\frac{\langle\bar{B}|J^\dagger\cdot a^*|X_c\rangle\langle X_c|J\cdot a|\bar{B}\rangle}{2m_B(E_{X_c}-E_{X_c^{\min}}-\varepsilon)}+\cdots \tag{6.94}$$

其中，"$\cdots$" 表示来自对应于两个 b 夸克和一个 $\bar{c}$ 夸克的割线的贡献。考虑对一个权重函数 $W_\Delta(\varepsilon)$ 和 $T_{\mu\nu}(\varepsilon)$ 乘积沿图 6.9 所示围道 $\mathcal{C}$ 的积分。假定 W_Δ 在围道包围的区间是解析的，得到

$$\begin{aligned}&\frac{1}{2\pi i}\int_C d\varepsilon W_\Delta(\varepsilon)a^{*\mu}T_{\mu\nu}(\varepsilon)a^v\\&=\sum_{X_c}W_\Delta(E_{X_c}-E_{X_c^{\min}})(2\pi)^3\delta^3(\boldsymbol{q}+\boldsymbol{p}_X)\frac{\langle X_c|J\cdot a|\bar{B}\rangle|^2}{2m_B}\end{aligned} \tag{6.95}$$

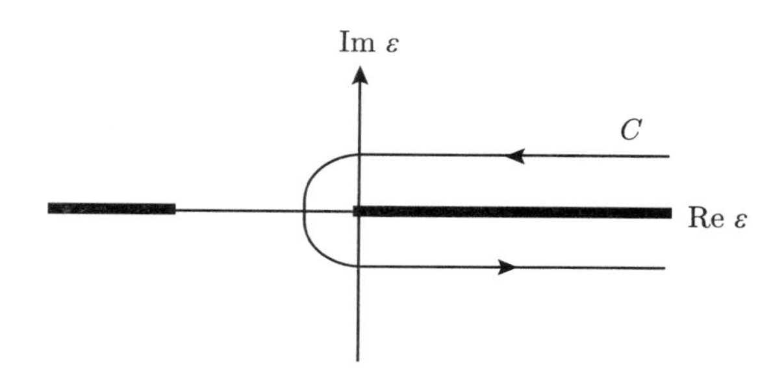

图 6.9　求和规则的割线

我们要求权重函数 $W_\Delta(\varepsilon)$ 沿割线是半正定的，使得上面对 X_c 求和中每项的贡献都是非负的。为方便起见，我们强加了归一化条件 $W_\Delta(0)=1$。我们还假定 W_Δ 在 $\varepsilon=0$ 附近是平坦的，并且在 $\varepsilon\gg\Delta$ 时迅速减小到零。假如使用算符乘积展开和微扰 QCD 计算方程 (6.95) 的左边，则关键是 W_Δ 在 ε 远大于 Λ_{QCD} 的区域应是平坦的。否则，算符乘积展开和微扰 QCD 中的更高阶项将会很大。

方程 (6.95) 中对 X_c②求和的每一项均为正意味着限制

$$\frac{1}{2\pi i}\int_C d\varepsilon W_\Delta(\varepsilon)a^{*\mu}T_{\mu\nu}(\varepsilon)a^v > \frac{|\langle X_c^{\min}|J\cdot a|\bar{B}\rangle|^2}{4m_B E_{X_c}^{\min}} \tag{6.96}$$

为推导它，注意到对 X_c 求和包括对末态中每个粒子的 $d^3p/[(2\pi)^3 2E]$ 积分。对一个粒子态$X_c^{\min}$，使用 δ 函数对它的三动量积分，在式 (6.96) 的分母中留下因子 $2E_{X_c^{\min}}$。所有其他的态给出一个非负的贡献，得到了不等式 (6.96)。

① 注意：当从 q^0 切换到 ε 时，由于方程（6.93）中的符号，左手割线和右手割线互换。

② 译者注：原文 X 为印刷错误。

一个可能的权重函数集是

$$W_{\Delta}^{(n)}=\frac{\Delta^{2n}}{\varepsilon^{2n}+\Delta^{2n}} \tag{6.97}$$

对 $n>2$，积分式 (6.96) 由质量小于 Δ 的态主导。这些权重函数在 $\varepsilon=(-1)^{1/2n}\Delta$ 处有极点。因此，如果 n 不是太大并且 Δ 比 QCD 标度大得多，则图 6.9 中的围道远离割线。当 $n\to\infty$，对正的 ε 有 $W_{\Delta}^{(n)}\to\theta(\Delta-\varepsilon)$，它相应于对所有具有相同权重的末态强子共振态求和直到激发能 Δ。在这种情况下，W_{Δ} 的极点接近割线，且图 6.9 中的围道必须变形以在 $\varepsilon=\Delta$ 处接触割线。就像在半轻子衰变率中，只要 $\Delta\gg\Lambda_{\mathrm{QCD}}$，通常不认为这是一个问题。这里，权重函数的通常选择是 $W_{\Delta}^{(\infty)}$，并且我们将在本章的剩余部分都使用它。

为说明方程 (6.96) 的效用，我们转到粲夸克和底夸克质量都取为无穷的 HQET，并设 $J^{\mu}=\bar{c}_{v'}\gamma^{\mu}b_{v}$ 及 $\alpha^{\mu}=v^{\mu}$。在这种情况下，只有基态 D，D^{*} 二重态的赝标量成员有贡献，并且

$$\langle D(v')|J\cdot v|\bar{B}(v)\rangle=(1+\omega)\xi(\omega) \tag{6.98}$$

其中，$w=v\cdot v'$ 当 Δ 大于 Λ_{QCD} 时，对编时乘积 $T_{\mu\nu}(\varepsilon)$ 的领头阶贡献来自于做了 OPE，对 α_{s} 最低阶计算了系数，以及只保留了最低维度的算符。我们在 $\bar{\mathrm{B}}$ 介子静止系 $v=v_{\mathrm{r}}$ 中计算，并且用 $-q=m_{\mathrm{c}}v'$ 定义粲夸克的四速度。于是，粲夸克的剩余动量是 $k^{0}=m_{\mathrm{b}}v_{\mathrm{r}}^{0}-q^{0}-m_{\mathrm{c}}v'^{0},k=0$。在这个框架中，$v'_{0}=v_{\mathrm{r}}\cdot v'=w$。OPE 的领头阶算符是 $\bar{b}_{v_{\mathrm{r}}}b_{v_{\mathrm{r}}}$，它的系数由图 6.10 所示的 b 夸克矩阵元的费曼图推知。其导出了

$$v_{r}^{\mu}T_{\mu\nu}(\varepsilon)v_{\mathrm{r}}^{v}=\frac{(v_{\mathrm{r}}\cdot v'+1)}{2v'_{0}(m_{\mathrm{b}}v_{\mathrm{r}0}-q_{0}-m_{\mathrm{c}}v'_{0})} \tag{6.99}$$

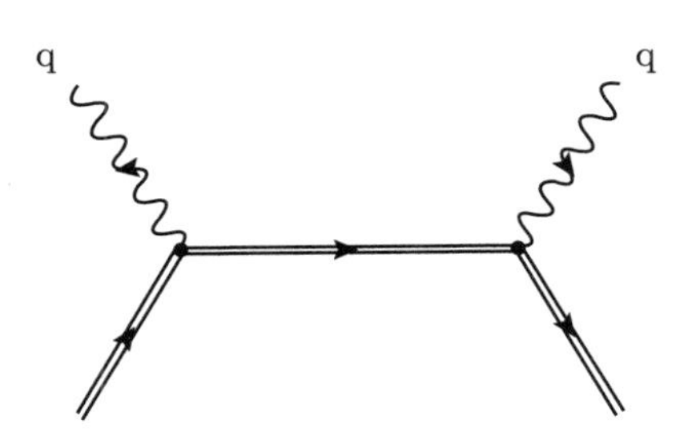

图 6.10 OPE 的领头阶图

基于重夸克质量，$\bar{\Lambda}$ 和 w，式 (6.93) 定义的变量 ε 能被表示成

$$\varepsilon=m_{\mathrm{b}}+\bar{\Lambda}-q_{0}-\sqrt{(m_{\mathrm{c}}+\bar{\Lambda})^{2}+m_{\mathrm{c}}^{2}(\omega^{2}-1)}+\cdots$$

$$= m_{\rm b} - q_0 - m_{\rm c}\omega + \frac{\bar{\Lambda}(\omega-1)}{\omega} + \cdots \tag{6.100}$$

其中，“$\cdots$”代表被 $\Lambda_{\rm QCD}/m_{\rm b,c}$ 的幂压低的项。使用该式，我们发现方程 (6.99) 变成

$$v_{\rm r}^{\mu} T_{\mu\nu}(\varepsilon) v_{\rm r}^{v} = \left(\frac{\omega+1}{2\omega}\right) \frac{1}{\varepsilon - \bar{\Lambda}(\omega-1)/\omega} \tag{6.101}$$

进行围道积分，给出

$$\frac{w+1}{2\omega} > \frac{|\xi(w)|^2(1+w)^2}{4w} \tag{6.102}$$

在零反冲的情况下，$\xi(1)=1$，并且上面的约束是饱和的。写出 $\rho^2 = -{\rm d}\xi/{\rm d}\omega|_{\omega=1}$，我们发现上面给出了零反冲时的 Isgur-Wise 函数斜率的 Bjorken 限 (Bjorken bound)，$\rho^2 \geqslant 1/4$。远离零反冲时，Isgur-Wise 函数是减除点依赖的，因此 ρ^2 也依赖于减除点。微扰 QCD 修正把形为 $\alpha_{\rm s}(\mu)(\ln\Delta^2/\mu^2 + C)$ 的项添加到 ρ^2 的下限。这样，ρ^2 的下限能更正确地写成

$$\rho^2(\Delta) \geqslant 1/4 + \mathcal{O}[\alpha_{\rm s}(\Delta)] \tag{6.103}$$

6.8　单举非轻子衰变

$\rm b \to c\bar{u}d$ 衰变的非轻弱衰变哈密顿量 $H_{\rm W}^{(\Delta c=1)}$ 已在式 (1.124) 和式 (1.125) 中给出。非轻子衰变率与这个哈密顿量及其厄米共轭的编时乘积的 B 介子矩阵元虚部相关，

$$t = {\rm i}\int {\rm d}^4x T\left[H_{\rm W}^{(\Delta c=1)\dagger}(x) H_{\rm W}^{(\Delta c=1)}(0)\right] \tag{6.104}$$

取 t 在静止的 B 介子态间的矩阵元并在两个哈密顿量密度间插入一组态的完备集导出

$$\begin{aligned} \Gamma^{(\Delta c=1)} &= \sum_X (2\pi)^4 \delta^4(p_{\rm B} - p_{\rm X}) \frac{\left|\left\langle X(p_{\rm X})|H_{\rm W}^{(\Delta c=1)}(0)|\bar{B}(p_{\rm B})\right\rangle\right|^2}{2m_{\rm B}} \\ &= \frac{{\rm Im}\left\langle \bar{B}|t|\bar{B}\right\rangle}{m_{\rm B}} \end{aligned} \tag{6.105}$$

这里的第一行是 $\Gamma^{\Delta_c=1}$ 的定义。

单举非轻子衰变也能使用 OPE 进行研究。在半轻子衰变情况，能相对轻子运动学变量 q^2 和 $q\cdot v$ 把衰变分布模糊化。在非轻子衰变中相应的模糊化变量不存在，因为所有的末态粒子都是强子。对非轻子衰变，人们需要额外的假设：OPE 的答案是正确的，即使没有在固定为 B 介子质量的强子的不变质量上求平均。这个假设是合理的，因为 m_{B} 比 Λ_{QCD} 大得多。OPE 中的领头阶项是由图 6.11 计算的。它的虚部给出非轻子衰变总宽度。在非轻子衰变中的情况与半轻子衰变的区别不大，因为在那里 $v\cdot q$ 积分的围道不能变形，以至于它总是远离物理割线，见图 6.3。

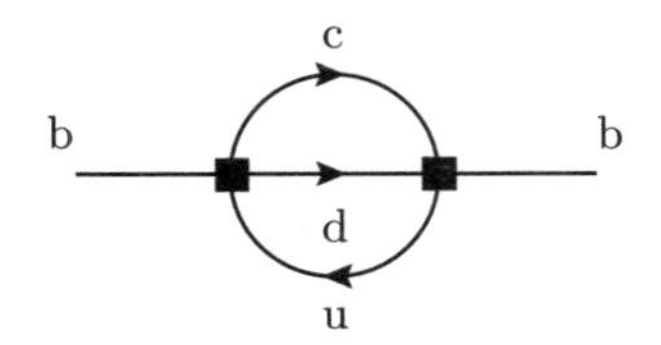

图 6.11 举非轻子衰变的 OPE 图

人们能把非轻子衰变宽度的 OPE 计算与半轻子衰变的分布的计算做比较。想象用 $\bar{\nu}$e 替换 $\bar{u}$d 后计算图 6.11 的值。计算这个图的虚部等价于求末态费米子相空间积分的值。这样，从图 6.11 的虚部进行 OPE 计算等价于积分衰变分布以获得式 (6.60) 的总衰变宽度。在非轻子衰变的情况，只有总宽度能够计算。用这种方法，衰变分布是得不到的。半轻子衰变和非轻子衰变的另一个区别是由于使用重整化群方程将辐射修正求和，弱哈密顿量 $H_{\mathrm{W}}^{\Delta c=1}$ 中包含系数为 $C_1(m_{\mathrm{b}})$ 和 $C_2(m_{\mathrm{b}})$ 的两项。

计入了 $\Lambda_{\mathrm{QCD}}^2/m_{\mathrm{b}}^2$ 项，我们发现使用 OPE 和到 HQET 的转换一起，计算出的非轻子衰变宽度 $\Gamma^{\Delta c=1}$ 最终结果是

$$\begin{aligned}\Gamma^{(\Delta c=1)} = 3\frac{G_{\mathrm{F}}^2 m_{\mathrm{b}}^5}{192\pi^3}|V_{\mathrm{cb}}V_{\mathrm{ud}}|^2 \Bigg\{ \left(C_1^2 + \frac{2}{3}C_1C_2 + C_2^2\right) \Bigg[\left(1 + \frac{\lambda_1}{2m_b^2}\right) \\ + \frac{3\lambda_1}{2m_{\mathrm{b}}^2}\left(2\rho\frac{\mathrm{d}}{\mathrm{d}\rho} - 3\right)\Bigg] f(\rho) - 16C_1C_2\,\frac{\lambda_2}{m_{\mathrm{b}}^2}(1-\rho)^3 \Bigg\}\end{aligned} \tag{6.106}$$

这里，$f(\rho)$ 是由式 (6.61) 定义的，并且 $C_{1,2}$ 是在 $\mu = m_{\mathrm{b}}$ 处求值的。

领头阶项的形式已在第 1 章的习题 8 中计算过。正比于 λ_1 的方程 (6.106) 中 $\Lambda_{\mathrm{QCD}}^2/m_{\mathrm{b}}^2$ 阶的部分可使用 6.4 节的技术推导出来。式 (6.78) 对半轻和非轻子衰变宽度都成立。然而，正比于 λ_2 的修正不可能简单地推断出来。像在半轻子衰变的情况一样，它产生于两个来源。一个是编时乘积 t 的一个 b 夸克矩阵元，其中，b 夸克具有动量 $p_{\mathrm{b}} = m_{\mathrm{b}}v + k$。按剩余动量 k 展开，通过从全 QCD 到

HQET 的转换，在 k 的二次阶给出对 λ_2 的依赖性。λ_2 依赖性的这个部分对非轻子衰变和半轻子衰变来说是相同的。还存在由 $\mathrm{b} \to \mathrm{b}+$ 胶子矩阵元确定的 λ_2 依赖性。由于胶子可能从 d 或 $\bar{u}$ 夸克发射出来，见图 6.12，它在非轻子衰变情况中是不同的。这个贡献依赖于算符 O_1 和 O_2 的色结构，我们相继考虑 $\Gamma^{(\Delta c=1)}$ 中的正比于 C_1^2,C_2^2 以及 C_1C_2 的部分。

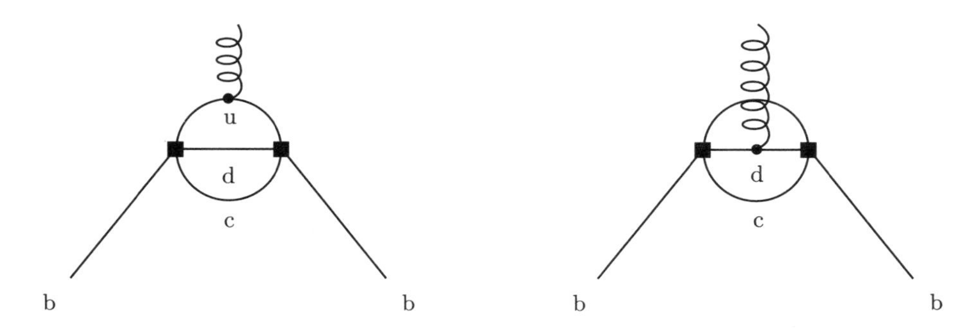

图 6.12　从其中一条轻夸克线上发射一个胶子的单举非轻子 B 衰变的OPE 图

对正比于 C_1^2 的 λ_2 项的部分来说，由于色守恒，一个胶子联结到一个 d 或 $\bar{u}$ 夸克的贡献为零，因为这些图正比于 $\mathrm{Tr}T^A=0$。因而，正比于 C_1^2 的 λ_2 依赖性对非轻子和半轻子衰变是相同的。对正比于 C_2^2 的贡献来说，倘若电子不是无质量而是具有和 c 夸克一样的质量的话，$\mathrm{b} \to \mathrm{b}+$ 胶子矩阵元与半轻子 $\mathrm{b} \to \mathrm{u}$ 衰变就会是相同的。在 O_2 中夸克场做了 Fierz 重排 (Fierz rearrangement) 后，这是很容易看出来的。注意，通过 $\varDelta_0$，c 夸克质量只进入 $T_{\mu\nu}$ 计算。左手投影算符 P_{L} 移除了 c 夸克传播子分子中的 c 夸克质量项。取其虚部后，Δ_0 中的 m_{c} 依赖性进入设置正确的三体相空间。不管怎么样，具有无质量轻子的 $\mathrm{b} \to \mathrm{c}$ 衰变和具有一个无质量中微子及与 c 夸克质量相同的电子的 $\mathrm{b} \to \mathrm{u}$ 衰变的相空间是一样的。因此，$\lambda_2 C_2^2$ 项也与半轻子衰变中的一样。对 $\lambda_2 C_1 C_2$ 项，存在与半轻子衰变中一样的通常部分，也存在一个额外的来自 t 的 $\mathrm{b} \to \mathrm{b}+$ 胶子矩阵元部分的贡献，该胶子联结到一个 d 或 ū 夸克。这个额外的部分是方程 (6.107) 的最后面的一项，本节剩余的部分将致力于它的计算。

来自图 6.12 的 $\mathrm{Im}\langle bg|t|b\rangle$ 部分是

$$16\pi \mathrm{i} G_{\mathrm{F}}^2 |V_{\mathrm{cb}}|^2 |V_{\mathrm{ud}}|^2 \int \frac{\mathrm{d}^4 q}{(2\pi)^4} \delta\left[(m_{\mathrm{b}} v - q)^2 - m_{\mathrm{c}}^2\right]$$
$$\times \bar{u}\gamma^\mu P_{\mathrm{L}}(m_{\mathrm{b}}\not{v} - \not{q} + m_{\mathrm{c}})\gamma^\nu P_{\mathrm{L}} u \mathrm{Im}\ \Pi_{\mu\nu} \tag{6.107}$$

在式 (6.107) 中，δ 函数来自 c 夸克传播子的虚部，并且

$$\begin{aligned}\Pi_{\mu\nu} =& gT^A\varepsilon^{A\lambda *}\int\frac{\mathrm{d}^4k}{(2\pi)^4}\\ &\times \mathrm{Tr}\left[\gamma^\mu P_\mathrm{L}\frac{\not{k}-\not{p}/2}{(k-p/2)^2+\mathrm{i}\varepsilon}\gamma_\lambda\frac{\not{k}+\not{p}/2}{(k+p/2)^2+\mathrm{i}\varepsilon}\gamma_\nu P_\mathrm{L}\frac{\not{k}-\not{q}}{(k-q/2)^2+\mathrm{i}\varepsilon}\right.\\ &\left.\times\gamma_\mu P_\mathrm{L}\frac{\not{k}+\not{q}}{(k+q)^2+\mathrm{i}\varepsilon}\gamma_\nu P_\mathrm{L}\frac{\not{k}-\not{p}/2}{(k-p/2)^2+\mathrm{i}\varepsilon}\gamma_\lambda\frac{\not{k}+\not{p}/2}{(k+p/2)^2+\mathrm{i}\varepsilon}\right]\end{aligned} \tag{6.108}$$

如同在半轻子衰变的情况，胶子具有向外的动量 p 和初始及末态 b 夸克分别具有剩余动量 $p/2$ 及 $-p/2$。按 p 展开，只保留线性项，用费曼的技巧把分母组合起来，进行 k 积分，取虚部，并进行费曼参数积分，给出

$$\mathrm{Im}\Pi_{\mu\nu}=\frac{\mathrm{i}gp^\beta T^A\varepsilon^{A\lambda *}}{32\pi}\delta(q^2)Tr[\gamma_\mu(\gamma_\beta\gamma_\lambda\not{q}-\not{q}\gamma_\lambda\gamma_\beta)\gamma_v\not{q}P_\mathrm{R}+(\mu\leftrightarrow v)] \tag{6.109}$$

只有对 β 和 λ 反对称化的部分给出我们感兴趣类型的贡献。求迹得到

$$\mathrm{Im}\Pi_{\mu\nu}=\frac{gp^\beta T^A\varepsilon^{A\lambda *}}{4\pi}\delta(q^2)[\epsilon_{\beta v\lambda\alpha}q^\alpha q_\mu+(\mu\leftrightarrow v)] \tag{6.110}$$

把它放入式 (6.107)，把旋量与 HQET 的 b 夸克场等同起来，对产生的 B 介子矩阵元使用 $p^\beta T^A\varepsilon^{A\lambda *}\to -\mathrm{i}G^{\beta\lambda}/2$ 和式 (6.50)，图 6.12 对非轻宽度给出如下贡献：

$$\begin{aligned}\delta\Gamma^{(\Delta c=1)}=&-32C_1C_2|V_\mathrm{cb}|^2|V_\mathrm{ud}|^2G_\mathrm{F}^2\lambda_2\\ &\times\int\frac{\mathrm{d}^4q}{(2\pi)^4}\delta[(m_\mathrm{b}v-q)^2-m_\mathrm{c}^2]\delta(q^2)m_\mathrm{b}(v\cdot q)^2\end{aligned} \tag{6.111}$$

用 δ 函数对 q^0 和 q 积分得到

$$\delta\Gamma^{(\Delta_c=1)}=\frac{C_1C_2|V_\mathrm{cb}|^2|V_\mathrm{ud}|^2G_\mathrm{F}^2\lambda_2m_\mathrm{b}^3}{4\pi^3}\left(1-\frac{m_\mathrm{c}^2}{m_\mathrm{b}^2}\right)^3 \tag{6.112}$$

它是式 (6.106) 的最后一项。人们认为维度 6 的四夸克算符对非轻宽度的贡献比这一节考虑的维度 5 算符的贡献更为重要，因为它们的系数被增大了一个 $16\pi^2$ 的因子。在下一节将考虑类似的四夸克算符在 $\mathrm{B_s}$-$\bar{\mathrm{B}}_\mathrm{s}$ 混合情况中的影响。

6.9　B_s-$\bar{B}_s$ 混合

在 B_s 或 $\bar{B}_s$ 介子中的轻反夸克通常称为旁观夸克，因为在 OPE 的领头阶，该夸克的场不会在那些其矩阵元可给出单举衰变率的算符中出现。这种情况在 $1/m_b^2$ 阶继续存在，因为 $\lambda_{1,2}$ 已定义为由 b 夸克和胶子构建的算符的矩阵元。在 $1/m_b^3$ 阶，旁观夸克的场首次出现，因为形如 $\bar{b}_v b_v \bar{q} q$ 的维度 6 的四夸克算符出现在 OPE 中。这些算符在 B_s-$\bar{B}_s$ 宽度混合中起到非常重要的作用。回想 $CP|\,B_s\rangle = -|\,\bar{B}_s\rangle$，所以 CP 本征态为

$$
\begin{aligned}
|\,B_{s1}\rangle &= \frac{1}{\sqrt{2}}(|\,B_s\rangle + |\,\bar{B}_s\rangle) \\
|\,B_{s2}\rangle &= \frac{1}{\sqrt{2}}(|\,B_s\rangle - |\,\bar{B}_s\rangle)
\end{aligned}
\tag{6.113}
$$

其中，$CP|\,B_{sj}\rangle = (-1)^j|\,B_{sj}\rangle$。在弱相互作用中的第二阶，存在着引起 $|B_s\rangle$ 和 $|\bar{B}_s\rangle$ 态间质量和宽度混合的 $|\Delta b| = 2$ 和 $|\Delta s| = 2$ 的过程。在 CP 守恒的极限下，等效哈密顿量 $H_{有效} = \mathbb{M} + \mathrm{i}\mathbb{W}/2$ 的本征态是 $|B_{sj}\rangle$ 态而不是 $|B_s\rangle$ 和 $|\bar{B}_s\rangle$ 态，这里 $\mathbb{M}$ 和 $\mathbb{W}$ 分别是这个系统的 2×2 质量和宽度矩阵。为简单起见，在这一节的剩余部分，我们将忽略 CP 破坏；把这个论证扩展到包含 CP 破坏是直截了当的。在 B_s-$\bar{B}_s$ 基，宽度矩阵 $\mathbb{W}$ 是

$$
\mathbb{W} = \begin{pmatrix} \Gamma_{B_s} & \Delta\Gamma \\ \Delta\Gamma & \Gamma_{\bar{B}_s} \end{pmatrix}
\tag{6.114}
$$

CPT 不变意味着 $\Gamma_{B_s} = \Gamma_{\bar{B}_s}$，所以 $H_{有效}$ 本征态的宽度是

$$
\Gamma_j = \Gamma_{B_s} - (-1)^j \Delta\Gamma
\tag{6.115}
$$

两个本征态 $|B_{s1}\rangle$ 和 $|B_{s2}\rangle$ 的宽度之间的差是 $\Gamma_1 - \Gamma_2 = 2\Delta\Gamma$。

式 (6.114) 中的宽度混合矩阵元 $\Delta\Gamma$ 由下式定义：

$$
\begin{aligned}
\Delta\Gamma &\equiv \sum_X (2\pi)^4 \delta^4(p_B - p_X) \frac{\left\langle B_s|H_W^{(\Delta c=0)}|X\right\rangle \left\langle X|H_W^{(\Delta c=0)}|\bar{B}_s\right\rangle}{2m_{B_s}} \\
&= \mathrm{Im}\frac{\langle B_s\,|\mathrm{i}\int \mathrm{d}^4 x T[H_W^{(\Delta c=0)}(x) H_W^{(\Delta c=0)}(0)]|\bar{B}_s\rangle}{2m_{B_s}}
\end{aligned}
\tag{6.116}
$$

该式第一行是 $\Delta\Gamma$ 的定义，第二行可通过插入一组态完备集来证明。与方程(6.105) 比较，有一个因子 2 的差别，因为现在两个时序都有贡献。宽度转换矩阵元 $\Delta\Gamma$ 来自 B_s 或 $\bar{B}_s$ 衰变中共同的末态。因为这个原因，它只包含弱哈密顿量的 $\Delta c=0$ 的部分； $\Delta c=1$ 的部分没有贡献。弱哈密顿量的 $\Delta c=0$ 的部分给出树图阶的夸克衰变 $\mathrm{b}\to\mathrm{c\bar{c}s}$。在领头阶对数近似下，

$$H_{\mathrm{W}}^{(\Delta c=0)}=\frac{4G_{\mathrm{F}}}{\sqrt{2}}V_{\mathrm{cb}}V_{\mathrm{cs}}^{*}\sum_{i}C_{i}(\mu)Q_{i}(\mu) \tag{6.117}$$

在那里出现的算符 $Q_i(\mu)$ 是

$$\begin{aligned}
Q_1&=(\bar{c}^{\alpha}\gamma_{\mu}P_{\mathrm{L}}b_{\alpha})(\bar{s}^{\beta}\gamma^{\mu}P_{\mathrm{L}}c_{\beta})\\
Q_2&=(\bar{c}^{\beta}\gamma_{\mu}P_{\mathrm{L}}b_{\alpha})(\bar{s}^{\alpha}\gamma^{\mu}P_{\mathrm{L}}c_{\beta})\\
Q_3&=(\bar{s}^{\alpha}\gamma_{\mu}P_{\mathrm{L}}b_{\alpha})\sum_{q=\mathrm{u,d,s,c,b}}\bar{q}^{\beta}\gamma^{\mu}P_{\mathrm{L}}q_{\beta}\\
Q_4&=(\bar{s}^{\beta}\gamma_{\mu}P_{\mathrm{L}}b_{\alpha})\sum_{q=\mathrm{u,d,s,c,b}}\bar{q}^{\alpha}\gamma^{\mu}P_{\mathrm{L}}q_{\beta}\\
Q_5&=(\bar{s}^{\alpha}\gamma_{\mu}P_{\mathrm{L}}b_{\alpha})\sum_{q=\mathrm{u,d,s,c,b}}\bar{q}^{\beta}\gamma^{\mu}P_{\mathrm{R}}q_{\beta}\\
Q_6&=(\bar{s}^{\beta}\gamma_{\mu}P_{\mathrm{L}}b_{\alpha})\sum_{q=\mathrm{u,d,s,c,b}}\bar{q}^{\alpha}\gamma^{\mu}P_{\mathrm{R}}q_{\beta}
\end{aligned} \tag{6.118}$$

在减除点 $\mu=M_{\mathrm{W}}$，系数是

$$C_1(M_{\mathrm{W}})=1+\mathcal{O}[\alpha_{\mathrm{s}}(M_{\mathrm{W}})],\quad C_{j\neq1}(M_{\mathrm{W}})=0+\mathcal{O}[\alpha_{\mathrm{s}}(M_{\mathrm{W}})] \tag{6.119}$$

算符 Q_1 和 Q_2 与 $\Delta c=1$ 非轻哈密顿量中的 O_1 和 O_2 是类似的。因为图 6.13 所示的新“企鹅”图出现在 Q_1 的重整化中，故出现了新算符 Q_3-Q_6 。图 6.13 中图的求和正比于该算符的树图阶的矩阵元，

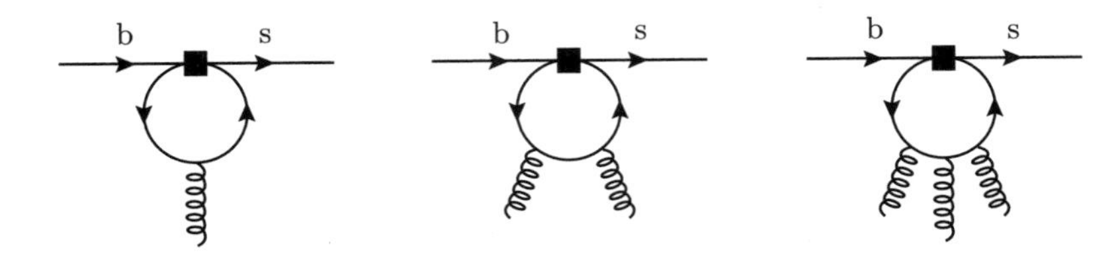

图 6.13 重整化弱哈密顿量的企鹅图

$$g(\bar{s}T^{A}\gamma_{\mu}P_{\mathrm{L}}b)D_{\nu}G^{A\nu\mu} \tag{6.120}$$

在使用运动方程 $D_\nu G^{A\nu\mu}=g\sum_q\bar{q}\gamma^\mu T^A q$ 之后，该算符变成

$$g^2(\bar{s}T^A\gamma_\mu P_\mathrm{L}b)\sum_{q=\mathrm{u,d,s,c,b}}\bar{q}\gamma^\mu T^A q \tag{6.121}$$

这是 Q_3-Q_6 的线性组合。有更多胶子联结到圈上的企鹅型图是有限的，因而对算符的重整化没有贡献。

在 $\mu=m_\mathrm{b}$ 点 $Q_{1\text{-}6}$ 的系数可用重整化群方程 (1.134) 计算，在那里反常维度矩阵是

$$\gamma=\frac{g^2}{8\pi^2}\begin{pmatrix} -1 & 3 & -\frac{1}{9} & \frac{1}{3} & -\frac{1}{9} & \frac{1}{3} \\ 3 & -1 & 0 & 0 & 0 & 0 \\ 0 & 0 & -\frac{11}{9} & \frac{11}{3} & -\frac{2}{9} & \frac{2}{3} \\ 0 & 0 & \frac{22}{9} & \frac{2}{3} & -\frac{5}{9} & \frac{5}{3} \\ 0 & 0 & 0 & 0 & 1 & -3 \\ 0 & 0 & -\frac{5}{9} & \frac{5}{3} & -\frac{5}{9} & -\frac{19}{3} \end{pmatrix} \tag{6.122}$$

在标度 $\mu=m_\mathrm{b}$ 处求解对于系数的方程 (1.134)，很容易看到 C_1 和 C_2 的值与 $\Delta c=1$ 情况的值相同，然而 C_3-C_6 确都很小。

对给出 $\Delta\varGamma$ 的弱相互作用编时乘积，在 OPE 中的算符一定同时是 $\Delta s=2$ 和 $\Delta b=2$。因而，最低维度的算符是四夸克算符，且与 $\varGamma$ 相比，$\Delta\varGamma$ 被 $\varLambda^3_\mathrm{QCD}/m^3_\mathrm{b}$ 压低。

忽略算符 Q_3-Q_6，我们由图 6.14 中单圈费曼图的虚部计算式 (6.116) 中编时乘积的算符乘积给出

$$\begin{aligned}\Delta\varGamma =&[C_1^2\left\langle B_\mathrm{s}(v)\right|(\bar{s}^\beta\gamma^\mu P_\mathrm{L}b_{v\alpha})(\bar{s}^\alpha\gamma^\nu P_\mathrm{L}b_{v\beta})\left|\bar{B}_\mathrm{s}(v)\right\rangle+(3C_2^2+2C_1C_2)\\ &\times\left\langle B_\mathrm{s}(v)\right|(\bar{s}^\alpha\gamma^\mu P_\mathrm{L}b_{v\alpha})(\bar{s}^\beta\gamma^\nu P_\mathrm{L}b_{v\beta})\left|\bar{B}_\mathrm{s}(v)\right\rangle]\mathrm{Im}\varPi_{\mu\nu}(p_\mathrm{b})\end{aligned} \tag{6.123}$$

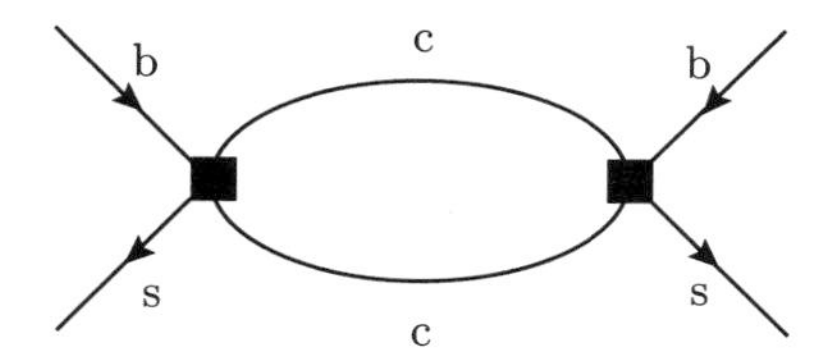

图 6.14　$\mathrm{B_s}$-$\bar{\mathrm{B}}_\mathrm{s}$ **混合的单圈图**

取虚部把圈积分转换成对中间的 c 和 $\bar{c}$ 夸克的相空间积分：

$$\begin{aligned}\mathrm{Im}\Pi_{\mu\nu}(p_{\mathrm{b}}) =& 4G_{\mathrm{F}}^2(V_{\mathrm{cb}}V_{\mathrm{cs}}^*)^2\int\frac{\mathrm{d}^3p_{\mathrm{c}}}{(2\pi)^3 2E_{\mathrm{c}}}\frac{\mathrm{d}^3p_{\bar{\mathrm{c}}}}{(2\pi)^3 2E_{\bar{\mathrm{c}}}}(2\pi)^4\delta^4(p_{\mathrm{b}}-p_{\mathrm{c}}-p_{\bar{\mathrm{c}}})\\ &\times\mathrm{Tr}\left[\gamma_\mu P_{\mathrm{L}}(\not{p}_{\mathrm{c}}+m_{\mathrm{c}})\gamma_\nu P_{\mathrm{L}}(\not{p}_{\bar{\mathrm{c}}}-m_{\mathrm{c}})\right]\end{aligned} \tag{6.124}$$

进行上式的相空间积分产生

$$\mathrm{Im}\Pi_{\mu\nu}(p_{\mathrm{b}}) = 4G_{\mathrm{F}}^2(V_{\mathrm{cb}}V_{\mathrm{cs}}^*)^2 m_{\mathrm{b}}^2(Ev_\mu v_\nu+Fg_{\mu\nu}) \tag{6.125}$$

其中

$$\begin{aligned}E &= \frac{1+2\rho}{24\pi}\sqrt{1-4\rho}\\ F &= \frac{1-\rho}{24\pi}\sqrt{1-4\rho}\end{aligned} \tag{6.126}$$

且 $\rho=m_{\mathrm{c}}^2/m_{\mathrm{b}}^2$。把上面的结果放在一起有

$$\begin{aligned}\Delta\Gamma =& \frac{G_{\mathrm{F}}^2(V_{\mathrm{cb}}V_{\mathrm{cs}}^*)^2 m_{\mathrm{b}}^2}{6\pi}\sqrt{1-4\rho}\\ &\times\{[C_1^2\langle B_{\mathrm{s}}(v)|\left(\bar{s}^\beta P_{\mathrm{R}}b_{v\alpha}\right)\left(\bar{s}^\alpha P_{\mathrm{R}}b_{v\beta}\right)|\bar{B}_{\mathrm{s}}(v)\rangle\\ &+\left(3C_2^2+2C_1C_2\right)\\ &\times\langle B_{\mathrm{s}}(v)|\left(\bar{s}^\beta P_{\mathrm{R}}b_{v\beta}\right)\left(\bar{s}^\alpha P_{\mathrm{R}}b_{v\alpha}\right)|\bar{B}_{\mathrm{s}}(v)\rangle](1+2\rho)\\ &-\left(C_1^2+3C_2^2+2C_1C_2\right)\\ &\times\langle B_{\mathrm{s}}(v)|\left(\bar{s}^\beta\gamma^\mu P_{\mathrm{L}}b_{v\beta}\right)\left(\bar{s}^\alpha\gamma_\mu P_{\mathrm{L}}b_{v\alpha}\right)|\bar{B}_{\mathrm{s}}(v)\rangle(1-\rho)\}\end{aligned} \tag{6.127}$$

其中，四夸克算符中的一个可用 Fierz 恒等式消除：

$$\begin{aligned}&\left(\bar{s}^\alpha\gamma^\mu P_{\mathrm{L}}b_\alpha\right)\left(\bar{s}^\beta\gamma^\nu P_{\mathrm{L}}b_\beta\right)+\left(\bar{s}^\beta\gamma^\mu P_{\mathrm{L}}b_\alpha\right)\left(\bar{s}^\alpha\gamma^\nu P_{\mathrm{L}}b_\beta\right)\\ &=\frac{1}{2}g^{\mu\nu}\left(\bar{s}^\alpha\gamma^\lambda P_{\mathrm{L}}b_\alpha\right)\left(\bar{s}^\beta\gamma_\lambda P_{\mathrm{L}}b_\beta\right)\end{aligned} \tag{6.128}$$

变换到 HQET 并用 $v_\mu v_\nu$ 收缩，我们发现 Fierz 恒等式给出

$$\begin{aligned}&\left(\bar{s}^\alpha P_{\mathrm{R}}b_{v\alpha}\right)\left(\bar{s}^\beta P_{\mathrm{R}}b_{v\beta}\right)+\left(\bar{s}^\beta P_{\mathrm{R}}b_{v\alpha}\right)\left(\bar{s}^\alpha P_{\mathrm{R}}b_{v\beta}\right)\\ &=\frac{1}{2}\left(\bar{s}^\alpha\gamma^\lambda P_{\mathrm{L}}b_{v\alpha}\right)\left(\bar{s}^\beta\gamma_\lambda P_{\mathrm{L}}b_{v\beta}\right)\end{aligned} \tag{6.129}$$

使用此结果，方程 (6.127) 变成

$$\Delta\Gamma = -\frac{G_{\mathrm{F}}^2(V_{\mathrm{cb}}V_{\mathrm{cs}}^*)^2 m_{\mathrm{b}}^2}{6\pi}\sqrt{1-4\rho}\times\{\left(-C_1^2+2C_1C_2+3C_2^2\right)(1+2\rho)$$

$$\times \left\langle B_s(v)\right| \left(\bar{s}^\beta P_R b_{v\beta}\right) \left(\bar{s}^\alpha P_R b_{v\alpha}\right) \left|\bar{B}_s(v)\right\rangle$$
$$+ \left[\frac{1}{2} C_1^2 (1-4\rho) + \left(3C_2^2 + 2C_1C_2\right)(1-\rho)\right]$$
$$\times \left\langle B_s(v)\right| \left(\bar{s}^\beta \gamma^\mu P_L b_{v\beta}\right) \left(\bar{s}^\alpha \gamma_\mu P_L b_{v\alpha}\right) \left|\bar{B}_s(v)\right\rangle \Big\} \quad (6.130)$$

对这个方程中的矩阵元的估算建议 $|\Delta\Gamma/\Gamma_{B_s}| \sim 0.1$。

6.10　习　　题

1. 在固定 q^2 时，证明：对 $|\omega| \geqslant 1$，1.8 节定义的结构函数 $F_{1,2}(\omega, q^2)$ 在实 ω 轴上有割线。还要证明：跨越正 w 割线的不连续性由方程 (1.165) 给出。

2. 推导式 (6.10) 和式 (6.11)。

3. 通过

$$\hat{E}_0 = v \cdot (p_b - q)/m_b = 1 - v \cdot \hat{q}$$
$$\hat{s}_0 = (p_b - q)^2/m_b^2 = 1 - 2v \cdot \hat{q} + \hat{q}^2$$

定义部分子层次的无量纲能量和不变质量变量 $\hat{E}_0$ 和 $\hat{s}_0$。强子能量 E_H 和不变质量 s_H 由

$$E_H = v \cdot (p_B - q) = m_B - v \cdot q$$
$$s_H = (p_B - q)^2 = m_B^2 - 2m_B v \cdot q + q^2$$

给出。

(a) 证明 E_H 和 s_H 通过下面的公式与部分子层次的一些相关联:

$$E_H = \bar{\Lambda} - \frac{\lambda_1 + 3\lambda_2}{2m_B} + \left(m_B - \bar{\Lambda} + \frac{\lambda_1 + 3\lambda_2}{2m_B}\right)\hat{E}_0 + \cdots$$
$$s_H = m_c^2 + \bar{\Lambda}^2 + \left(m_B^2 - 2\bar{\Lambda} m_B + \bar{\Lambda}^2 + \lambda_1 + 3\lambda_2\right)(\hat{s}_0 - \rho)$$
$$+ (2\bar{\Lambda} m_B - 2\bar{\Lambda}^2 - \lambda_1 - 3\lambda_2)\hat{E}_0 + \cdots$$

其中，“$\cdots$”表示比 $1/m_B$ 更高阶的项。

(b) 对 $b \to u$ 的情况，令上面的 $m_c = 0$，证明

$$\langle \hat{s}_0 \rangle = \frac{13\lambda_1}{20m_b^2} + \frac{3\lambda_2}{4m_b^2}$$

$$\left\langle \hat{E}_0 \right\rangle = \frac{13\lambda_1}{40m_{\rm b}^2} + \frac{63\lambda_2}{40m_{\rm b}^2}$$

其中，符号 $\langle\cdot\rangle$ 表示对衰变相空间的平均值。

(c) 使用前面的结果证明

$$\langle s_{\rm H} \rangle = m_{\rm B}^2 \left[\frac{7\bar{\varLambda}}{10m_{\rm B}} + \frac{3}{10m_{\rm B}^2}\left(\bar{\varLambda}^2 + \lambda_1 - \lambda_2\right)\right]$$

4. 定义

$$T_{\mu\nu} = -{\rm i}\int {\rm d}^4x {\rm e}^{-{\rm i}q\cdot x}\frac{\left\langle \bar{B}|T[J_\mu^\dagger(x)J_\nu(0)]|\bar{B}\right\rangle}{2m_{\rm B}}$$

其中，J 是一个 ${\rm b}\to{\rm c}$ 的矢量流或轴矢流。$T_{\mu\nu}$ 的算符乘积展开在零反冲 $q=0$ 的情况下产生:

$$\frac{1}{3}T_{ii}^{AA} = \frac{1}{\varepsilon} - \frac{(\lambda_1+3\lambda_2)(m_{\rm b}-3m_{\rm c})}{6m_{\rm b}^2\varepsilon(2m_{\rm c}+\varepsilon)} + \frac{4\lambda_2 m_{\rm b} - (\lambda_1+3\lambda_2)(m_{\rm b}-m_{\rm c}-\varepsilon)}{m_{\rm b}\varepsilon^2(2m_{\rm c}+\varepsilon)}$$

$$\frac{1}{3}T_{ii}^{VV} = \frac{1}{2m_{\rm c}+\varepsilon} - \frac{(\lambda_1+3\lambda_2)(m_{\rm b}+3m_{\rm c})}{6m_{\rm b}^2\varepsilon(2m_{\rm c}+\varepsilon)} + \frac{4\lambda_2 m_{\rm b} - (\lambda_1+3\lambda_2)(m_{\rm b}-m_{\rm c}-\varepsilon)}{m_{\rm b}\varepsilon(2m_{\rm c}+\varepsilon)^2}$$

其中，$\varepsilon = m_{\rm b} - m_{\rm c} - q_0$ 。

(a) 用这些结果推导求和规则:

$$\frac{1}{6m_{\rm B}}\sum_X (2\pi)^3\delta^3(\boldsymbol{p}_X)|\left\langle X|A_i|\bar{B}\right\rangle|^2 = 1 - \frac{\lambda_2}{m_{\rm c}^2} + \frac{\lambda_1+3\lambda_2}{4}\left(\frac{1}{m_{\rm c}^2} + \frac{1}{m_{\rm b}^2} + \frac{2}{3m_{\rm b}m_{\rm c}}\right)$$

$$\frac{1}{6m_{\rm B}}\sum_X (2\pi)^3\delta^3(\boldsymbol{p}_X)|\left\langle X|V_i|\bar{B}\right\rangle|^2 = \frac{\lambda_2}{m_{\rm c}^2} - \frac{\lambda_1+3\lambda_2}{4}\left(\frac{1}{m_{\rm c}^2} + \frac{1}{m_{\rm b}^2} - \frac{2}{3m_{\rm b}m_{\rm c}}\right)$$

(b) 使用 (a) 推导出限制条件:

$$h_{A_1}^2(1) \leqslant 1 - \frac{\lambda_2}{m_{\rm c}^2} + \frac{\lambda_1+3\lambda_2}{4}\left(\frac{1}{m_{\rm c}^2} + \frac{1}{m_{\rm b}^2} + \frac{2}{3m_{\rm b}m_{\rm c}}\right)$$

$$0 \leqslant \frac{\lambda_2}{m_{\rm c}^2} - \frac{\lambda_1+3\lambda_2}{4}\left(\frac{1}{m_{\rm c}^2} + \frac{1}{m_{\rm b}^2} - \frac{2}{3m_{\rm b}m_{\rm c}}\right)$$

5. 使用 6.2 节的结果推导方程 (6.56) 中的双微分衰变率。

6. 计算 Q_1-Q_6 的重整化，并证明式 (6.121) 中的反常维度矩阵。

7. 假定半轻子弱 B 衰变的有效哈密顿量为

$$H_{\rm W} = \frac{G_{\rm F}}{\sqrt{2}}V_{\rm cb}(\bar{c}\gamma_\mu b)(\bar{e}\gamma^\mu v_{\rm e})$$

对矢量流的编时乘积做 OPE，并推导出对 ${\rm d}\varGamma/({\rm d}\hat{q}^2{\rm d}y)$ 的非微扰 $1/m_{\rm b}^2$ 修正。

6.11 参考文献

单举半轻子 $\bar{\mathrm{B}}$ 衰变在下述文献中研究过：

Chay J, Georgi H, Grinstein B. Phys. Lett. B247, 1990: 399.

Bigi I I, Shifman M A, Uraltsev N G, et al. Phys. Rev. Lett. 71, 1993: 496.

Manohar A V, Wise M B. Phys. Rev. D49, 1994: 1310.

Blok B, Koyrakh L, Shifman M A, et al. Phys. Rev. D49, 1994: 3356 (erratum: ibid D50, 1994: 3572).

Mannel T. Nucl. Phys. B413, 1994: 396.

单举半轻子 $\bar{\mathrm{B}} \to \tau$ 衰变在下述文献中研究过：

Falk A F, Ligeti Z, Neubert M, et al. Phys. Lett. B326, 1994: 145.

Koyrakh L. Phys. Rev. D49, 1994: 3379.

Balk S, Komer J G, Pirjol D, et al. Phys. C64, 1994: 37.

对 $\bar{\mathrm{B}}$ 半轻子衰变率的微扰 QCD 修正在下述文献中计算过：

Hokim Q, Pham X Y, Ann. Phys. 155, 1984: 202. Phys. Lett. B122, 1983: 297.

Jezabek M, Kuhn J H. Nucl. Phys. B320, 1989: 20.

Czarnecki A, Jezabek M. Nucl. Phys. B427, 1994: 3.

Luke M E, Savage M j, Wise M B. Phys. Lett. B343, 1995: 329, B345, 1995: 301.

Czarnecki A, Melnikov K. Phys. Rev. Lett. 78, 1997: 3630, hep-ph/9804215.

Gremm M, Stewart I. Phys. Rev. D55, 1997: 1226.

对 $\bar{\mathrm{B}}$ 半轻子衰变率的 $1/m_{\mathrm{b}}^3$ 修正可参见：

Gremm M, Kapustin A. Phys. Rev. D55, 1997: 6924.

在端点区域的形状函数在下述文献中研究过：

Neubert M. Phys. Rev. D49, 1994: 4623.

Bigi I I, Shifman M A, Uraltsev N G, et al. Int. J. Mod. Phys. A9, 1994: 2467.

对夸克 – 强子对偶性的讨论可参见：

Poggio E C, Quinn H R, Weinberg S. Phys. Rev. D13, 1976: 1958.

Boyd C G, Grinstein B, Manohar A V. Phys. Rev. D54, 1996: 2081.

Blok B, Shifman M A, Zhang D X. Phys. Rev. D57, 1998: 2691.

Bigi I I, Sshifman M A, Uraltsev N G, et al. hep-ph/9805241.

Isgur N. hep-ph/9809279.

求和规则在下述文献中讨论过：

Bjorken J D. Nucl. Phys. B371, 1992: 111.

Isgur N, Wise M B. Phys. Rev. D43, 1991: 819.

Voloshin M B. Phys. Rev. D46, 1992: 3062.

Bigi I I, Shifman M A, Uraltsev N G, et al. Phys. Rev. D52, 1995: 196.

Kapustin A, Ligeti Z, Wise M B, et al. Phys. Lett. B375, 1996: 327.

Bigi I I, Shifman M A, Uraltsev N G. Ann. Rev. Nucl. Part. Sci. 47, 1997: 591.

Boyd C G, Rothstein I Z. Phys. Lett. B39, 1997: 96, B420, 1998: 350.

Boyd C G, Ligeti Z, Rothstein I Z, et al. Phys. Rev. D55, 1997: 3027.

Czarnecki A, Melnikov K, Uraltsev N G. Phys. Rev. D57, 1998: 1769.

单举非轻子衰变在下述文献中讨论过：

Shifman M A, Voloshin M B. Sov. J. Nucl. Phys. 41, 1985: 120(Yad. Fiz. 41, 1985: 187).

Bigi I I, Uraltsev N G, Vainshtein A I. Phys. Lett. B293, 1992: 430 (erratum: ibid B297, 1993: 477).

Blok B, Shifman M A. Nucl. Phys. B399, 1993: 441, B399, 1993: 4591.

Neubert M, Sachrajda C T. Nucl. Phys. B483, 1997: 339.

B_s-$\bar{B}_s$ 混合的计算可参见：

Shifman M A, Voloshin M B. Sov. J. Nucl. Phys. 45, 1987: 292.

Voloshin M B, Uraltsev N G, Khoze V A, et al. Sov. J. Nucl. Phys. 46, 1987: 382.

Beneke M, Buchalla G, Dunietz I. Phys. Rev. D54, 1996: 4419.

对单举稀有衰变的应用可参见：

Falk A F, Luke M E, Savage M J. Phys. Rev. D49, 1994: 3367.

Ali A, Hiller G, Handoko L T. Phys. Rev. D55, 1997: 4105.

强子质量谱在下述文献中考虑过：

Falk A F, Luke M E, Savage M J. Phys. Rev. D53, 1996: 2491, D53, 1996: 6316.

Dikeman R D, Uraltsev N G. Nucl. Phys. B509, 1998: 378.

Falk A F, Ligeti Z, Wise M B. Phys. Lett. B406, 1997: 225.